分布式实时系统

张凤登　著

科学出版社

北京

内 容 简 介

实时系统是在嵌入式系统、工业自动化系统和多媒体系统高度发展的基础上形成的一个新概念。本书采用认知领域的一些最新见解，以连贯、简洁、可理解的方式，系统地介绍了实时系统的产生背景、理论与技术基础，描述了分布式实时系统在架构层面的设计原理，并重点探讨了在预期负载和故障情况下强实时系统的设计、实现和评估方法。全书共分为10章，每章配有习题。

本书在编写过程中广泛吸取了实时系统设计方面的最新成果，全书内容自成体系，结构紧凑，前后呼应，具有一定的先进性、系统性和实用性。

本书可作为高等院校自动化、测控技术、信息工程、微电子、计算机、电气工程和机电一体化等专业高年级本科生、研究生的教材，也可作为从事嵌入式实时系统设计和应用的工程技术人员的参考书。

图书在版编目(CIP)数据

分布式实时系统/ 张凤登著. —北京：科学出版社，2014.3
ISBN 978-7-03-039313-5

Ⅰ.①分… Ⅱ.①张… Ⅲ.①分布式操作系统 Ⅳ.①TP316.4

中国版本图书馆CIP数据核字(2013)第299809号

策划编辑：王 哲/责任编辑：王 哲 刑宝钦/责任校对：钟 洋
责任印制：徐晓晨 / 封面设计：迷底书装

科学出版社出版
北京东黄城根北街 16 号
邮政编码：100717
http://www.sciencep.com

北京厚诚则铭印刷科技有限公司 印刷
科学出版社发行 各地新华书店经销

*

2014年3月第 一 版 开本：720×1 000 1/16
2018年5月第四次印刷 印张：21 1/2
字数：438 000

定价：128.00 元
(如有印装质量问题，我社负责调换)

前　言

随着嵌入式系统、工业自动化系统和多媒体系统的不断发展,设备之间、人与系统之间的信息交换逐步实现网络化,各种网络化物理系统具备了自主获取和实时处理信息的能力,已被广泛应用于电力、冶金、化工、机械加工、食品加工和消费电子等领域,与人们的日常生产和生活息息相关。正因为如此,科技界已开始探索它们在安全性和可靠性要求极高的领域中的应用,如汽车、飞机、核电、交通、武器装备和航海航空等。学术界和工业界通过共同努力,逐步理解了很多应用实例的包含关系,并形成了一个新的科学概念——实时系统。这个概念与物理时间密切相关,不仅强调系统的控制运算、总线通信、错误诊断和结果预测能力,而且能够反映系统在预期负载和故障情况下的响应及时性和容错能力等,现已成为学术团体和工业组织的研究主题之一,也是当今网络化系统市场重要的技术促进因素。

为了确保实时系统安全可靠的运行,系统设计人员需要考虑很多因素,有时甚至颠覆了许多过去认为行之有效的系统设计原理。本书根据大量的工业实例,采用认知领域的一些最新见解,以连贯、简洁、可理解的方式,详细阐述了实时系统与时间之间的内在联系,从架构层面描述了这种系统的设计原理。

实时系统分为强实时系统和弱实时系统,本书侧重于讲述强实时系统方面的基本概念。全书共分为10章,第1、2章作为入门,主要介绍实时系统的基本概念,如实时环境、系统模型化;第3章着重描述Kopetz和Lamport在全局时钟同步和容错时钟同步方面的贡献;第4章给出实时系统的时间行为,如时间准确性、持久性、幂等性、复制确定性等;第5~8章利用故障、错误、失效和异常等概念,研究安全关键性系统的容错单元构造方法,探讨实时通信、实时操作系统、触发架构、CPU资源配置和实时调度算法等方面的重要见解;第9、10章讨论可依赖性实时系统的一般性设计和实现技术,并描述几种系统评估方法。围绕所讲内容,本书给出一些有代表性的设计实例。

本书的编写得到了资深学者、同事和科学出版社的大力支持。应启夏、张仁杰、缪学勤、吴勤勤为本书的组织结构和新术语的定义提出了很多宝贵意见;孟庆栋、周文杰、张勇、王闯、石秋蝉、廖振俭、华俊、尚雯雯、范科发、侯斌、王臻、张玮、胡羽、陈㤉、张晓霞、张大庆、李红雨等仔细阅读了部分或全部书稿,并提出了许多宝贵的改进建议；科学出版社的王哲编辑在本书的体例格式和易读性方面给予了许多帮助。在此谨向他们致以衷心的感谢。

　　由于作者水平有限，书中难免存在不足之处，敬请读者批评指正。

作　者

2013年8月

目　　录

第1章 概 述

最近十多年里,嵌入式实时系统、工业自动化系统和多媒体系统的应用强劲增长,极大地推动了实时系统概念的形成和发展。本章从实时系统的定义出发,探讨实时系统的基本组成,以及系统在功能、时间和可依赖性方面的要求,并根据控制应用的特点,重点讲述在时间方面的概念和要求。实时系统的分类方法有多种,这里特别强调了弱实时(soft real time)系统和强实时(hard real time)系统之间的基本区别。本章还从经济角度分析实时系统的应用前景。

1.1 实时系统的定义

在介绍实时系统的定义之前,首先回顾一下"实时"和"系统"这两个术语。"实时"是一个不太容易理解的术语,许多人想当然地认为实时就是快。实际上,实时表示具有确定性的响应,即在给定的时间周期内,对某个事件做出可靠、准确的响应的能力。"系统"是指由相互制约的若干部分所构成的具有特定功能的整体。系统的状态由描述系统行为特征的变量来表示。随着时间的推移,系统会不断演化。外部环境的影响、内部组成的相互作用和人为的控制作用等,是导致系统状态和演化进程发生变化的主要因素。

很多文献给出了实时系统的定义,然而不同文献给出的定义不尽相同,至今也没有一个被人们广泛接受的定义。下面将从控制应用的角度,更加详细地讲述实时和实时系统的相关概念。

1.1.1 实时

简单地说,实时是用来描述实际应用的定时要求的。不同应用和不同用户的定时要求不尽相同,因此事物的实时性没有一个统一的时间限制。为了更加精确地定义系统的实时性能,经常使用弱实时和强实时两个术语。

实施弱实时的系统可以有不同的响应速率,而且不会影响整个系统的整体功能。例如,在温度监视系统中,温度不会快速改变,获取数据的速率相对较慢,可以每秒读数一次,读数间隔的轻微变化不会影响整个系统的功能。

然而,强实时的要求与前者不同,在一个绝对的时间内,它的响应速率必须是无差错的、准确的。例如,蒸馏过程的控制,必须以指定的时间间隔一致地采集压力信号,以便及时做出开、关压力阀门的重要决策。如果不能在指定的时间周期内执行控制回路,那么压力可能增大到危险的程度。

1.1.2　实时系统

系统行为的正确性不仅取决于计算的逻辑结果,而且与产生这些结果的物理时间有关,这类系统称为实时系统[1]。其中,系统行为表示系统随时间推移的输出序列。实时计算机系统属于实时系统的一部分。

实时系统是随时间变化的。例如,在化学反应系统中,即使计算机控制系统已经停止运行,化学反应仍将继续改变状态。因此,将实时系统分解成一组自成体系(self-contained)的子系统是合理的,这种子系统通常称为簇。图1-1给出了一个实时系统实例,整个系统被分解成被控对象(被控簇)、实时计算机系统(计算簇)和操作员(操作员簇)三个子系统。

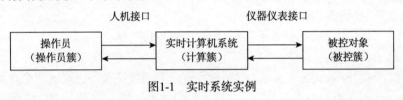

图1-1　实时系统实例

计算簇一般是分布式的,系统中的节点不只一个,各个节点通过实时通信网络相互连接,如图1-2所示,图中的A~F节点都是计算机节点。被控簇可以是物理设备或机器。操作员簇是指人机交互中的人类因素,但这里仅考虑操作员与计算簇之间的互动模式,并不关心操作终端的信息表示形式。通常,把被控簇和操作员簇统称为计算簇(实时计算机系统)的环境。

图1-2　分布式计算机系统

操作员与实时计算机系统之间的接口称为人机接口,被控对象与实时计算机系统之间的接口称为仪器仪表接口。人机接口是由输入设备(如键盘、鼠标)和输出设备(如显示器)组成的,用于实现与操作员的连接。仪器仪表接口是由传感器和执行器组成的,用于将被控簇中的物理信号(如电压、电流)变换成数字信号,或者将数字信号变换成被控簇中的物理信号。拥有仪器仪表接口的节点称为接口节点。

1.1.3 实时计算机系统

用从过去到未来的有向直线表示时间的进展,将时间线上的切口称为时刻(instant),发生在某一时刻的任何典型情况称为事件(event),描述事件的信息称为事件信息。当前时间点(现在)是一个非常特殊的事件,它将过去和未来分离开来(该时间模型建立在牛顿物理学基础上,忽略了相对论效应)。时间线上的间隔是由其起始事件和终止事件定义的,间隔的持续时间等于终止事件的时间减去起始事件的时间。数字时钟把时间线分割成一系列等长的持续时间,该等长的持续时间称为时钟粒度(granule),它们被特殊的周期性事件分隔开来,这些时间线上的特殊周期性事件称为时钟节拍(tick)。

实时计算机系统必须在指定的时间间隔内,对来自环境(被控簇或操作员簇)的激励做出反应,这里的指定时间间隔是由环境决定的,实时计算机系统必须产生结果的时刻称为截止时间(deadline)。如果截止时间已过,而产生的结果仍然有用,那么这个截止时间被定为弱截止时间。如果错过截止时间可能导致严重后果,那么该截止时间被定义为强截止时间。例如,一个有信号灯的铁路和公路交叉口,若信号灯没有在火车到达前变成“红”色,则可能导致意外事故。必须满足至少一个强截止时间的实时计算机系统称为强实时计算机系统,或安全关键性实时计算机系统。若系统不存在必须满足的强截止时间,则该系统称为弱实时计算机系统。

综上,实时计算机系统必须对给定的输入做出响应,而且强实时计算机系统的响应一定要在指定的截止时间之前完成。图1-3给出了实时计算机系统的时间概念模型[2]。

图1-3中,事件可能来自外界输入,如传感器的输入、硬件定时器中断等。一般情况下,系统要对事件做出响应,该响应可能会、也可能不会输出至外界。响应通常要在指定的截止时间之前发生。例如,如果给定输入是车轮的转动,那么截止时间是车轮转动一周的时间。从图中可以看出,事件发生后到开始处理之前有一段时间延迟(latency),产生响应的时间,除了包含该延迟,还包括一定的处理时间。一个实时计算机系统通常需要处理大量的事件。

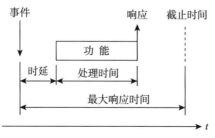

图1-3　实时计算机系统的时间概念模型

　　强实时系统设计与弱实时系统设计之间存在根本的不同。在指定的负载和故障条件下,强实时计算机系统必须支持一个有保障的时间行为,而弱实时计算机系统允许偶尔错过一个截止时间。在接下来的章节中,我们将详细讨论强、弱实时系统之间的差别,并重点讲述强实时系统设计问题。

　　分布式实时系统由硬件组件(数台计算机既不共享物理内存,也不共享物理时钟)和软件组件(不同计算机上执行的算法)组成,通过消息通信来协调它们的动作。分布式实时系统的重要性主要体现在以下三个方面:监视和/或控制过程的复杂性,处理数据和事件的数量,被控系统硬件的地理分布和通信协议。这种架构使得克服集中式系统的局限性成为可能。事实上,任务的分布式运行处理(平行)比单处理器系统(顺序)快。此外,安全关键性系统必须确保系统容错,分布式架构使得在硬件和软件方面采用冗余成为可能。

1.2　实时系统的功能要求

　　实时系统的功能要求分成三个方面,即数据收集、数字控制和人机互动。这些要求与实时计算机系统必须完成的功能密切相关。

1.2.1　数据收集

　　被控对象(如汽车或工业设备)的状态如同时间的函数,随时间的变化而变化。如果将时间冻结起来,那么通过记录被控对象在那一刻的状态变量值,就能描述被控对象的当前状态。例如,汽车是众多被控对象之一,汽车的状态变量可能为汽车位置、汽车速度、汽缸活塞位置和操作面板上的开关位置等。通常,一个被控对象的状态变量有很多,这里只关心对达到目的起重要作用的状态变量子集,而不是所有的状态变量。那些起重要作用的状态变量称为实时(Real Time, RT)实体,简写为RT实体。

　　每个实时实体都在一个子系统的控制范围(Sphere of Control, SoC)之内,也就是说,每个实时实体属于一个有权改变其值的子系统。在子系统的控制范围之外,实时实体的值可以被观测,但其语义内容不能被改变。例如,汽缸活塞的当前位置在发动机的控制范围之内,在发动机之外,可以观测汽缸活塞的当前位置,但不允许修改观测的语义内容(注:语义内容的表示方法可以改变)。

　　实时计算机系统的第一个功能要求是观测被控簇中的实时实体,并把这些观测收集起来。在计算机系统中,以实时映像来表示对实时实体的观测。在被控簇中,被控对象的状态是时间的函数,因此给定的实时映像仅在有限时间间隔内是时间上准确的。这个时间间隔的长度取决于被控对象的动态特性,被控对象的状态变化越快,相应实时映像的时间准确性间隔越短。

例如,当汽车进入一个由信号灯控制的十字路口时,需要知道"信号灯为绿色"的观测在多长时间内是准确的。如果"信号灯为绿色"的信息在其时间准确性间隔之外被使用,即在信号灯已经切换成红色之后,汽车进入了十字路口,那么很有可能发生事故。"信号灯为绿色"的观测所对应的时间准确性间隔有一个上限值,这个值可由信号灯黄色阶段的持续时间给出。

所有属于被控簇的、时间上准确的实时映像一般被存放在数据库中,这种数据库称为实时数据库。每当实时实体的值发生改变时,必须更新实时数据库。若用实时时钟按固定的周期触发观测(时间触发观测),则可以周期性地更新数据库。事实上,实时实体发生状态变化,本身就构成了事件,因此状态变化也可以触发观测(事件触发观测),并对数据库做出相应的更新。

综上所述,实时计算机系统的数据收集要求,又可细分为以下两个方面。

(1)信号整理(signal conditioning)。通常情况下,物理传感器(如热电偶)产生的一系列原始数据元素(如电压),不仅要被收集起来,而且要运用滤波算法进行处理,以减少测量误差。在接下来的步骤中,还要对原始数据进行标度变换,并使用统一的计量单位(如℃)。由此可以看出,要从原始传感器数据中获得有意义的实时实体测量数据,必须经过一系列处理,这些处理统称为信号整理。

信号整理完成后,实时计算机系统必须检查测量数据的合理性,并利用该测量数据与其他测量数据之间的关系,检测可能出现的传感器故障。若一个数据元素被认定为实时实体的正确实时映像,则该数据元素称为约定数据元素(agreed data element)。

(2)报警监视(alarm monitoring)。实时计算机系统要通过数据收集,不间断地监视实时实体,发现异常过程行为。例如,某化工厂发生管道破裂(初级事件),许多实时实体(各种各样的压力、温度、液位)会偏离它们的正常运行范围,超出某些预设的报警界限,从而生成一组相关联的报警,即工程上常说的报警雨(alarm shower)。计算机系统有必要检测和显示这些报警,并协助操作员确定导致这些报警的起始原因,即初级事件。为达到这一目的,观测到的报警及其准确发生时间必须记录在一个专用的报警日志中。报警的精确时间顺序有助于找出次级报警。这里所讲的次级报警,是指那些跟随初级事件发生的报警。在错综复杂的工厂里,操作员一般运用基于知识库的专用系统进行报警分析。

例如,2003 年 8 月 14 日美国和加拿大发生了大规模停电,在最终发表的情况报告中有这样一段描述[3]:8 月 14 日大规模停电的宝贵经验教训在于,时间同步数据记录器具有极其重要的作用。为了确定事件的顺序,调查小组的研究人员详细分析了成千上万的数据条目,如同将数不清的小图片整理成大拼图一样,纷繁复杂。如果同步数据记录设备已经得到广泛的应用,那么这个过程会更快、更容易。

我们把偶尔发生但却备受关注的事件称为稀有事件(rare event)。确定发生稀有事件情况下的实时计算机系统的性能,是一项具有挑战性的任务,需要借助物理环境模型。例如,核电厂的监视和关闭系统,其唯一目的是在发生峰值负载报警(稀有事件)的情况下维持电厂的可靠性能。

1.2.2　数字控制

为了能够在不使用传统控制系统的基础上,直接控制被控对象,许多执行器的驱动量(actuating variable)是由实时计算机系统计算得出的。

控制应用的规律性很强,通常包括一系列(无限的)控制循环(cycle)。在每个循环里,首先进行实时实体采样(观测),然后执行控制算法,得出新的驱动量,随后将该驱动量输出到执行器。通过合适的控制算法,能够实现期望的控制目标,并在一定程度上补偿随机干扰对被控对象造成的影响。因此,控制算法设计一直是控制工程领域的研究主题。在1.3节中,我们将详细讨论实时系统的时间要求,引入一些控制工程领域的基本概念。

1.2.3　人机互动

实时计算机系统既要将被控对象的当前状态告知操作员,又要帮助操作员控制机器或设备。一般情况下,这项任务是通过人机接口完成的。人机接口是一个具有重要意义的关键子系统,在安全关键性实时系统中,许多与计算机相关的严重事故是由人机接口上的错误造成的[4]。例如,飞机人机接口的模式混乱(mode confusion)已被认定为造成重大航空事故的原因之一[5]。

大多数过程控制应用包含一个数据记录与报告子系统,这个子系统是根据行业的特殊要求而专门设计的,属于人机接口的一部分。例如,一些国家的法律规定:制药行业要以数据库方式记录和保存每个生产批次的相关工艺参数,以便在市场上发现产品缺陷时,可以重新测试生产运行时的工艺条件。

在设计基于计算机的系统时,人机接口是一个重要课题,已经涌现出大量针对这一课题的课程。本书2.5节将介绍抽象人机接口这个概念,但没有包括其设计细节,感兴趣的读者请参考相关教科书,如《用户界面设计指南》[6]。

1.3　实时系统的时间要求

在实时系统中,应用控制算法的目的是驱动一个过程使其满足某些性能指标要求。环境中的随机干扰会降低系统性能,控制算法必须考虑其影响。事实上,控制系统本身也会将额外的不确定性引入控制回路,从而导致控制质量下降。例如,控制回路的不可预测性抖动(jitter)会使控制质量受到损害。

实时系统的最严格时间要求来自控制回路,如汽车发动机的快速过程控制。相比之下,人机接口的时间要求不是很严格,这是由于人类的感知延迟在50~100ms范围内,比快速控制回路的延迟时间要求高出几个数量级。

1.3.1 控制回路的时间要求

图1-4(a)给出了一个典型控制回路,该回路包括一个过程蒸汽容器、一个与加热蒸汽管道相连的换热器和一个控制计算机系统。这个控制回路的目的在于:控制流经换热器的加热蒸汽流量(控制量),任凭环境条件怎样变化,一直将容器出口处的过程蒸汽温度(被控量)维持在由操作员设定的温度值上。为了分析方便,常将图1-4(a)所示系统用图1-4(b)的方框图来表示。

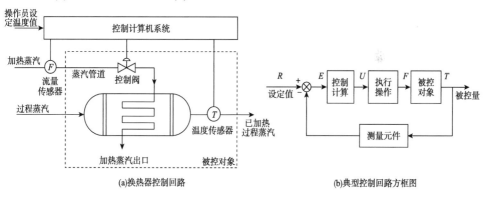

(a)换热器控制回路　　　　　　　　(b)典型控制回路方框图

图1-4 典型控制回路

在这个系统中,环境条件变化的情形有很多,如容器中的过程蒸汽量发生变动、蒸汽黏度随温度发生变化等。控制计算机系统通过设置控制阀的位置,对被控对象产生作用,然后通过读取温度传感器(T)的值,观察被控对象的反应,确定是否取得预期的效果,即实现指定的温度变化。在这个典型例子中,计算机与被控对象之间必须制订必要的端到端协议[7]。一些设计良好的系统,还使用另外的一个或多个独立传感器,监视计算机控制动作的效果,这也是许多执行器在其同一物理外壳里包含多个传感器的原因。例如,图1-4中的控制阀可能包含一个传感器和两个限位开关,传感器用于测量阀门的机械位置,两个限位开关用于表示阀门的牢固闭合位置和完全打开位置。经验法则告诉我们,一个好的执行器拥有3~7个传感器。

图1-4所示系统的动态特性主要取决于控制阀的速度。假设控制阀从打开到关闭(0~100%)需要10s时间,温度传感器(T)的精度为1%。如果选择采样间隔为100ms,那么在一个采样间隔里,阀门位置的最大变化为1%(即100ms/10s),与流量传感器的精度相同。由于控制阀的速度有限,计算机在给定

时刻采取的输出动作,需要推迟一段时间后才能对环境产生影响。另外,由于传感器存在一定的延迟,计算机对这一影响的观测进一步被推迟。在设计稳定控制系统的时间控制结构之前,这些延迟必须通过解析方法推导出来,或用实验方法测量出来。

下面将着重讨论这个简单控制回路的时间特性[8]。为便于分析,把这个简单控制回路分成两部分,分别为被控对象(虚线框包括部分)和控制计算机系统。

1) 被控对象

假设图1-4所示系统处于平衡状态。当蒸汽流量按阶跃函数增大时,容器出口的过程蒸汽温度将按照图1-5所示曲线变化,直到达到一个新的平衡点。这个温度响应函数取决于环境条件(如容器内的过程蒸汽量)和换热器的加热蒸汽流量,即取决于被控对象的动态特性。

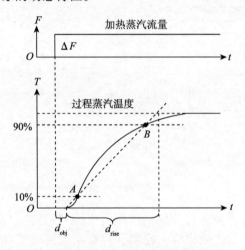

图1-5　阶跃响应的对象延迟和上升时间

表征这个阶跃响应函数的重要时间参数有对象延迟d_{obj}和上升时间d_{rise}。d_{obj}是由过程和仪表的初始惯性引起的,经过该时间延迟之后,温度开始上升,直到达到一个新的平衡状态,这个过程所用时间为d_{rise}。

根据给定的阶跃响应实验曲线,可以确定d_{obj}和d_{rise}。如图1-5所示,在响应函数到达两个静态平衡值之差的10%和90%处,对应着的两个温度响应点A和B,通过这两点画一条直线,该直线与加入阶跃函数前后的两个稳态温度水平线的交点,用于构成对象延迟d_{obj}和上升时间d_{rise}。

2) 控制计算机系统

控制计算机系统周期性地采样容器出口处的过程蒸汽温度,连续两个采样点之间的时间间隔为采样周期T_{samp},采样周期的倒数$1/T_{samp}$为采样频率f_{samp}。经验法则告诉我们,若希望数字系统的行为就像准连续(quasi-continuous)系统一样,则采样周期应当小于上升时间的十分之一,即 $T_{samp} < d_{rise}/10$。计算机将测得的温度与操作员设定的温度进行比较,并计算两者之间的偏差。有了这个偏差,计算机就能运用控制算法求出新的控制量。在每个采样点之后,经过一段时间的计算机延迟 d_{comp},控制计算机把这个新的控制量输出到控制阀,从而形成闭合控制回路。计算机延迟 d_{comp} 应该小于采样周期 T_{samp}。

计算机延迟 d_{comp} 的最大值与最小值之差称为计算机延迟的抖动(jitter),用 j_{comp} 表示,如图1-6所示。对于控制质量,抖动是个敏感参数,在后面的章节中将继续讨论这个参数。

从观测实时实体到计算机依据观测结果得到输出,再到被控对象做出反应,这个过程所占用的时间被定义为控制回路的死区时间,用 d_{dead} 表示。由此可以看出,死区时间 d_{dead} 等于被控对象延迟 d_{obj} 与计算机延迟 d_{comp} 之和。d_{obj} 是由被控对象的动态特性决定的,而 d_{comp} 是由计算机实现决定的,要减小控制回路的死区时间,提高控制回路的稳定性,这些延迟应该尽可能小。

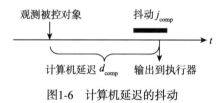

图1-6　计算机延迟的抖动

从观测被控对象(采样点)到使用与此相关的信息(将相应的执行器信号输出到被控对象)之间的时间间隔被定义为计算机延迟 d_{comp}。计算机延迟 d_{comp} 除了包括执行计算所需的时间,还包括通信所需的时间,以及执行器的反应时间(reaction time)。

3) 控制回路的时间参数

表1-1对图1-4所示基本控制回路的时间参数进行了小结。其中,前两列为符号和参数名称,第3列为参数所对应的控制范围,即决定参数值的子系统,最后一列表示这些时间参数之间的关系。

表1-1　基本控制回路的时间参数

符号	参数名称	控制范围（SoC）	相互关系
d_{obj}	被控对象延迟	被控对象	物理过程
d_{rise}	阶跃响应上升时间	被控对象	物理过程
T_{samp}	采样周期	计算机	$T_{samp} \ll d_{rise}$
d_{comp}	计算机延迟	计算机	$d_{comp} < T_{samp}$
j_{comp}	计算机延迟的抖动	计算机	$j_{comp} \ll d_{comp}$
d_{dead}	死区时间	计算机和被控对象	$d_{comp} + d_{obj}$

1.3.2　延迟抖动最小化

控制应用中的数据项是以状态为基础的,即这些数据项包含了实时实体的映像。控制应用中的计算动作大部分是时间触发的,如采样控制信号来自计算机系统内的渐进时间。这种控制信号在计算机系统的控制范围之内,可以预先知道下一个控制动作何时发生。很多控制算法假定延迟抖动j_{comp}比计算机延迟d_{comp}小很多,即计算机延迟接近于常数。之所以做出这样的假设,主要因为已知的定常延迟便于通过控制算法进行补偿。延迟抖动增加了控制回路的不确定性,会对控制质量产生不利影响。抖动j_{comp}可视为实时实体被观测时刻的不确定性,也可理解为造成被测变量(温度T)产生误差(ΔT)的原因,如图1-7所示。因此,延迟抖动应是延迟的很小一部分。例如,如果要求延迟为1ms,那么延迟抖动应在几微秒的范围内[9]。

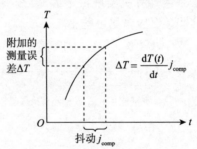

图1-7　抖动对被测变量T的影响

1.3.3　错误检测延迟最小化

根据定义,强实时应用属于安全关键性应用,因此在很短的时间内,以较高的概率检测发现控制系统的错误非常重要。控制系统错误有多种,如报文丢失、报文损坏、节点失效等。错误检测延迟(error detection latency)与最快关键控制回路的采样周期应处在同一个数量级,这样才有可能在错误导致系统严重失效之前执行某个纠正动作,或使系统进入安全状态。几乎没有抖动的系统与允许抖动的系统相比,前者的错误检测延迟更短,这是由于前者能更快地发现没有按预定时间发生的事件[10]。

1.4　可依赖性要求

实时计算机系统为用户提供服务,这里所指的用户,既可以是人,也可以是其他技术系统。计算机系统的服务质量(Quality of Service,QoS)等相关属性都包含在可依赖性(dependability)这个概念中,本节将简单介绍其中几种重要属性的度量方法[11]。

1.4.1　可靠性

假设t_0为系统运行的起始时间,t为未来某一时间,$t > t_0$,那么直到时间t,系统仍然提供规定服务的概率称为系统的可靠性(reliability)。通常,用$R(t)$表示可靠性,用$\lambda(t)$表示系统在给定时间间隔内失效的概率,即失效率。$\lambda(t)$的单位是failure/h(失效次数/小时)。如果系统的失效率为常数λ,那么系统在时间t的可靠性表示为

$$R(t)=\exp[-\lambda(t-t_0)] \tag{1-1}$$

式中,$t-t_0$的单位为h(小时)。失效率的倒数称为平均失效时间(Mean Time to Failure,MTTF),即MTTF$-1/\lambda$,MTTF的单位为h。由于失效率的值较小,一般用FIT作为失效率的单位,1FIT$=10^{-9}$failure/h。1 FIT意味着系统的MTTF为10^9h,这相当于115000年发生一次失效。如果要求系统失效率的数量级为10^{-9}failure/h或者更低,那么系统具有超高可靠性要求。

1.4.2　可维护性

可维护性(maintainability)是对良性失效发生后修复系统所需时间间隔的度量方法。系统失效后,在时间间隔d内得到恢复的概率$M(d)$,可以衡量可维护性。为了与可靠性描述体系保持一致,通常情况下将定常修复率μ(单位为repair/h,修复次数/小时)和平均修复时间(Mean Time to Repair,MTTR)用于量化可维护性。

可靠性与可维护性之间存在根本性的冲突。可维护性设计要把系统分解成一组现场可替换单元(Field Replaceable Unit,FRU)。FRU之间通过便利接口相连接,当因失效而需要更换产生故障的FRU时,这种接口应该很容易断开和重新连接。值得注意的是,便利接口的物理失效率远高于一次性接口,如插件连接的失效率明显高于焊料连接。此外,便利接口的生产成本较高,大批量生产的易耗品比较强调可靠性设计,一般不采用插件连接。然而,在即将到来的环境智能领域,自动诊断和可维护性将成为重要的系统属性,一个产品要想在市场上取得成功,这些属性至关重要。

1.4.3　有效性

有效性(availability)用于度量正确服务与正确/不正确服务之间的关系。在稳定状态下,系统或整机的有效性是可以正常服务的时间占总时间的百分数。以电话转接系统为例,每当用户提起电话时,系统就应做好提供电话服务的准备。通

常情况下,要求系统提供电话服务的概率很高,允许电话交换失灵的时间每年不超过几分钟。

若系统的定常失效率为 λ,定常修复率为 μ,则可靠性(MTTF)、可维护性(MTTR)和有效性(A)三者之间的关系为

$$A=\text{MTTF}/(\text{MTTF}+\text{MTTR}) \tag{1-2}$$

有时,我们把MTTF与MTTR之和称为平均失效间隔时间(Mean Time Between Failures, MTBF)。图1-8描述了MTTF、MTBF和MTTR之间的关系。

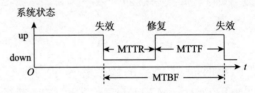

图1-8   MTTF、MTBF和MTTR之间的关系

很明显,设法增大MTTF或减小MTTR可以提高有效性。系统设计人员可自由选择建立高有效性系统的方法。

1.4.4 安全性

安全性(safety)是指关键性失效模式(critical failure mode)的可靠性。关键性失效模式被认为是恶性的(malign),相比之下,非关键性失效模式是良性的(benign)。在恶性失效模式下,失效的成本比系统的正常运行成本高几个数量级。恶性失效的例子有很多,如飞行控制系统失效造成飞机碰撞,汽车智能制动失效造成交通事故等。对于关键性失效模式,安全关键性(强)实时系统必须具有符合超高可靠性要求的失效率。以汽车上的计算机控制制动为例,计算机可能导致关键性制动的失效,这种失效的失效率必须低于传统制动系统的失效率。假如一辆汽车平均每天运行一小时,一百万辆汽车在一年中仅出现一次安全关键性失效,那么失效率的数量级为 10^{-9} failure/h。类似的低失效率,飞行控制系统、火车信号系统和核电厂监视系统也同样需要。

1)安全认证

在很多情况下,安全关键性实时系统的设计必须获得独立认证机构的批准。若认证机构对以下方面感到信服,则可以简化认证过程。

(1)安全关键性子系统受到故障抑制机制(fault containment mechanism)的保护,系统的其余部分不可能向这类子系统传播错误。

(2)从设计角度来看,给定负载和故障假设所覆盖的情形,都能依据规范进行处理,不需要参考概率参数。

(3)系统架构支持模块化认证过程,可对各个子系统进行单独认证。例如,通

信子系统是否满足截止时间要求的证明独立于节点性能的证明。在系统层面,只有必然出现的特性必须经过确认。

2)被确认系统的必备特性

要求确认的系统,必须具备下列特性[12]。

(1)可以构造一个完整、准确的可靠性模型,所有不能通过解析方法推导出来的模型参数,必须是测试期间可测量的。

(2)可靠性模型不包括体现设计故障的状态转换,必须提交证明设计故障不会导致系统失效的分析论证。

(3)设计的折中方案有利于最大限度地减少必测参数的数量。

1.4.5　防护性

可依赖性的第5个重要亚属性是防护性(security)。防护性是指系统防止未授权信息访问或服务的能力,它与信息的真实性(authenticity)和完整性(integrity)密切相关。定义一个量化的防护性度量方法是困难的,例如,标准防盗规范使得入侵一个系统需要一定的时间。通常,防护性问题与大型数据库有关,这种数据库主要关心信息的机密性(confidentiality)、隐蔽性(privacy)和真实性。如今,防护性已经变成实时系统的一个重要问题。例如,汽车上的密码防盗系统,如果用户不能给出特定的访问码,那么汽车点火系统是封闭的。在物联网(Internet of Things,IoT)系统中,因特网的终点是嵌入式系统,嵌入式系统是网络化世界与物理世界之间的桥梁,关注其防护性极为重要,因为入侵者不仅可能破坏计算机的数据结构,而且可能会对物理环境造成不良影响。

1.5　实时系统的分类方法

本节将从不同角度对实时系统进行分类[8]。

1.5.1　根据应用特性分类

根据应用特性,即计算机系统的外部因素,实时系统的分类方法有两种。

(1)强实时(hard real time)系统与弱实时(soft real time)系统。

(2)故障安全(fail safe)系统与故障运行(fail operational)系统。

以上两种分类方法具有如下特点。

1. 强实时系统与弱实时系统

弱实时系统没有可能造成严重问题的失效模式,其设计方法通常不是很严格。有时,一个资源不匹配的弱实时系统解决方案没有能力处理稀有峰值负载情形,但出于经济方面的原因,该方案也可能被采纳。然而,在强实时系统中,这种做法是不可接受的。这是因为,在所有指定的情况下,即使某些情况很少发生,也必须向认证机构表明设计的安全性。

强实时系统与弱实时系统存在根本的不同,前者必须始终在正确的时刻生成所需的结果,例如线控驾驶系统;而后者没有这方面的要求,例如交易处理系统。表1-2对强实时系统与弱实时系统的特性进行了对比[1]。

表1-2 强实时系统与弱实时系统的特性

特性	强实时系统	弱实时系统
响应时间	硬性要求	软性预期
峰值负载性能	可预测	降低
安全性	很重要	不很重要
错误检测	自主	用户参与
节奏控制	环境	计算机
数据文件长度	小/中	大
数据完整性	短期	长期
冗余类型	主动	检查点恢复

(1)响应时间。强实时应用的响应时间通常在毫秒级,或者更小。在正常运行期间或在关键情况下,人为干预这种响应时间是不可能的。要想保持过程的安全运行,强实时系统必须是高度自主的。相比之下,弱实时系统的响应时间通常在秒级。此外,在弱实时系统中,即使某个截止时间被错过了,也不会导致灾难性事故发生。

(2)峰值负载性能。在强实时系统中,一定要明确界定峰值负载情形。在稀有事件导致峰值负载产生时,许多强实时应用的效用(utility)取决于它们的可预测性能,必须通过设计确保计算机系统在所有情况下都能满足指定的截止时间要求。然而,弱实时系统比较侧重于平均性能,出于经济方面的考虑,在稀有峰值负载情形下,允许系统降级运行。

(3)安全性。对于系统设计者来说,许多实时应用的安全性极其重要。在特殊情况下,错误检测必须自主进行。这样,系统才能通过采取适当的恢复措施,在应用所规定的时间间隔内达到安全状态,并且无须人工干预。

(4)节奏控制。通常,强实时计算机系统的节奏是由环境(被控对象和操作员)中的状态变化控制的。在任何情况下,强实时计算机系统必须及时跟上环境状态。相比之下,弱实时计算机系统能够在其无法处理输入的负载时,行使一定的环境控制。例如,在机票预定系统(属于交易处理系统)中,如果计算机无法跟上用户的要求,那么计算机可以通过延长响应时间迫使用户放慢节奏。

(5) 数据文件长度。实时数据库是由实时实体的映像组成的,这些映像的特点是时间准确。一般情况下,这种数据库的规模很小。强实时系统主要关心实时数据库的短期时间准确性,随着时间的推移,实时数据库的效用会逐渐丢失。然而,在弱实时系统中,维持大型数据文件的长期完整性(integrity)和有效性(availability)非常重要,如机票预定系统。

(6) 冗余类型。在弱实时系统中,一旦检测发现了错误,首先让计算过程返回到先前建立的检查点,然后启动恢复操作。在强实时系统中,返回/恢复操作的实用性有限,主要原因如下:

①返回/恢复操作占用的时间不可预测,错误发生后,难以确保截止时间;

②已经对环境产生影响的不可撤销操作无法废止;

③检查点时间和当前时间之差造成检查点数据的时间准确性丧失。

2. 故障安全系统与故障运行系统

对于某些强实时系统,可以预先确定系统的一个或多个安全状态,一旦系统失效,可使系统进入安全状态。如果这样一个安全状态可以确定下来,并能在发生失效时迅速进入该状态,那么系统是故障安全的。故障安全是被控对象的一个特征,而不是计算机系统的特征。在故障安全应用中,计算机系统必须具有较高的错误检测覆盖率,也就是说,若发生一个错误,则检测发现该错误的概率必须接近于1。例如,在铁路信号系统中,一旦检测发现了系统失效,可以设置所有信号为红色,从而停止所有列车,以使系统切换到一个安全状态。

许多实时计算机系统通过"看门狗"定时器(特殊外部器件)监视计算机系统的运行,计算机系统要周期性地向看门狗发送活动信号,如预定形式的数字输出。假如活动信号没有在规定的时间间隔内到达看门狗,则看门狗假定计算机系统已经失效,强制被控对象进入安全状态。在这样的系统中,及时性(timeliness)仅被用于获得较高的有效性(availability),而不是用于维持安全性。这是由于看门狗发现定时违规时,强制被控对象进入安全状态。

有些应用的安全状态是不能确定的,如飞行控制系统。在这样的应用中,为了避免灾难性事故的发生,即使出现失效,计算机系统也必须保持运行,并且提供最低限度的服务。这就是为何将这些应用称为故障运行的原因。

1.5.2　根据计算机应用的设计和实现分类

根据计算机应用的设计和实现,即计算机系统的内部因素,实时系统的分类方法有三种。

确保响应(guaranteed response)系统与尽力而为(best effort)系统。

资源匹配(resource adequate)系统与资源不匹配(resource inadequate)系统。

事件触发(Event Triggered,ET)系统与时间触发(Time Triggered,TT)系统。

上面三种分类方法的特点如下。

1. 确保响应系统与尽力而为系统

假如在开始设计工作之前,已经有了一个指定的故障和负载假设,那么可以在不考虑随机理由(probabilistic argument)的情况下,推断设计的适当性(adequacy)。即使在峰值负载和故障情形中,也可以进行这种推断。一般情况下,认为这样的系统具有确保响应。拥有确保响应的完善系统,其失效率降到负载和故障假设在现实中不成立的概率。在设计阶段,确保响应系统需要进行细致规划和深入分析。

如果不能给出这样一个解析的响应保证,那么就要提到尽力而为系统这个概念。在负载和故障假设方面,尽力而为系统不需要有严格的规范。设计工作要按照"尽最大努力"这个原则来进行,设计的适当性需要在测试和整合阶段建立起来。设计稀有事件情形下的尽力而为系统非常困难,目前,只有一些非安全关键性实时系统是依据尽力而为范式(paradigm)设计出来的。

2. 资源匹配系统与资源不匹配系统

确保响应系统是以资源匹配原则为基础的,即系统的计算资源足以用来处理指定的峰值负载和故障情形[13]。事实上,为处理每个可能的情况提供足够的资源在经济上是不可行的,但是,以资源共享和随机理由为基础的动态资源分配策略是可以接受的。因此,许多非安全关键性实时系统的设计是以资源不匹配原则为基础的。

许多实际应用希望将来会有一个向资源匹配设计转变的范式。在重要的批量应用(如汽车)中使用计算机,能够提高公众意识以及对计算机相关事件的关注,这迫使设计人员必须拿出有说服力的理由,证明他们所做的设计能在规定的条件下正常工作。若强实时系统需要按确保响应范式进行设计,则必须有足够的资源。

3. 事件触发系统与时间触发系统

在计算机中,触发(trigger)是引起某些动作(如执行任务、发送报文)启动的事件。实时计算机系统中的每个节点都有启动通信和处理活动的触发机制,根据触发机制的不同,实时系统分成两种截然不同的类型[14-15]:事件触发系统和时间触发系统。

在事件触发系统中,通信和处理活动是由那些与规律性(regular)事件不同的重要事件启动的,事件触发系统利用中断机制将重要事件信号传递到计算机的中央处理器(Central Processing Unit,CPU),由相应的软件任务服务该事件。在这类系统中,常利用动态调度策略来激活与事件相关的软件任务。

在时间触发系统中,通信和处理活动是由周期性出现的预定时钟节拍启动的,即时间触发系统利用行进中的时间启动所有的活动。在分布式时间触发系统中,每个节点只有一个中断,即周期性的时钟中断,所有节点的时钟被同步到一个全局时间,这个时间被用于为被控对象的每个观测加盖时间戳(time stamp)。在选择全局时间的粒度时,必须满足这样的条件:无论何处产生两个观测,它们的时间顺序可以根据其时间戳建立起来[8]。

以电梯控制系统为例,解释事件触发系统与时间触发系统之间的区别。若电梯控制系统采用事件触发实时计算机系统,则当按下呼叫按钮时,该事件立即被转发到计算机中断系统,以便启动呼叫电梯动作。若电梯控制系统采用时间触发实时计算机系统,则按动按钮操作被存储在本地,计算机定期(如每秒一次)查询所有按钮的状态。时间触发系统的控制流程由时间进行管理,而事件触发系统的控制流程取决于环境或计算机系统中所发生的事件。

1.6　实时系统的应用前景

在市场经济环境中,性价比是产品赢得市场的决定性参数,不把成本作为主要考虑因素的情形仅占少数。产品的全生命周期成本可简单地划分成三部分:开发成本、生产成本,以及运行和维护成本。不同类型的产品,其全生命周期成本在这三部分上的分布相差很大。下面将以工厂自动化系统、嵌入式实时系统和多媒体系统等三种实时系统为例,探讨系统的生命周期成本分布和应用前景。

1.6.1　工厂自动化系统

从历史上看,实时数字计算机控制的第一应用领域是工厂自动化。这一点很容易理解,大型工厂的计算机化所带来的利益远大于对过程控制计算机的投资,即使在20世纪60年代,过程控制计算机价格昂贵,情况也是如此。

1. 特征

早期的工厂是人工控制的,操作员需要靠近生产过程。随着工业仪表的改进和远程自动控制器的应用,工厂的监视和指挥设施被集中到中央控制室。到了20世纪70年代,中央过程控制计算机出现了,这种计算机能够监视整个工厂,并协助操作员完成日常工作,如记录数据、指导操作等。计算机最初被认为是附加设备,不是完全可信赖的。计算机通过运算所得到的设定点是否可应用于生产过程,需要由操作员做出判断(人工闭环控制)。随着过程模型的改进和计算机可靠性的提高,控制功能不断地被置入计算机,逐步取代了控制回路中的操作员(自动闭环控制),随之出现了响应时间要求超出人之所能的复杂控制技术。

通常情况下,每个工厂自动化系统都有自身的特点,为使计算机系统适应特定工厂的物理布局、运行策略、管理条例和报告规则,在工程和软件方面需要做大量的工作。为了减少工作量,很多过程控制公司开发了模块化构建模块,可以通过不同的模块配置满足用户的要求。与开发成本相比,过程控制计算机系统的生产成本(硬件成本)是次要的。如果为了尽量减少工厂的停机时间,要求维护人员每天24小时在岗,那么维护成本可能成为一个问题。

2. 未来发展趋势

工厂自动化系统的市场受到新建或整改工厂数量的限制。在过去的二十多年里,很多工厂已经实现了自动化,在安装新一代计算机和控制设备之前,前面的投资必须还清。另外,在生产厂里安装新一代控制设备会造成工厂运行中断,导致高昂的生产损失。因此,安装新设备必须在经济上是合理的。假如工厂的效率已经很高,通过良好的计算机控制进行改善的余地很小,那么更换新设备的难度更大。

工厂自动化市场的规模相对较小,以至于不支持特殊专用组件的批量生产,而批量生产有助于降低系统成本,这就是许多为其他应用领域(如汽车电子领域)开发的超大规模集成电路(Very Large Scale Integration,VLSI)组件被工厂自动化领域广泛采用的原因。这样的组件包括传感器、执行器、实时局域网和处理节点等。一些过程控制公司发布的新一代过程控制设备,已经运用了为汽车市场开发的、批量生产的低价组件,如为控制器局域网(Controller Area Network,CAN)开发的芯片[16-17]。

时至今日,工厂自动化系统已经广泛应用于电力、冶金、化工、机械制造、食品加工等工业领域,成为现代化企业不可或缺的一部分。

1.6.2　嵌入式实时系统

嵌入式实时系统也称为网络化物理系统(Cyber Physical System,CPS),这种系统是自成体系产品(如电视机、汽车)的一部分[18],正在成为实时技术和计算机行业的最重要细分市场。

随着微控制器性价比的不断提高,越来越多产品的传统的机械或电子控制系统,逐渐被嵌入式实时计算机系统所取代。

1. 特征

嵌入式实时计算机系统总是某个指定的更大系统的一部分,这个更大的系统称为智能产品。智能产品是由机械(物理)子系统和嵌入式控制计算机组成的,有些产品还包括人机接口。智能产品最终成功与否,取决于该产品与用户的相关性,以及产品的服务质量。因此,在设计智能产品时,应将重点放在用户的真正需求上。

虽然嵌入式实时系统的历史十分短暂,但其计算机技术发展模式具有鲜明的特色,大致分为四个阶段。第一阶段,利用专用的单机工具,在没有操作系统的微型计算机上实现传统控制系统的指定功能。应用软件是由那些了解实际应用,并且经过少量计算机技术培训的工程师开发的。在与传统控制系统的成本竞争中,为了占据优势,第一代工具靠牺牲软件结构来最大限度地减少资源需求(如内存需求)。第二阶段,通过增加软件来扩展产品的功能,提高智能产品的效用。随着软件复杂程度的不断增加,可靠性问题显现出来,迫使系统设计者退而求助于其他手段,由此进入了嵌入式实时系统发展的第三阶段。第三阶段,引入了软件架构和操作系统,需要对软件进行根本性再设计。这种方式并没有明显地增加产品的功能,却加大了开发成本。对于产品开发组织,这是一个关键阶段。第四阶段,智能产品被视为更大系统的一部分,需要与其环境进行通信。通信接口先由公司进行开发,然后再由工业界进行标准化。通信接口标准化有利于工业界定义标准化子系统,并通过专用的VLSI解决方案,有效地实现这些子系统。

嵌入式系统具有很多与众不同的特征,这些特征直接影响系统的开发过程。

(1)批量生产。许多嵌入式系统是为大众市场设计的,要在高度自动化的装配厂里进行批量生产。这意味着单个单元的生产成本应该尽可能低,即必须关注内存和处理器的高效利用问题。

(2)静态结构。计算机系统被嵌入到结构为刚性的特定智能产品中。在设计阶段,通过分析已知的静态环境,可以简化软件、增强鲁棒性、改进嵌入式计算机系统的效率。许多嵌入式系统不需要灵活的动态软件机制,因为这种机制会加大资源需求和实现复杂度。

(3)人机接口。如果嵌入式系统包含人机接口,那么这个接口一定有明确的目的,并且操作方便。在理想情况下,智能产品的使用方法是不言自明的,不需要专门培训或参考手册。

(4)机械子系统最小化。为了减少制造成本,增加智能产品的可靠性,机械子系统的复杂性被最大限度减小了。

(5)功能确定。驻留在只读存储器(Read Only Memory, ROM)中的集成化软件决定了智能产品的功能。既然ROM中的软件在被交付使用后不可能被修改，那么这种软件的质量标准一定要很高。

(6)维护策略。将智能产品分解成可替换单元的成本太高，因此很多产品被设计成不可维护的。然而，如果产品被设计成现场可维护的，那么为产品提供良好的诊断接口和维护策略就变得十分重要。

(7)通信能力。许多智能产品需要与更大的系统或因特网互连，当它们与因特网相连时，防护性是最令人关注的问题。

(8)能源有限。许多嵌入式移动设备由电池供电。电池负荷的寿命是系统效用的一个关键参数。

到目前为止，智能产品的生命周期成本大部分在生产方面，即硬件方面。事先已知智能产品的静态结构，有利于减少资源需求，从而减少生产成本，增强嵌入式计算机系统的鲁棒性。如果因为未被发现的设计缺陷(如软件缺陷)，生产企业需要召回产品，替换整个产品系列，那么维护成本也会变得格外重要。例如，1996年通用汽车公司(General Motors，GM)因为发动机软件缺陷，召回大约30万辆汽车[19]，导致维护成本大幅增加。

2. 未来发展趋势

最近几年，嵌入式计算机应用的种类和数量迅速增加，已成为计算机市场的重要组成部分。嵌入式系统的市场驱动力源自半导体器件性价比的持续改善，计算机控制系统与机械控制系统、液压控制系统和电子控制系统相比，成本竞争力不断提高。目前，嵌入式系统的批量市场主要集中于消费电子和汽车电子领域，汽车电子领域尤其令人关注。这是因为严格的定时、可依赖性和成本要求已经成为技术进步的促进因素。

在过去的很长一段时间里，人们在应用计算机控制方面十分保守。现在，汽车制造商已把计算机技术的合理开发作为一个重要的竞争元素，这既有利于满足在车辆性能方面永无止境的追求，也有利于降低制造成本。就在几年前，汽车上的计算机应用还集中在非关键性的车体电子或舒适功能上，而目前车辆核心功能的计算机控制已经有了大幅增长，如发动机控制、制动控制、传动控制和悬架控制。在不远的将来，将会看到许多这样的功能被集成在一起，车辆的行驶稳定性将得到极大提高。显然，这些核心功能的任何错误都与安全性密切相关。

目前，汽车内部的计算机安全性研究被分成两个层面：基本层和优化层。在基本层，机械系统提供经过验证的安全水平，足以满足操作汽车的需要。在优化层，计算机系统在基本机械系统上提供优化的性能。在计算机系统完全失效时，汽车运行由机械系统接管。例如，即使电子稳定程序(Electronic Stability Program，ESP)中的计算机发生故障，传统的机械制动系统仍可运行。在不久的将来，这种安全性研究方法可能到达其极限,原因有两个。

(1)随着计算机控制系统的进一步发展,计算机控制系统与基本机械系统之间的性能差距越来越大。习惯了高性能计算机控制系统的驾驶员,反而会把性能较差的机械系统认为是安全隐患。

(2)微电子器件的性价比不断提高,实现容错计算机系统的成本将低于计算机与机械的混合系统。迫于经济压力,可能会去除冗余的机械系统,代之以使用主动冗余的计算机系统。

汽车市场是高度竞争的市场,经济性方面的压力极大。在汽车制造行业,新车型的设计是主攻方向,每个新车型的设计需要数千个工程师进行长达三四年的努力工作。必须认识到,一辆交付使用的汽车有超过95%的成本发生在制造和市场方面,仅有5%与开发有关。另外,为汽车市场研发的高性价比和高可靠性计算机解决方案,也会被其他实时系统应用采纳,汽车市场将成为实时系统市场的驱动力量。

目前,使用嵌入式计算机系统的产品有很多,如汽车发动机控制器、心脏起搏器、传真机、蜂窝式电话、打印机、电视机、洗衣机等,甚至一些电动剃须刀也包含微控制器,其中还有数千条软件代码指令。现有产品的外部接口,尤其是人机接口,通常与前一代产品保持一致。在一般情况下,从外部难以察觉实时计算机系统正在控制产品的行为。

嵌入式系统应用在未来十年里将强劲增长,与其他信息技术市场相比,这个市场将为未来的计算机工程师提供最好的就业机会。

1.6.3　多媒体系统

近年来,世界各地的众多公司斥巨资于多媒体行业,现在多媒体市场已经成为一个重要的市场。

1. 特征

多媒体市场是针对弱实时系统的大规模市场。一些多媒体任务的截止时间是硬性的(firm),但却不是强制性的(hard),如音频和视频流的同步。偶尔未能满足截止时间要求,其结果是用户体验的质量退化,却不会导致灾难性事故。要将一个品质良好的画面变得更好,传输和提供连续视频流所需的处理能力很强,但却难以界定。多媒体应用的资源配置策略与强实时应用截然不同,前者不取决于给定的应用需求,而取决于可用的资源数量。每个用户域被分配一定的计算资源(处理能力、内存和带宽),终端用户在体验质量方面所考虑的因素,直接决定了资源配置策略的细节。例如,如果用户在其多媒体终端缩小了一个视窗,而放大了另一个视窗,那么该系统可以减少分配给第一个视窗的带宽和处理能力,而将释放的资源用于第二个视窗。系统的其他用户应该不会受到这个本地资源重置的影响。

2. 未来发展趋势

因特网、智能手机和多媒体个人计算机的结合,导致了许多新的批量应用。多媒体系统属于弱实时应用,不是本书讨论的重点。

习　题

1. 试给出实时系统的定义。

2. 什么因素让计算机系统成为实时计算机系统?

3. 一个实时计算机系统必须具有的基本功能是什么?

4. 实时系统的时间要求来自何处? 描述被控对象时间特性的参数有哪些?

5. 给出准连续系统的采样周期与被控对象阶跃响应函数的上升时间相联系的"经验法则"。

6. 延迟和延迟抖动对控制质量的影响有哪些? 比较系统存在和不存在抖动两种情况下的错误检测延迟。

7. 信号整理的意义是什么?

8. 设某个实时实体的值以$v(t)=A_0\sin(2\pi ft)$周期性变化,其中,f表示振荡频率,$f=10\mathrm{Hz}$。这个实时实体在$1\mathrm{ms}$时间间隔内的最大变化量是多少?

9. 可预见稀有事件的表现决定了强实时系统的效用,试举例说明。

10. 在故障安全应用中,为维持应用的安全性,计算机系统有必要确保及时性吗? 超高可依赖性应用所需要的错误检测覆盖率是什么级别?

11. 可靠性与有效性之间的区别是什么? 可靠性与可维护性之间的关系是什么?

12. 弱实时系统和强实时系统之间的主要区别是什么?

13. 某汽车公司要生产200万台特殊型号的电子发动机控制器,备选设计方案如下:

(1)将发动机控制单元构造成单一FRU,应用软件存储在其ROM中。这样一个单元的生产成本为1250元。发生错误时,必须替换整个单元。

(2)构造发动机控制单元,使软件包含在ROM中,而ROM被放置在插座上,且软件存在错误时可以被替换。不包括ROM时,控制单元的生产成本为1240元。ROM的成本是25元。

(3)将发动机控制单元构造成单一FRU,软件存储在其Flash EPROM中,可以重新加载。这样一个控制单元的生产成本为1275元。

假设维修每辆车的劳动力成本为 250 元,且适合于上述各个方案。如果 30 万辆汽车因为软件错误被召回,试计算每个备选设计方案对应的花费。如果被召回的汽车只有 1000 辆,哪个设计方案的花费最低?

第 2 章　实时系统模型化

以合理的成本建立可依赖的实时系统,其关键问题之一是简化(simplicity),既包括功能的简化,也包括系统之间相互作用的简化。然而,日常生活中的许多实时系统正在向相反的方向发展,日益增多的功能要求和必须满足的非功能性制约因素(如安全、防护或能耗)使得系统的复杂性不断增长。因此,建立模型、解决问题和表示知识已经成为认知科学的重要组成部分。

我们说自己理解了某个系统,通常是指理解了系统的模型,而不是系统本身。系统模型必须简单易懂且使用明确的概念。这里所采用的概念,一定要抓住被研究情形的相关属性。目前形成这些概念的重要方法是抽象(abstraction)。抽象有助于提取事物的本质属性,抛开非本质属性。

本章首先介绍实时系统建模的本质,然后讲述实时系统行为的跨域架构模型。这是一个概念性模型,其中使用了六个基本概念:任务、状态、报文、节点、簇和系统的系统(System of Systems,SoS)。在讲述这一模型的过程中,着重强调模型的可理解性。

2.1　合理的抽象

在不断变化的世界中,所有事物都有永久属性和特征属性。这些属性在事物的存在和发展中起着至关重要的作用,识别并维持这些属性是十分必要的。目前获取这方面知识的一种有效方法是抽象。

2.1.1　抽象的定义

抽象是指从许多事物中舍弃个别的、非本质的属性,抽出共同的、本质的属性。通过从某些具有若干相同属性的事物中抽象出来的本质属性,推广到具有这些相同属性的一切事物,从而形成关于这类事物的普遍概念。

例如,人体面部识别就是一个抽象过程。通过改变观察角度、观察距离、照明条件等,形成许多特殊的人体面部图像,从中确定出永久性面部特征并且保存下来,将来可用于面部识别。

抽象的最大特点在于抓住已掌握问题的本质,通过省略无关紧要的细节,减少现实情况的复杂性,最终形成更高层次的概念。抽象会形成多类概念,每类概念的组成元素具有共同的特征。概念类是递归的,每类概念的元素仍然可以继续分类。由此能够得出一个从具体到抽象的类层次结构。在最低层能够找到直接的感知体验。

2.1.2　模型化的目的

真实世界里存在大量的信息,而人类大脑的信息处理能力是有限的,需要使用面向目标的信息缩减策略简化真实世界的表示(模型),从而帮助我们理解所面对的问题。表示现实的模型有多种:建筑的物理层模型、工艺流程的仿真模型、量子物理现象的数学模型、计算机系统安全的形式逻辑模型等。所有这些模型都是现实的抽象,不要误以为它们是现实本身。如果模型是一整套明确定义的概念和这些概念之间的关系,那么这种模型称为概念性模型或非正式模型。相比之下,正式模型拥有精确的注释和严格的推理规则,支持模型化系统选定特性的自动推理。完善且稳定的概念性模型是正式模型的必要前提。

从前面的描述可以看出,模型是有意简化了的现实,目的在于解释与特定用途相关的现实属性。在建模活动之初,建模的目的一定要明确。如果目的不清楚,或者有多个存在分歧的目的,那么就不可能开发出一个简单的模型。

有了高层次抽象,就能运用平台独立模型(Platform Independent Model,PIM)来表示应用要求。PIM主要描述解决方案的功能和时间属性,不考虑任何具体的硬件实现。这是一种高层次的应用描述,与技术无关。例如,在规定汽车制动系统的功能和时序时,要求"在踩踏刹车踏板之后的2ms内,启动适当的制动动作",这显然是一个技术无关的描述。PIM可用程序语言(如System C)表示,并且可以根据时序信息方面的要求加以扩充[1]。利用PIM,系统实现人员可以自由地选择最合适的实施技术。

2.1.3　假设覆盖率

在描述指定现象的所有模型中,用最少的概念和联系解释所涉及问题的模型更受欢迎。然而,过度地简化或省略相关特性也隐含了危险。只有精心定义了建模过程的目标,才能进行信息压缩或者抽象,否则将无法区分模型所需的相关信息和可以丢弃的无关信息。在模型化期间,要像定义模型的有效范围一样,清晰地陈述为实现简化而做出的所有假设。建模过程中所做的假设在现实中成立的概率称为假设覆盖率[20]。源自模型的结论在现实世界中的有效性,受到假设覆盖率的限制。

当设计容错实时计算机系统的模型时,必须给出两个重要假设:负载假设和故障假设。每个计算机系统的处理能力都是有限的,在陈述计算机系统的响应时间时,通常假设计算机系统的负载小于最大负载,这个最大负载称为峰值负载,这个假设称为负载假设。故障假设是对计算机系统应该处理的故障类型和频率所做的假设,一个实时计算机系统具有容错能力,是指它能容忍故障假设中覆盖的所有故障。如果现实世界里发生的故障没有包括在故障假设中,那么即使设计完美的容错实时计算机系统也会失败。

2.1.4　相关属性

现实世界里的每个物理系统,无论自然的还是人工的,几乎都有无限多的属性。例如,一个芯片系统可能包括10亿个以上的晶体管,排列在芯片的不同位置上的晶体管形成一个巨大的原子空间,其属性难以计数。为了从宏观层面推导感兴趣的属性,必须通过系统的抽象和建模,略去微观层面上的、看似无关的细节。

现实世界的时域属性和值域属性一定是分布式实时计算机系统模型的组成部分,这里将介绍这两个属性的几个重要概念。

1. 时域属性

在任何实时计算机系统中,时间的进展情况至关重要,许多概念与此密切相关。我们知道,物理定律里的许多常量、常数(如光速等)是根据国际原子时(International Atomic Time, TAI)定义的。如果实时系统模型选用了不同的时间基准,那么这些物理常数可能变得毫无意义,或者需要重新定义。

在构建实时系统模型的过程中,假设存在一个拥有精密参考时钟r的全能(omniscient)外部观察员,所有节点的时钟被同步到足以满足给定目的的精密度Π,即能够正确描述被考虑应用的时间属性。

1)动作持续时间

程序或协议的执行形成了动作(action)。在给定的硬件配置上,计算或通信动作的持续(或执行)时间是从产生激励到出现相关响应所用的时间,它是描述动作时间行为的重要时域数值。对于给定的动作a,其持续(或执行)时间可用下述四个量描述,时间单位与上述参考时钟r相同。

(1)实际持续(或执行)时间:当实际输入数据集为x时,动作a从开始到结束所用的时间,用$d_{actual}(a,x)$表示。

(2)最短持续时间:对于所有可能的输入数据,动作a从开始到结束所用的最短时间,用$d_{min}(a)$表示。

(3)最坏情况执行时间(Worst Case Execution Time, WCET):对于所有可能的输入数据,在指定的负载和故障假设条件下,动作a从开始到结束所用的最长时间,用$d_{WCET}(a)$表示。

(4)抖动:动作a的抖动是最坏情况执行时间$d_{WCET}(a)$与最短持续时

$d_{\min}(a)$之差。

2)动作激活频率

把单位时间内激活动作的最大次数称为激活频率。很显然,激活频率决定了连续动作之间的最短时间间隔。每个计算资源(如节点计算机或通信系统)的能力取决于资源的物理参数,其通常是有限的。只有严格控制资源的激活频率和激活时间分布,资源才能满足时间约束。

2. 值域属性

在实时系统中,被控对象(如汽车、工厂)的状态是时间的函数。通过记录被控对象在某一时刻的状态变量值,能够描述被控对象在该时刻的状态。随着时间的推移,状态变量的属性可能发生改变,但概念保持不变。因此,状态变量是由固定部分和可变部分组成的,固定部分用变量的名称(或标识符)表示,可变部分用变量的值表示。变量名称指定的概念,决定了我们在谈论什么。在特定情况下,变量名称类似于自然语言社区中的概念名称,对于所有通信伙伴,其必须是唯一的,并且指向相同的概念。变量所传达的含义称为变量的语义内容(semantic content)。正如在本节的后半部分所讲到的,变量的语义内容不随表示形式的变化而变化。

在给定应用的模型中,要对那些与变量名称相关的概念和变量的值域做出明确的定义。例如,"发动机温度"是汽车中使用的一个变量名称,这个概念过于抽象,以至于对汽车工程师来说没有什么意义,因为汽车发动机中有各种不同的温度(如油温、水温和燃烧室温度等)。

在定义变量名称时,不仅要考虑变量相关概念的含义,而且要考虑变量的值域规范(specification)。在许多计算机编程语言中,变量的类型是作为变量名称的一个属性引入的,它指定了变量值域的原始属性(primitive attribute),如整数、浮点数等。这些原始属性往往不足以正确地描述值域的所有相关属性。例如,将温度变量的值域声明为浮点数,并没有指定温度的测量单位是摄氏度、开尔文还是华氏度。对变量的类型系统予以扩展,有助于缓解这一问题。

使用不同语言的社区,不同的变量名称可能指向同一个概念。例如,"空气温度"在讲英语的社区可能被缩写成t-air,而讲德语的社区可能称为t-luft。改变变量值域的表示形式(如将温度测量单位从摄氏度换成华氏度),并相应地调整变量的值,变量所表达的语义内容保持不变。例如,两个变量t-air = 86, t-luft = 30,表面上是完全不同的,因为它们有不同的名称和不同的值。然而,如果t-air和t-luft是指同一个概念,即空气温度,并且t-air的值以华氏度表示,t-luft的值以摄氏度表示,那么这两个变量的语义内容显然是相同的。

在本章的后半部分将会讲到,不同组织根据不同的架构形式(architectural style)所开发的系统,可以通过网关节点链接起来,从而形成更大的系统。当研究网关节点时,变量在语义内容表示形式方面的差异显得十分重要。架构形式指的是系统设计中需要遵循的所有显性和隐性原则(principle)、规则(rule)和约定(convention)。例如,数据的表示形式、协议、语法、命名和语义等。网关节点必须将变量的名称和表示形式从一种架构形式转化成另一种架构形式,而且语义内容保持不变。

在本书所讲的变量模型中,描述变量固定属性的数据(data)称为元数据(meta data),而描述变量可变属性的数据,即值集(value set),称为对象数据(object data)。因此,与变量名称有关的概念,其属性由元数据描述。由于元数据可能成为另一个层面上的对象数据,对象数据和元数据之间的区别是相对的,完全取决于观察者的视点。例如,产品的价格是对象数据,而表示价格的货币、这个价格适用的时间段和地点是元数据。

2.1.5　无关细节

前面已经提到,模型是现实的缩影。将无关细节引进模型,会使指定问题的表示和分析复杂化,这是没有必要的。因此,清晰地描述那些与指定用途无关的现实属性,对建模来说相当重要。那么分布式实时系统的哪些属性可以在不妨碍模型化目的前提下丢弃呢?

1)表示问题

分布式实时系统的概念模型主要关心实时变量的时间属性和含义(即语义),而不是这些变量的语法外表,即不是数值的表示形式。以温度测量为例,在温度传感器和计算机之间的物理接口上,温度可以用4~20mA电流表示,或用A/D转换形成的特殊位模式表示,同样也可以用浮点数表示。可以忽略所有这些低层次的表示问题,假定一个抽象接口,让这个接口提供一个约定的标准表示形式(agreed standard representation),且这种表示形式在整个子系统内保持一致(如任何温度都用摄氏温度表示)。同一数值的不同表示形式仅与不同子系统之间的接口有关系,数值表示形式上的差别可被隐藏在网关节点之内,网关节点负责将一个子系统的表示形式变换成另一个子系统的表示形式,而且不改变数值的含义,即不改变数值的语义。

2)程序问题

实时系统中的很多程序(如控制算法、信息表示形式变换算法等)是根据给定的输入数据计算出一个期望的结果。通过研究这些程序的下述功能意向和数据域,可以给出它们的抽象描述。

(1)给定的输入数据。

(2)程序内部状态。

(3)预期的结果。

(4)程序内部状态的改变。

(5)程序的资源需求,如内存大小。

在时域内,程序的WCET与概念性模型有关,而程序的内部逻辑和中间结果与概念性模型无关。

2.1.6　系统架构

通过第1章的学习,我们已经知道实时系统可以分解成3个相互联系的子系统:被控对象(物理子系统,其行为由物理定律支配)、分布式计算机子系统(网络化系统,其行为由计算机执行的程序管理)和操作员。分布式计算机系统由计算节点和连接这些节点的实时通信网络组成,如图1-2所示。本章将介绍实时系统行为的跨域架构模型,这是一个概念性模型,主要用于解释实时系统的值域和时域属性。

实时系统的跨域架构模型使用了6个基本概念,分别是任务、节点、报文、状态、簇和系统的系统(SoS)。任务为进程(process)和线程(thread)的统称,它是节点的最小运行单位,节点为它分配资源,进行调度。节点(一个节点可以承载一个或多个组件)是自成一体的硬/软件单元,只通过报文交换实现与环境之间的相互作用。报文是用于沟通的原子数据结构(atomic data structure),它是人类沟通和机器通信的基本单位,支持节点之间的数据传输和同步。节点在某一时刻的状态也是一个数据结构,其中包含该节点过去的信息,这些信息关系到节点未来的运行情况。簇是自成一体的子系统,其中包括多个相互联系的节点,这些节点利用通信系统获得整合效应,形成一个计算簇的所有节点使用同一架构形式。由于簇在一定程度上是自主的,所以又称为组分系统(constituent system)。不同的组织可以根据不同的架构形式开发组分系统,各种组分系统通过精心定义的报文接口连接在一起,就形成了SoS。

另外,这个架构还定义了一些与时间相关的概念(如稀疏时间、实时数据的时间准确性、确定性等)。通过这个系统架构,很容易理解实时系统的值域行为和时域行为,给出系统的负载假设和故障假设,清晰区分系统的相关属性和无关细节。

2.2　任　务

在实时系统的跨域架构模型中,节点是最小的故障抑制单元。节点的内部软件可能很复杂,但很容易被组织成一组按实时性要求运行的任务。这些任务之间是合作关系,而不是竞争关系。每个任务执行一个顺序程序,这个过程从读取输入数据和任务内部状态开始,到产生结果并更新任务内部状态结束。任务管理关注任务的初始化、调度、执行、监视、错误处理、相互作用和终止等。在实时系统中,为了确保时间的可预见性和确定性,需要仔细设计任务管理和节点内部任务之间的相互作用。

2.2.1　任务的分类

在强实时系统中,根据任务体内是否有同步点将任务分成两类,分别为基本任务(Baisc Task, B-任务)和扩展任务(Extended Task, E-任务)。

1. B-任务

任务体内没有同步点的任务称为基本任务。基本任务一旦开始执行,就一直运行到结束"(单发)",没有等待状态。但在任务被优先级更高的任务或中断抢占时会停止运行。

B-任务的模型如图2-1所示,这类任务不会因为等待任务之外的事件而被阻塞在任务体内,其执行时间不直接依赖于节点内其他任务的进度,可以单独确定。B-任务可以有内部循环,但其WCET必须是可确定的。

图2-1　B-任务的模型

2. E-任务

任务体内含有阻塞同步语句(例如信号量等待操作)的任务称为扩展任务。E-任务在执行过程中可以进入等待状态,在被等待的事件发生后,继续运行。当任务自行结束、被优先级更高的任务或中断抢占,或者调用等待操作(任务进入等待状态)时,停止运行。

当一个任务必须等待任务之外的某个条件时,可能需要等待(wait)操作。例如,等待另一个任务完成对共享数据结构的更新,或等待来自某个终端的输入到达等。如果共享数据结构是受保护的对象,那么在任何特定时刻,仅有一个任务可以更新数据(互斥),其他任务将被等待操作推迟,直到当前活动的任务完成其临界段(critical section)的运行(见7.4.1节)。因此, E-任务的WCET是一个全局性问题,直接取决于其他任务的进度。这里所说的其他任务,既可能在节点内部,也可能在节点的环境中。

2.2.2　任务的逻辑控制与时间控制

在描述逻辑控制和时间控制这两个概念之前,先看一个轧制机控制系统实例。

轧制机控制系统是分布式工厂自动化系统的一个典型例子。在这个应用中，厚钢板(或其他材料，如纸板、聚氯乙烯(Polyvinyl Chloride，PVC)板)被滚压成板条并盘曲成薄板卷，如图 2-2 所示。轧制机包括 3 个驱动装置和一些轧制产品质量的检测仪表。轧制机的分布式计算机控制系统由 7 个节点组成，实时通信系统将这些节点连接在一起。这个应用的最重要动作顺序(称为实时处理)如下：首先传感器计算机读取传感器的值；然后测量数据被传送到模型计算机，由模型计算机为 3 个驱动装置计算出新的设定点；最后这些设定点被送到控制计算机，三个控制计算机依据这些数据重新调整轧制机的轧辊，从而实现期望的动作。因此，这个实时处理包括 3 个数据处理动作和 2 个通信动作。

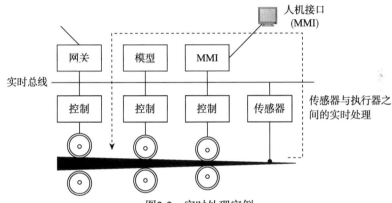

图2-2　实时处理实例

实时处理的总持续时间(图 2-2 中虚线所示)是一个重要的控制质量参数。这个处理的持续时间是关键控制回路的死区时间的一部分，持续时间越短，控制质量和控制回路的稳定性越好。死区时间的另一个重要组成部分是薄板从驱动装置运行至传感器所用的时间。若不实施死区时间补偿，则死区时间的抖动会极大地降低控制质量。显而易见，延迟抖动是形成关键实时处理的所有数据处理和通信动作所产生的抖动之和。

值得注意的是，在这个控制系统中，节点之间采用了多播通信模式，而不是点对点模式。此外，模型节点与各个控制节点之间的通信有原子性(atomicity)要求，所有驱动装置要么根据模型输出做出变动，要么都不变动。报文丢失可能导致驱动装置不能重新调整到一个新的位置，从而导致驱动装置机械损坏。

1. 问题的引出

在图 2-2 中，人机接口(Man Machine Interface，MMI)节点的报警监视任务负责监视被测变量之间的关系。三个控制器节点测量三对驱动滚筒之间的压力 p_1、p_2 和 p_3，并把测量值发送到 MMI 节点，由 MMI 节点检查这些压力值是否满足下列报警条件：

$$\text{when } ((\,p_1 < p_2\,) \wedge (\,p_2 < p_3\,))$$
$$\text{then everything ok}$$
$$\text{else raise pressure alarm;}$$

这里，"everything ok"表示一切正常，"raise pressure alarm"表示发出压力报警。只要滚筒之间的压力不满足指定条件$p_1 < p_2 < p_3$，就必须发出压力报警。

初看上去，这好像是个合理的用户级规范。然而在实现这个规范时，系统设计师需要设计4个B-任务：3个控制器节点上的压力测量任务和1个MMI节点上的报警监视任务。当激活这些B-任务时，可能会出现下述问题。

（1）节点之间的通信需要时间，存在时间间隔是不可避免的。从被控对象满足报警条件到MMI触发报警，可容忍的最大时间间隔是多少？

（2）每个控制器节点测量一个压力，三个压力测量之间存在时间间隔，如果不能很好地控制这些时间间隔，就会产生误报警或者错过重要报警。三个压力测量之间可容忍的最大时间间隔是多少？

（3）何时激活控制器节点的压力测量任务？每隔多久激活一次？

（4）何时激活报警监视节点的报警监视任务？

很明显，上述规范没有给出这些问题的答案，缺少了架构在时域所需要的精确信息。时间因素被隐藏在when语句的不精确语义中，when语句被用来达到两个目的。

（1）指定必须提出报警条件的时间点。

（2）指定必须监视的值域条件。

此语句将两个不同的问题混合在一起，一个是时域行为，另一个是值域行为。要想分清这两个问题，需要用到两个重要概念：逻辑控制和时间控制。

2. 逻辑控制

任务的逻辑控制与任务的内部控制流程有关，而控制流程取决于为实现所需计算而给定的任务结构和特定的输入数据。在上述例子中，分支条件计算和两者取一选择就是一个逻辑控制实例。对于采用逻辑控制的任务，任务的执行时间取决于处理单元的运行速度，如果把给定的处理器换成速度更快的处理器，则任务的执行时间将发生变化。

3. 时间控制

任务的时间控制与确定任务必须被执行的时刻有关，而这些时刻源自应用的动态特性。在上面的例子中，确定压力测量任务和报警监视任务的激活时刻，就是一个时间控制问题。显然，时间控制与实时时间的进展相联系。

B-任务的唯一时间控制问题是确定何时被激活，一旦被激活，它将在其WCET内一直运行至结束。E-任务则不同，E-任务的内部程序段可能将逻辑控制和时间控制交织在一起(如任务中的显式同步语句"wait")。如果没有分析该程序段的环境行为，那么很难确定E-任务的WCET。

既然时间控制与实时时间有关，而逻辑控制与执行时间有关，那么仔细区分这两种控制是十分必要的。时间约束是由应用决定的，逻辑问题是由程序算法决定的，为了消除时间约束推理与逻辑问题推理之间的相互影响，一个好的设计会将逻辑控制和时间控制分离开来。为此人们开发出了多种同步实时语言，如数据流同步语言(Dataflow Synchronous Language) LUSTRE[21]、同步语言(Synchronous Language, SL)[22]，它们都清楚地区分了逻辑控制和时间控制。在这些语言中，时间进展被划分成一系列时间间隔，又称为步幅，每个间隔以启动计算任务(逻辑控制)的实时时钟节拍作为开始。这些语言的计算模型做了这样的假设：任务一旦被实时时钟(时间控制)节拍激活，就尽快完成其计算。这意味着在下一个触发信号(下一个时钟节拍)引发下一个任务的执行之前，已被启动的任务必须终止其执行。

经典的有限状态机(Finite State Machine，FSM)主要关注逻辑控制，周期性有限状态机(Periodic Finite State Machine，PFSM)模型[23]通过引入时间维度扩展了经典的有限状态机，它用全局稀疏时间的进展涵盖了时间控制问题。

2.2.3　任务的事件触发与时间触发

在时间控制中，象征任务启动执行时刻的控制信号有两种，它们是重要事件的发生和指定时间的到达。若任务的控制信号起源于重要事件的发生，则该任务是事件触发的；若任务的控制信号起源于指定时间的到达，那么该任务是时间触发的。在分布式实时系统中，时间触发和事件触发动作并存，如图2-3所示。

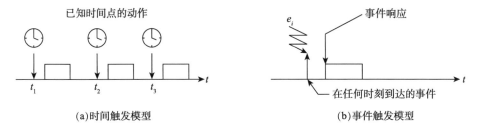

(a)时间触发模型　　　　　　　　　　(b)事件触发模型

图2-3　时间触发模型与事件触发模型

这里所讲的重要事件，可以是节点内另一个任务的结束、外部中断的发生、特定报文的到达或发送报文语句的执行等。虽然重要事件通常是零星发生的，但是两个连续事件之间应该有一个最短的时间间隔，这有助于避免通信系统或事件接收方过载。若两个事件之间的最短时间间隔为d_{min}，则到达速率应小

于 $1/d_{\min}$。

指定时间是否到达,每个节点需要根据自己所拥有的全局时间来判定。当节点的实时时钟到达某指定值时,就会产生启动任务执行的控制信号,这种信号通常是循环式的。

【例2-1】一组高楼电梯的计算机控制系统,可以设计成事件触发实现或时间触发实现。试说明事件触发实现和时间触发实现的差异。

解 在事件触发实现中,按下电梯升降按钮,就会在计算机系统内产生中断,激活电梯调度任务,为升降请求做出服务。

在时间触发实现中,电梯升降按钮被按下后,该按钮的本地存储单元被置位(如置"1")。计算机系统对所有按钮的存储单元进行周期性采样(如周期为500ms),当完成一个存储单元的采样之后,将该存储单元复位(如置"0")。在完成一个采样循环后,激活电梯调度任务,计算出新的调度表,为所有的升降请求做出服务。

如果一个用户因为电梯没有到达而失去耐性,再次按动了升降按钮,那么对于这种多余的按动操作,两种实现的处理方式是不相同的。事件触发实现会在计算机系统中增加中断,而时间触发实现不识别多余的按动操作,除非存储单元已经复位。

2.2.4　任务的最坏情况执行时间

如果所有应用任务和通信动作是实时处理的组成部分,那么只有在预先知道它们的WCET时(应用调度技术的前提条件),实时处理的截止时间才能得到保证。从任务激活到任务结束所用时间的上限为任务的WCET。这个时间值必须对任务的所有可能输入数据和运行情形有效,并且应该是个严格的时间界限。

除了了解应用任务的WCET,还必须找到操作系统管理服务引起的时间延迟上限,即最坏情况管理开销(Worst Case Administrative Overhead,WCAO)。WCAO包括所有的管理延迟,这些延迟(如上下文切换、调度、中断或阻塞导致的缓存重装、直接内存访问等引起的延迟)虽然影响应用任务,但不在应用任务的直接控制下。

接下来,首先分析非抢占式和抢占式B-任务的WCET,然后讨论E-任务的WCET。

1. B-任务的WCET

运行在专用硬件上,没有抢占,不需要任何操作系统服务,并且顺序单一的B-任务是最简单的任务。在这样的B-任务中,指令的执行时间独立于上下文,可以探讨任务的WCET所对应的解析结构。这样一个任务的WCET取决于以下几个因素：任务的源代码、编译器生成的目标代码属性、目标硬件的特点。

1）源代码分析

高级语言程序的WCET计算问题最受关注。在探讨这个问题时，假设基本语言结构的最大执行次数是已知的，并且独立于上下文。

一般来说，确定任意顺序程序的WCET是个难以解决的问题，下面用一个简单的循环入口控制语句解释这个问题。

$$A：while(exp)$$
$$do\ loop;$$

在这个语句中，只有当布尔代数式exp的值为FALSE时，语句A才停止执行，无法预先知道语句A停止执行之前的迭代次数。因此，为了使WCET的确定成为一个容易处理的问题，实时程序必须满足以下约束[24]：

（1）不存在无约束的循环入口控制语句；

（2）不存在递归函数调用；

（3）不存在动态数据结构；

WCET分析只关注程序的时间属性。如果每个程序语句使用了基本语言结构的已知WCET约束（bound），那么程序的时间特征可以抽象成程序语句的WCET约束。例如，下述条件语句的WCET约束

$$A：if\ (exp)$$
$$then\ A1$$
$$else\ A2;$$

可以抽象成

$$T(A) = \max[T(exp)+T(A_1),\ T(exp)+T(A_2)] \tag{2-1}$$

式中，$T(A)$表示程序语句A的最长执行时间，$T(exp)$、$T(A_1)$和$T(A_2)$是3个基本语言结构的WCET约束。这种公式常用于推导程序的时序行为[25]。

在分析高级语言程序的WCET时，必须确定程序在最差情形下执行哪个程序路径，即哪个指令序列。最长的程序路径称为关键路径（critical path）。在通常情况下，随着程序规模的增大，程序路径的数量呈指数规律增加，关键路径的搜索会变得异常困难。对关键路径的搜索进行正确指导，通过排除不可能的路径来减小搜索范围，都是减小关键路径搜索难度的有效手段。

如果程序有结构限制且程序员附加了表示问题范畴的语义信息，那么任务的最大WCET分析问题可以转化为组合化线性编程（integral linear programming）设计问题。程序的结构限制可以从程序的控制流程图中自动产生。程序的功能限制有助于收紧WCET约束，这种限制是由程序员提供的，在源程序上以注释形式表

示,可由WCET分析工具进行处理。

2)编译器分析

假设机器语言指令的最大执行次数是已知的,并且独立于上下文,那么在这种情况下该如何确定源语言基本语言结构的最长执行时间? 要想解决这个问题,必须分析编译器的代码生成策略,源程序代码提供的时序信息也要映射到程序的目标代码,以便目标代码时序分析工具能够利用这些信息。Vrchoticky提出一种编译过程的时序树(timing tree)结构[26],这种时序树包含求取被编译程序WCET的所有必要信息,并向程序员显示分析结果,结果表示方式如同源程序的语句注释。另外, WCET的分析还要考虑其他影响因素,如寄存器分配、代码优化、编译过程的决策等。

3)执行时间分析

确定目标硬件指令的WCET是时序分析的最后一个问题。如果目标硬件的处理器有固定的指令执行次数,那么可从硬件文档中查到硬件指令的执行时间。当目标硬件是带有管道执行单元(pipelined execution unit)和指令/数据高速缓存(cache)的精简指令集计算机(Reduced Instruction Set Computer, RISC)处理器时,这种简单方法就不起作用了。这种架构特征极大地提高了硬件的性能,但同时也导致了高度的不可预测性。指令之间的依赖关系会引起管道冲突(hazard),高速缓存缺失会导致指令的执行被长时间延迟,更糟糕的是这两种影响不是独立的。对于具有管道和高速缓存的处理器,人们已经进行了大量的执行时间分析, Wilhelm等撰写的综述性文章描述了WCET分析在研究和商品化方面的进展情况,介绍了多个支持WCET分析的工具[27]。

对于在拥有管道和指令高速缓存的处理器上运行的代码段,图2-4给出了一种可行的WCET分析方法[28]。

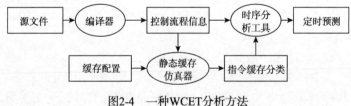

图2-4 一种WCET分析方法

在编译过程中,程序的控制流程信息被收集起来,并用于指令缓存行为的分类。在此基础上时序分析工具(timing analysis tool)通过适当考虑高速缓存和管道的共同影响,可以得到每个程序段的WCET。实验表明,通过这种方法求得的WCET约束几乎全部超过测量所得约束。从WCET的估算值和测量值之间出现偏差的情况看,最大偏差出现在包含大量数据依赖性循环的程序中。如果程序像一般控制算法那样没有数据依赖性循环,那么计算所得WCET约束和测量所得约束几乎一致。部分学者通过研究Intel i960KB处理器的WCET,验证了这个结论的正确性。

在允许B-任务被其他独立任务(如服务于中断的高优先级任务)抢占的系统中,被抢占的B-任务,其执行时间必然被延长,图2-5中任务A被中断任务B抢占,被延长的时间分为以下三项:

(1)中断任务B的WCET;

(2)操作系统用于上下文切换的WCET;

(3)处理器进行上下文切换时,重装处理器的指令/数据高速缓存所需的时间。

把(2)、(3)引起的WCET延迟之和称为任务抢占的最坏情况管理开销(WCAO)。WCAO是非生产性管理开销,若禁止任务抢占,则这部分开销是可以避免的。

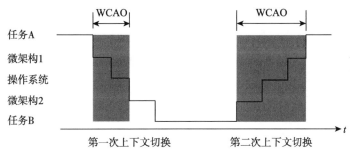

图2-5　抢占式任务的最差情况管理开销

从图2-5的阴影部分可以看出,任务A被任务B抢占所产生的附加延迟是任务B的WCET和两次上下文切换的WCAO(图中的阴影部分)之和。花费在微架构1和微架构2的时间延迟是由重装高速缓存引起的。第一次上下文切换中,微架构2的时间是任务B的WCET的一部分,因为这里假设任务B是从缓存为空开始的。第二次上下文切换包括了任务A的缓存重装时间,因为非抢占式系统不会产生这个延迟。在很多处理器应用中,中断任务的WCET很短,因此微架构延迟是决定任务抢占开销的重要组成部分。文献[29]专门研究了操作系统的WCAO分析问题。

2. E-任务的WCET

E-任务需要访问受保护的共享对象,这类任务的WCET不仅与任务本身的行为有关,而且与其他任务的行为和节点的操作系统有关。例如,一个需要等待输入报文的任务,确定这个任务的WCET需要依赖节点环境中所发生的事件。因此,E-任务的WCET分析不再是单个任务的局部性问题,而是系统的全局性问题,涉及节点内所有相互作用的任务。一般情况下,仅依靠分析E-任务代码,不可能给出这类任务的WCET上限。

对于抢占式E-任务,不仅任务抢占会带来延迟,而且预定的任务依赖关系(互斥、优先级)也会增加延迟。如何处理这种依赖关系所引起的直接相互作用属于任务调度问题,本书将在动态调度部分(见8.3节)详细讨论。

事实上要想确定E-任务的WCET,需要考虑的因素有很多,关于这个问题的系统性分析仍然处在初级阶段。

从前面的讨论可以看出,对于不使用操作系统服务的B-任务,在满足约束条件的情况下,可以通过分析计算获得WCET约束。支持这种分析计算的工具有很多[27],一般只用于分析带注释的源程序。这种源程序含有程序员提供的、面向应用的信息,用来保证程序能够终止运行。另外,源程序还应包含详细的硬件行为模型,以便获得合理的WCET约束。

在强实时应用中,任何时间关键性任务都有WCET约束。在实践中这个问题的解决方式是将下述多种技术结合使用。

(1)应用受限制的架构。这种技术不仅可以减少任务之间的相互作用,而且便于进行控制结构分析。显式同步动作需要上下文切换和操作系统服务,该技术使这种动作的次数最小化。

(2)设计WCET模型并解析分析子问题(如源程序的最大执行时间分析)。通过这种技术,可以自动生成一套有效的并且与WCET接近的测试案例。

(3)控制测量子系统。通过对任务、操作系统服务次数等的控制测量,收集WCET实验数据,并将这些数据用于WCET模型的校正。

(4)广泛测试整个实现。这种技术可以验证各个假设,并测定假设的WCET与实测执行时间之间的安全边界。

尽管如此,当前的实践状况并不令人满意,主要由于很难保证假设的WCET是实际WCET的上限。要想获得严谨的WCET约束,在时序分析的各个方面仍有许多问题有待解决。

2.3　状　　态

实时节点的行为既有已经过去的,也有将要出现的,为把两者区分开来,这里采用了状态这个概念,由它来清晰地区分过去的事件和未来的事件。从实时系统角度看,这个概念意味着重要事件之间必须有一个一致的时间顺序。

在这一节里,首先简单介绍实时系统中的状态定义,然后以袖珍计算器为例,详细阐述实时时间与节点状态之间的密切联系,并分析基态(Ground State, G-state)在节点的动态恢复中的重要性。

2.3.1　状态的定义

状态这个概念被广泛应用于计算机科学,但在实时系统中状态的含义有时有

所不同。为了明确起见,本书将遵循Mesarovic给出的状态定义[30]:

　　状态使未来输出的确定完全取决于未来输入和系统所处状态。换言之,状态使过去与现在和未来"脱钩"。状态集中体现了系统所有过去的历史。了解状态等同于了解过去……。显然为使这个作用有意义,过去和未来一定要与被考虑的系统有关。

　　袖珍计算器是熟知的计算设备,这里以它为例来进一步说明状态的定义[8]。

　　在应用计算器的过程中,首先必须输入操作数(如一系列数字键),然后才能按下操作符(如正弦函数键sine),启动所选函数的计算。计算结束后,运算结果出现在计算器显示器上。如果把计算过程看成原子操作(atomic operation),并在执行该操作之前或之后立即观察系统,那么在这些观察点上计算器的内部状态是空的。

　　在正弦函数的级数展开期间,大量的中间结果被存储在计算器的本地存储器里,假如计算器的内部情况是可观察的,那么可以跟踪这些中间结果。现在在计算开始到计算结束的这个时间段内(如图2-6线框内部分所示),观察计算器的情况。若计算在其中某一时刻被中断,则程序计数器的内容以及保存中间结果的存储单元的内容,形成了这一时刻的状态。在计算的结束时刻,这些中间存储器单元的内容不再相关,状态又变为空。以S表示状态,图2-7描述了计算期间状态的典型膨胀和收缩过程。

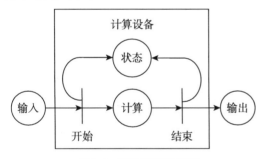 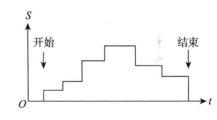

　　图2-6 袖珍计算器模型　　　　　　　图2-7 计算期间状态的膨胀和收缩

　　接下来分析一组数据的求和过程的计算器状态。当输入一个新数据时,此前输入数据之和被存储在设备中。如果在完成其中一部分数据的相加后,中断当前工作,并用一个新的计算器继续完成余下数据的加法计算,那么首先需要输入前面已相加数据的结果。从用户层面看,状态是由前面已完成的加法运算的结果组成的。在计算结束时获得最终结果并清空计算器的存储器,状态又变空了。

　　从这个简单的例子可以得到如下结论:系统状态的大小取决于观察系统的时间点。如果在所选抽象层面的原子操作之前或之后立即选择观察点,那么状态将减小。

　　对于运行过程中的节点,在任何一个中断点,状态被包含在程序计数器和所有状态变量中,为了将来能从中断点重新开始操作,所有内容被装入未用的(virgin)设备。如果中断是由节点失效引起的,而且必须将修复后的节点重新投入运行中的系统,那么必须注意重新加载到修复节点的状态规模。

如果硬件设备是一个可编程计算机,那么在开始计算之前必须先将所需软件装入未用的设备,这些软件包括操作系统、应用程序集和所有状态变量的初始值。通常情况下,软件是一种静态的数据结构,在执行过程中不发生变化。在一些嵌入式硬件设备里,它们被存储在ROM中。确切地说,这些软件已经成为硬件的一部分。

前面讲述了单个设备的状态和意义,分布式实时计算机系统包括多个设备,要想在系统范围内一致地区分过去和未来,定义一致的系统状态是十分必要的。3.3.2节讲述的稀疏时间模型有助于实现这一目标。

2.3.2　基态

为了便于实现节点的动态恢复,有必要在运行系统中安排周期性的恢复时刻,并为节点在恢复时刻的状态定义一组专用的状态变量。节点在恢复时刻的状态称为节点的基态(G-state),两个恢复时刻之间的时间间隔称为基环(Ground Cycle,G-cycle)。

基态存储在已声明的基态数据结构中。最小基态数据结构设计与指定应用的语义分析有关,设计者必须找到周期性时刻,在这些时间点上,未来的行为要与过去的行为最大程度"脱钩"。在循环性应用(如控制应用和多媒体应用)中,做到这一点比较容易。在一个循环结束后、下一个循环开始前,自然形成一个恢复时刻。

在恢复时刻任何任务都是不活动的,并且所有通信通道是清空的(flushed),即没有报文传送[31]。假设有这样一个节点,它包含多个同时执行的基本任务,不仅任务之间相互交换报文,而且任务也与节点的环境交换报文。在选择的抽象层面上,基本任务的执行被看成原子操作。如果任务的执行是异步的,那么节点有可能出现图2-8上半部分所描绘的情形,每个时刻至少有一个任务是活动的,这就意味着没有可以定义节点基态的时刻。

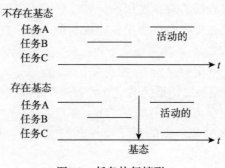

图2-8　任务执行情形

在图2-8下半部分给出的情形中,存在一个所有任务都不活动且所有通道都清空的时刻,即系统处于基态。如果节点处于基态,那么节点的整个状态包含在已声明的基态数据结构中,对节点的未来操作至关重要。

2.3.3　数据库组件

动态数据元素是指可以被计算修改的元素,当其数量太大难以用单一基态报文保存时,可将数据元素存入数据库组件(database component)。数据库组件中包含的数据元素可以是状态的一部分或归档数据。

归档数据是指为存档而收集的数据,它们对节点的未来行为无直接影响,专门记录生产过程中变量的历史情况,有助于在一段时间后分析生产过程。将归档数据尽快发送到远程存储站点是一个很好的方法。例如,飞机上的黑匣子包含归档数据,每当收集到归档数据后,人们可以通过卫星线路立即将这些数据发送到地面上的存储站点,以避免事故发生后不得不收回飞机上的黑匣子。

2.4　报　　文

报文是模型的另一个基本概念,它是一个用于沟通的原子数据结构,支持节点之间的数据传输和同步。

2.4.1　报文的概念

报文是一个起源于通信领域的抽象概念,它是一个原子单元,涵盖了单向信息传输的值域和时域,适用于不同情形下的人类沟通和机器通信。将报文从一个发送方传输到一个或多个接收方是基本报文传输服务(Basic Message Transport Service,BMTS),基本报文传输服务可通过不同的方式(如电气的或生物的)来实现。

对于分布式实时计算机系统来讲,报文是一个架构层次的基本概念。如果子系统之间的基本报文传输服务基于单向的、时间可预测的多播报文,那么数据、定时、同步和发布等多个方面可被集成在单一传输机制里。在较低的抽象层次,通过阐释传输机制,可以细化基本报文传输服务。传输机制可以是有线的或无线的,被传输的信息可以使用不同的信号进行编码[17]。这些细化与报文机制在物理层的实现有关,但它们与一个合作伙伴发送的信息是否及时到达另一个合作伙伴的这个抽象层次无关。

协议是对通信伙伴之间一系列基于规则的报文交换的抽象。它可提供额外的服务(如流量控制、错误检测)。通过将协议分解到所涉及的报文,可以在不详细说明所用传输机制的情况下帮助我们理解协议。

本书介绍的模型,将分布式计算机系统的计算节点与通信基础设施(communication infrastructure)进行了合乎逻辑的分离。在给定的时间间隔内,从发送节点到一个或多个接收节点(多播)的单向报文传输,完全是由通信基础设施提供的。报文传输的单向性支持因果链的单向推理,消除了发送方对接收方的依赖关系。在容错系统设计中,这种发送方独立性至关重要,因为它避免了错误的反向传播,即发生故障的接收节点不会对正确的发送节点造成影响。

采用多播的理由如下。

(1)支持非侵入式观测(non-intrusive observation)。这使得节点之间的相互作用是可访问的,消除了理解隐蔽性形成的障碍。

(2)可以通过主动冗余实现容错。为保证每个报文被发送到一组复制节点,需要应用多播。

在发送时刻发送的报文,经过一段时间后到达接收方。报文范式(message paradigm)将时间控制和互作用值合并成一个概念。报文的时间属性包括:发送时刻、时间顺序、到达报文的时间间隔和报文传输延迟。报文可以用于实现发送方和接收方同步。报文包含数据字段,该数据字段拥有从发送方向接收方传输的数据结构。通信基础设施与数据字段的内容无关。报文的概念支持数据原子性,即支持报文内整个数据结构的原子传递。精心设计的单一报文传递服务,在节点与其他节点之间、节点与其环境之间,提供一个简单接口。这种接口有利于节点服务的封装、重新配置和恢复。

2.4.2　报文结构

报文的概念类似于邮政系统中信的概念,如图2-9所示。每个报文都有报文头、数据字段和报文尾。报文头对应信的信封,包含报文的接收方端口地址(邮箱)、报文处理方式信息(如挂号信),也可能包含发送方地址(发信人地址)。数据字段对应信的内容,包含面向应用的数据。报文尾对应信中的签名,包含报文检测信息,接收方根据这些信息验证报文中的数据是否完整和真实。目前应用的报文尾形式有多种,最常见的报文尾是循环冗余编码(Cyclic Redundancy Code,CRC)字段。根据CRC接收方可以判定数据字段是否在传输过程中被破坏。报文尾也可能包含电子签名,由此人们可以断定报文中的内容是否已被篡改。

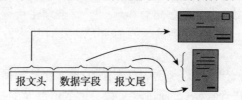

图2-9　报文结构与信的简单对应关系

报文具有原子性,这意味着一个报文要么全部被传递,要么根本不被传递。如果报文被损坏或没有全部到达接收方,那么整个报文将被丢弃。

报文传送涉及两个时间点,一个是报文被发送方送出的时刻,另一个是报文被接收方收到的时刻。根据这两个时刻可以得到报文的传输时间。将发送时刻和接收时刻之间的时间间隔称为传输延迟。另外,报文传输还涉及发送方的报文生成率和接收方的报文消耗率。如果发送方的报文发送速率受到限制,那么这是一个速率受限的报文系统。相反,如果发送方的速率不受限制,那么它可能使通信系统的传输能力或接收器的处理能力超载。在接收方无法跟上发送方的报文生成率时,接收方可以向发送方发送控制报文,要求发送方放慢速度(反压流量控制)。此外,接收方或通信系统可以丢弃超出其处理能力的报文。

2.4.3　事件信息与状态信息

动态系统的状态是随时间变化的。假设周期性地观测系统的多个状态变量,观测周期为 T。在两个连续的观测周期里,如果所有状态变量的观测值保持不变,那么可以推断在后一个观测周期里没有事件发生,即没有状态变化。在系统的动态特性比观测周期慢时,这个结论是有效的(香农定律[32])。在两个连续观测周期里,如果某些状态变量的观测值发生变化,那么在后一个观测周期里,至少有一个事件发生。可以给出事件发生的报告,或者说状态变化的报告。给出报告的方式有两种,一种方式是发送一个包含事件信息的报文,另一种方式是发送包含状态信息的报文序列。

如果信息表示了前一状态观测与当前状态观测的差值,那么这个信息是事件信息,状态观测的时刻假定为事件发生时间。由于事件可能发生在后一个周期的任何时刻,所以这种假设不是很准确。当然可以通过缩短周期来减少事件观测的时间误差,但仍然不能完全消除事件观测的时间不确定性。即使使用处理器的中断系统报告事件,这个问题仍然存在。因为处理器只有在执行完一个指令后,才能对中断输入信号做出响应,难以做到连续。之所以要在完成正在执行的指令后才响应中断,是为了减少必须保存和恢复的处理器状态规模,以便在中断服务结束后,能够继续执行被中断的任务。根据2.3节的描述,在处理器中原子操作执行之前或之后的状态最少,因此这里要求处理器执行完整的指令。

如果事件的精确时序至关重要,那么可以另外提供一个专用硬件设备,为中断线路的状态变化及时加盖时间戳,从而减少观测的时间误差。通过这种方法可使观测的时间误差值与该硬件的循环周期处在同一个数量级。引入这样的硬件设备是为了在分布式系统中实现精确的时钟同步,在这种系统中分布式时钟的精度一定要在ns范围内。例如,IEEE 1588时钟同步标准建议通过单独的硬件设备,精确地采集时钟同步报文的到达时刻。

如果信息表示了状态变量的当前值,那么这个信息是状态信息。若报文的数据字段包含状态信息,则接收方负责比较两个连续的状态观测,判断事件是否发生。事件发生的时间不确定性与上面的描述相同。

2.4.4 事件触发报文

如果发送报文的触发信号源自重要事件的发生,那么该报文称为事件触发报文,如应用软件执行报文发送命令。

事件触发报文非常适合于传输事件信息。包含事件信息的事件触发报文称为事件报文。既然事件是指状态的独特变化,接收方必须使用每个事件报文,而且只能使用一次。事件报文模型是大多数非实时系统所遵循的标准报文传送模型,如交易处理系统中的报文模型。

通常事件报文要在接收方排队,一经处理立即清除,这样可以保证每个事件只处理一次。排队的顺序通常是事件发生的时间顺序,而不是报文的传递顺序。通信系统传递报文的顺序一般是不可预测的。事件报文的发送方要与接收方一一对应,否则队列会产生溢出或者导致接收方阻塞。

在事件触发系统中,错误检测是发送方的责任,发送方必须从报文的接收方得到一个明确的确认报文,表明报文已经正确地到达接收方。由于接收方无法区分"发送方不活动"和"报文被丢失"两种情况,所以无法执行错误检测。因此,即使数据流是单向的,控制流也必须是双向的。发送方要在有限的时间间隔内确定实时通信是否已经失败,因此它必须知道时间。之所以难以建立不依赖时间的容错系统,这是原因之一。

2.4.5 时间触发报文

如果发送报文的触发信号源自实时时间,那么该报文称为时间触发报文。在系统开始运行之前,每个时间触发报文被分配一个以周期和相位为特征的时间循环。操作系统在循环的开始时刻自动启动时间触发报文传送,不需要报文发送命令。

时间触发报文非常适合于传输状态信息。包含状态信息的时间触发报文称为状态报文。由于新状态观测通常会取代现有的旧观测,所以新状态报文覆盖旧报文是合理的。状态报文被读取之后不会被清除,而是一直保留在内存中,直到被新报文更新。状态报文的语义类似于程序变量的语义,可被多次读取而不消耗。状态报文传输不涉及队列,不存在队列溢出问题。接收方根据预先已知的状态报文传输循环,可以自主地进行错误检测,从而确定状态报文是否丢失。

状态报文的发送方和接收方可有不同的运行速率,接收方不会影响发送方,并且可以多次读取状态值或根本不读。状态报文能够很自然地与控制系统的应用要求对应起来,非常适合于实现分布式控制系统。

状态报文的语义虽然与程序变量的语义非常相似,但两者存在显著差异。

(1)通信系统确保报文写操作的原子性。

(2)一个状态报文仅有一个发送方(写入方)进程。

2.5　节　　点

在分布式实时系统中,经过精心定义的各个任务是由节点执行的。在实时系统的架构模型中,节点是实时系统的一个最重要抽象,它是连接到网络的逻辑实体,仅通过报文交换实现与环境的相互作用。正确运行的节点能够读取输入报文、生成预定的报文并适时输出报文。节点在其与环境之间的接口上产生输出报文,输出报文的时间顺序表示节点在接口上的行为。节点的预定行为定义为节点的服务,节点的意外行为定义为失效。节点的内部结构,不管复杂还是简单,对于节点的用户来说都是既不可见又不关心的。

节点是由硬件(处理单元、内存、I/O接口)和软件(应用程序、操作系统)组成的。实时节点包含实时时钟,了解时间的进展情况。节点在接通电源后,进入准备启动状态,等待启动节点内部任务执行的触发信号。每当触发信号出现时,节点在启动时刻开始其预定任务的执行,然后读取输入报文和其内部状态,产生输出报文并更新内部状态等,直到其任务执行结束为止。如果存在终止时刻,则在该时刻停止任务执行。接下来节点再次进入准备启动状态,等待下一个触发信号。

在许多应用中,节点属于最小可替换单元(Smallest Replaceable Unit,SRU)。为了实现一个共同的目标,可将相互关联的节点集合在一起形成一个节点簇。这个簇除了包含一组节点,还必须包括簇内通信系统,提供簇内节点之间的报文传输。由此看来,节点内部的任务不止一个,精确地规定节点的接口十分重要。正确设计的接口能在相互联系的伙伴之间提供容易理解的抽象。

2.5.1　接口特征

节点在其与环境之间的接口上处理新到达的报文,处理策略分为两种:信息推动(information push)和信息拉动(information pull)。在信息推动策略中,通信系统引发中断,并迫使节点立即对报文采取行动,报文的时间行为控制权委托给了节点的环境;在信息拉动策略中,通信系统将报文存储于某个中间位置,节点周期性地查看新报文是否已经到达,时间控制权保留在节点内部。

通常情况下,实时系统应该遵循信息拉动策略。信息拉动策略会导致一个循环的延迟,假如这个延迟是不可接受的,需要立即采取行动,那么应该采用信息推动策略。信息推动策略不遵循独立性原则,为使节点避免外部失效所造成的错误中断,保护机制必须到位。

例如,只要汽车发动机的控制节点不与防盗系统集成在一起,这个节点就运行良好。若发动机控制器与防盗系统之间的报文接口是按信息推动策略设计的,则当源自防盗系统的报文到达时,时间关键性发动机控制任务发生零星中断,发动机控制器可能错过截止时间导致运行失败。若将报文接口改为遵循信息拉动策略的接口,则可以解决这个问题。

在分布式实时系统中,许多情况要求发送组件和接收组件之间的数据流动是单向的,如图2-10中的发送组件A和接收组件B。在两者之间的接口上,如果数据流动和控制流动都是单向的,那么这样的接口为基本接口。例如,双口随机存储器(Dual Ported Random Access Memory,DPRAM)上的状态报文流动,如图2-10(a)所示;若数据流动是单向的,而控制流动是双向的,则该接口为复合接口[33]。例如,事件报文队列的流动,如图2-10(b)所示。

从图2-10中可以看出,基本接口比复合接口简单,因为基本接口的发送方行为不依赖接收方行为。因此在探讨发送方的正确性时,不必考虑接收方的行为。对于安全关键性系统来讲,这一点特别重要。

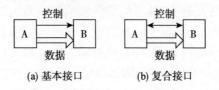

(a) 基本接口   (b) 复合接口

图2-10   基本接口与复合接口

一般情况下,大型系统设计分成两个阶段:架构设计和节点设计。架构设计阶段为系统提供一个平台独立模型(PIM)。PIM是一个可执行的模型,它把系统分割为簇和节点,并且包含节点的链接接口规范(包括值域和时域),如图2-11所示。PIM的链接接口规范与节点的实现无关,可用可执行的高级系统语言表示(如System C)。节点设计阶段将PIM节点转化成可在最终的运行平台上执行的形式,这种形式的PIM节点称为平台专用模型(Platform Specific Model,PSM)。PSM的接口特性与PIM相同。

图2-11   系统分割为簇和节点   图2-12   节点的4种接口

通常节点包含多个接口，每个接口的用途是不同的。根据用途的侧重方向，可将它们抽象成4类：链接接口（Linking Interface，LIF）、技术独立接口（Technology Independent control Interface，TII）、技术依赖接口（Technology Dependent Debug Interface，TDI）和本地接口（local interface），如图2-12所示。链接接口和本地接口统称为运行接口，在节点正常运行期间使用。技术独立接口和技术依赖接口统称为控制接口，用于控制、监视或调试节点。接下来将分别讲述这4类接口。

2.5.2　链接接口

在所考虑抽象层面上，链接接口（LIF）提供指定的节点服务，与节点的实现无关。PIM和PSM具有相同的LIF。

节点的服务是可访问的，访问接口就是该节点所在簇的LIF。LIF是基于报文的运行接口之一，用于实现一个节点与簇内其他节点的互连，或者说用于把多个节点集成为一个簇。LIF是抽象化了的节点内部结构和本地接口。LIF规范必须自成体系，不仅覆盖节点本身的功能和时序，还包含其本地接口的语义。LIF是技术无关的，从这个意义上讲，LIF并不包括节点或其本地接口的内部实施细节。技术无关的LIF使得不同的节点实现（如通用中央处理器（Central Processing Unit，CPU）、现场可编程门阵列（Field Programmable Gate Array，FPGA）、专用集成电路（Application Specific Integrated Circuit，ASIC））和不同的本地I/O子系统可以连接到一个节点，而且不需要修改其他与这个节点相互作用的节点。

例如，I/O节点的外部输入和输出信号是由本地的点对点布线接口连接的，将节点引入总线系统（如CAN总线）只要出现在LIF上的数据保持时间属性不变，就不会改变该I/O节点的簇LIF。

2.5.3　本地接口

本地接口用于实现节点与"外界"的链接，这里所说的"外界"是指节点所在簇的外部环境（如物理设备中的传感器和执行器（过程I/O）、操作员或另一微机系统等），如图2-13所示。这类接口的语义内容包含在LIF中，仅在PSM上进行语法规定。

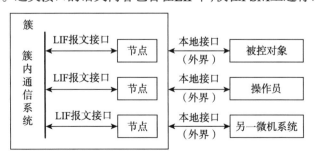

图2-13　LIF和本地接口

　　这里,把包含本地接口的节点称为开放式节点,把不包含本地接口的节点称为封闭式节点。从节点LIF的语义规范看,做出这种区分是必要的。在不了解节点使用范围的情况下,只有封闭式节点可以被完全规范化。

　　通过本地接口交换的信息,其含义属于语义内容。从簇LIF的角度看,只有语义内容和时序与LIF有关,本地接口的详细结构、命名和访问机制被有意保留下来,不在簇层面进行规范化。本地访问机制的改变(如CAN总线换成以太网),只要相关数据项的语义内容和时序不变,就不会对LIF规范和该规范的用户产生任何影响。例如,三角函数计算节点是一个封闭式节点,可以正式地规定其功能;而读取温度传感器值的节点是开放式节点,温度的含义是应用特定的,与传感器在物理设备上的位置有关。

2.5.4　技术独立接口

　　技术独立接口(TII)是控制接口,用于节点的配置、复位、启动和重启,必要时也用于在运行期间监视和控制节点的资源需求(如电源)。节点配置包括:为节点及其I/O端口指定适当的名称,将特定工作指定到可编程节点的硬件。PIM和PSM具有相同的TII。

　　到达TII的报文直接传递到节点的硬件(如复位)、操作系统(如启动一个任务)或中间件,而不是应用软件。因而TII垂直于LIF。LIF与TII的严格分离,简化了应用软件,降低了节点的整体复杂性。

2.5.5　技术依赖接口

　　技术依赖接口(TDI)是特殊控制接口,用于访问节点的内部情况,从而达到维护和调试节点的目的(如内部诊断)。TDI属于实现专用接口。

　　TDI提供了查看节点内部情况和观测节点内部变量的方法。这类接口与边界扫描接口(boundary scan interface)有关,边界扫描接口被广泛应用于测试和调试大型VLSI芯片,并且已经形成IEEE 1149.1标准(又称为联合测试行动小组(Joint Test Action Group, JTAG)接口标准)。TDI仅供深刻理解节点内部结构的人员使用,与LIF服务的用户或配置节点的系统工程师无关。节点的同一功能可由运行在CPU上的软件实现,也可由FPGA或ASIC来实现,节点的实现技术不同,对应的TDI规范也不相同。

2.5.6　运行接口

　　如前所述,开放式节点的链接接口和本地接口统称为运行接口。这里将进一步分析链接接口和本地接口之间的区别与联系。

　　簇是由相关联的节点形成的,这些节点在它们的簇LIF上共享同一架构形式。

这意味着LIF簇报文之间出现属性不匹配是罕见的,这与跨越开放式节点的报文正好相反。跨越开放式节点的报文来自两个不同的世界,这两个世界具有不同的架构形式。两套报文之间出现属性不匹配、语法不兼容、命名不相干和表示方法不相同是常规而不是例外。开放式节点的主要任务就是将一个世界的架构形式转换成另一个世界的架构形式,并且保持报文变量的语义内容不变。

给定计算簇中的开放式节点,使标准簇报文格式不需要了解外界(本地接口)的细节,而且能够过滤传入的信息。那些与簇的运行相关的信息,以标准簇报文格式出现在开放式节点的簇LIF上。

过程控制I/O接口是重要的外界接口,它建立了网络世界和物理世界之间的联系。例如,温度是某工艺设备的过程变量,温度传感器的值以4~20mA的模拟信号编码,其中4mA和20mA分别表示选定温度测量范围的0和100%。这种模拟表示方法必须转换成标准的温度表示方法,对于给定的簇,簇的架构形式定义了标准的温度表示方法,可能是摄氏温度(℃)或热力学温度(K)。表2-1描述了连接到物理设备的过程控制I/O接口和LIF报文接口之间的特性对比。

表2-1　本地过程控制I/O接口和LIF报文接口的特性对比

特性	本地过程控制I/O接口	LIF报文接口
信息表示	特有的, 由给定的物理接口设备决定	整个簇内统一
编码	特有的、模拟的或数字的	统一编码, 数字的
时基	密集的	稀疏的
互连方式	一对一	一对多
耦合	强耦合, 由特定硬件的需要和所连设备的I/O协议决定	弱耦合, 由LIF报文通信协议决定

下面通过一个接口实例,学习怎样区分本地接口和LIF报文接口。

【例2-2】分析图2-14所示的人机信息交换节点的本地接口和LIF报文接口。

解　人机信息交换节点是常用的开放式节点,位于计算机和操作员之间的接口是本地接口,即人机接口(MMI),而位于计算机和其所在计算簇之间的接口是LIF报文接口。

在架构模型化层面,对本地接口的详细表示方法不感兴趣,但是在LIF报文接口上,则非常关心报文变量的语义内容和时间属性。当一个重要报文被发送到节点时,它会以某种方式传达到操作员的大脑,操作员的响应报文有望在给定的时间间隔内出现在LIF报文接口上。在操作员终端的图形用户界面(Graphic User Interface,GUI)上,信息的表示形式错综复杂,但在考虑操作员与簇之间的互动模式时,这类问题无关紧要。假如建立模型的目的是研究人机交互中的人类因素,那么GUI上的信息表示形式和属性(如色彩、符号的形状和位置等)是相关因素,同样不可忽略。

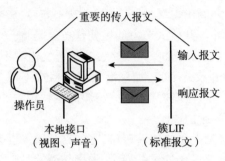

图2-14　标准LIF与具体MMI

2.5.7　网关

网关是两个簇之间的介体(mediator),其用途是在两个相互作用的簇之间交换相关信息,如图2-11所示。从簇的角度看,网关是一个开放式节点,至少包含两个接口,一个是针对网关所在簇的LIF报文接口,另一个是针对另一计算机系统的本地接口,如图2-13所示。具体选择哪一个作为LIF,完全取决于观察的角度。若原来的LIF被作为本地接口,则原来的本地接口变成LIF。

每个系统都是根据架构形式开发的。架构形式的细节有时以文件形式表示,系统开发团队通常只是隐含地遵循架构形式。

当一个通信通道链接由不同组织开发系统时,如图2-15所示,通过这个通道交换的报文,极有可能存在一些不匹配的属性。报文的发送方和接收方在数据或协议方面的任何属性不匹配称为属性错配(property mismatch)。解决属性错配问题是网关的责任。例如,如果报文发送方将高位字节放在前端,而报文接收方将低位字节放在前端,那么两者之间必然存在数据字节顺序方面的差异。这种属性错配可以由发送方或接收方解决,也可以由网关节点解决。

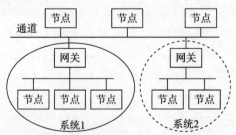

图2-15　不同的系统通过同一通道链接

属性错配发生在互作用系统的边界上,而不在精心设计的子系统内。一个系统内的所有合作伙伴,如果遵守架构形式的规则和约束,通常不存在属性错配问题。两个相互作用的子系统,若想完整地保持各自的内部架构形式,则属性错配应在链接两个系统的网关上解决。

在大多数情况下,一个簇只有一小部分信息与另一个簇相关,而且两个簇中的报文结构和信息表示法通常是不同的,常用网关把一个簇的数据形式转换成另一个簇所期望的数据形式。

多数大型实时系统并不是根据单一规划设计而成的,而是历经多年发展的结果,应用不同时代的硬件和软件技术是不可避免的。为这类传统系统设计接口,网关是必不可少的。在设计网关时,可使一个接口符合传统架构的数据表示法和协议约定,而使另一个接口符合新扩展部分的规则。网关不仅封闭和隐藏了传统系统的内部特性,而且提供简洁、灵活的接口。

为了提高不同制造商设计的节点之间的兼容性,增强设备的互可操作性,避免属性错配,一些国际标准化组织尝试将报文接口标准化。这种标准化工作的成果之一是SAE J1587报文规范。在J1587标准中,汽车工程师学会(Society of Automotive Engineers,SAE)已经将重型车辆应用中的报文格式标准化。对于重型车辆应用领域产生的许多数据元素,该标准为其定义了报文名称、参数名称,同时还规定了数据格式、变量范围和更新频率等。

2.6 链接接口规范

节点跨越接口与其环境交换报文,报文的时序定义了节点在接口上的行为[34]。因此,接口的行为是由跨越接口的所有报文的属性决定的。在已经介绍的4种节点接口中,链接接口最为重要,它直接关系到簇内节点的集成。LIF规范通常包括以下三个部分。

(1)报文传输规范(transport specification),描述被传输报文的所有属性。

(2)报文操作规范(operational specification),关注节点的互操作性和报文变量的设立。

(3)报文元级规范(meta-level specification),指定报文变量的含义。

2.6.1 报文传输规范

传输规范描述了报文的所有属性,这些属性主要用于将报文从发送方传输到接收方,其中涵盖了报文的地址和时间属性。一个接口包含若干端口,接口收到的报文抵达端口,从接口发送的报文放置于端口。因此,传输规范中必须包含以下属性:

(1)端口地址和方向;

(2)报文的数据字段长度;

（3）报文类型（如时间触发报文、事件触发报文或数据流）；

（4）时间触发报文的循环；

（5）事件触发报文或数据流的队列深度。

上述属性与报文相关联，还是与报文处理端口相关联，完全取决于设计决策。

传输规范必须包含报文的时间属性。时间触发报文与时间循环有关，时间域是由循环精确指定的（见6.5节FlexRay报文）。然而事件触发报文的时间规范是难以确定的，当事件触发报文以突发方式到达时尤其困难。由于每个事件触发报文必须被使用一次（见2.4.4节），所以在长期运行时，报文到达率（arrival rate）绝不能大于接收方的报文使用率（consumption rate）；在短期运行时，以突发方式到达的报文，可以暂存在接收方队列中，直到队列排满为止。对于这种突发性事件触发报文，选择合适的队列深度规范是非常重要的。

如果两个节点是由通信系统连接的，那么传输规范足以描述通信系统所需要的服务。通信系统与报文数据字段的内容无关。对于通信系统，数据字段包含的数据类型并不重要，其可以是多媒体数据（如语音或视频）、数值数据或任何其他数据。例如，互联网在两个终端系统之间提供了报文传输服务，但并不关心传输什么类型的数字数据。

2.6.2　报文操作规范

从通信角度看，要在通信终点解读报文的数据字段，就要用到操作规范和元级规范。对于跨越LIF进行交换的报文，操作规范描述报文的语法结构，并且设立报文变量。

到达接收方的报文，其数据字段被视为无结构的位向量。在通信的终点，如何将这个位向量结构化，使其成为报文变量，完全是由操作规范决定的。一个报文变量就是一个语法单元（syntactic unit），由固定部分和可变部分组成。如何将报文中的数据字段按语法单元进行结构化，报文结构声明（Message Structure Declaration，MSD）给出了这方面的信息。MSD不仅规定了报文变量名，而且规定了无结构位向量的哪一部分表示报文变量的值。报文变量名是报文变量的固定部分，报文变量的值是报文变量的可变部分。MSD除了包含上述结构信息，也可能包含用于检查传入数据有效性（如测试数据是否在接收方能够处理的数据域内）的输入要求（assertion），以及用于检查传出数据有效性的输出要求。满足输入要求的传入数据元素称为许可（permitted）数据元素，满足输出要求的传出数据元素称为选中（checked）数据元素。在MSD中，用于规定数据结构和要求的形式取决于编程环境。

在许多实时系统中，MSD是静态的，也就是说在系统的使用期内，MSD是不变的。出于性能方面的考虑，这些系统中的MSD不在报文中传送，但保存在通信伙伴的存储器内。到达端口的无结构位向量与MSD之间的联系,可以通过不同的方式建立起来。

（1）MSD名指定为输入端口名。在这种情况下,一个端口只能接收一种类型的报文。

（2）MSD名包含在报文的数据字段。在这种情况下,同一端口可以接收不同类型的报文。CAN遵循这种方式[16]。

（3）MSD名指定为时间触发报文的循环性到达时刻。在这种情况下,同一端口可以接收不同类型的报文,而且不需要在报文的数据字段保存MSD名。时间触发协议（Time Triggered Protocol, TTP）遵循这种方式[35]。

（4）MSD名保存于报文接收方可访问的服务器。公共对象请求代理体系架构（Common Object Request Broker Architecture, CORBA）遵循这种方式[36]。

（5）MSD本身就是报文的一部分。这种方式最灵活,但每个报文中必须发送完整的MSD,代价极高。面向服务架构（Service-Oriented Architecture, SOA）遵循这种方式[37]。

2.6.3　报文元级规范

对于在两个LIF之间交换的报文变量,元级规范指定它们在运行层面的含义,从而确立语义互操作性。因此,元级规范填补了接口服务的语法单元和用户心理模型之间的差距。元级规范的核心是LIF服务模型。报文变量名是在操作规范中规定的,而报文变量名的相关概念是在LIF服务模型中定义的。对于封闭式节点和开放式节点,这些概念存在质的不同。

封闭式节点不与外部环境相互作用,其LIF服务模型可以形式化。LIF输入和LIF输出之间的关系取决于封闭式节点所实现的算法。由于不存在来自外部环境的输入,也就不会把不可预测性带到节点行为中。

开放式节点包括了本地接口,存在来自外部环境的输入,在不了解开放式节点的应用背景时,只能提供开放式节点的操作规范。由于外部物理环境没有严格的定义,外部输入的解释取决于人对自然环境的理解,所以LIF服务模型所使用的概念必须与用户所习惯的概念相适应,否则描述将难以理解。

我们所感兴趣的系统,一定存在与环境之间的相互作用,因此在随后的讨论中,将重点针对开放式节点的LIF。开放式节点的LIF服务模型必须满足以下要求。

（1）用户定位。普通用户所熟悉的概念必须是LIF服务模型的基本元素。例如,如果用户有工程背景,那么模型中使用的术语和符号应该是所选工程学科的常识。

（2）目标导向。用户采用节点的意图是为了实现某个目标,即为解决他的问题作贡献。用户意图和LIF所提供服务之间的关系必须出现在LIF服务模型中。

（3）系统视角。节点与外部物理环境相互作用会对整个系统造成影响，LIF服务的用户（系统设计师）需要考虑这种超越了节点的影响。LIF服务模型不同于节点内部算法描述模型，因为这些算法在节点的边界之内。

例如，温度变量如同其他变量一样，也由两部分组成：静态变量名和动态变量值。MSD包含静态变量名（如Tem-12）和动态变量值在到达报文位流中的位置。元级规范解释Tem-12的含义。

为了确保节点的语法互操作性，传输规范和操作规范必须精确且正式。操作规范引入的报文变量名，由LIF的元级规范指定其含义。元级规范是以用户环境的接口模型为基础的，不可能使真实用户环境的所有方面正式化，它往往包含自然语言元素，不会像正式系统那样精确，但可以要求应用域和应用的核心概念使用特定领域的本体（domain specific ontologies）。

2.7　节点集成

节点是自成体系的有效单元，可作为大型系统的构建块（building block）。这一节着重讨论将多个节点组合在一起时需要考虑的事项。

2.7.1　可组性原则

在很多工程规范中，大型系统是由经过精心规定和测试的簇集成在一起构成的。在系统集成期间，维持簇层面已经建立的属性十分重要，如图2-16所示。对于系统设计，只有支持可组性的架构才有可能实现这种构成方法。

图2-16　可组性问题

假如某指定属性是在簇层面建立的，系统集成后不会使这个属性无效，那么这个系统架构对于该属性是可组的（composable）。指定属性可以是及时性（timeliness）、可测试性（testability）等。在可组性架构中，系统属性来源于簇的属性。

分布式实时系统通过节点之间的相互作用获得集成效应，因此通信系统在决定分布式架构对时间属性的可组性方面起核心作用。为了使节点能够直接组合到簇,系统架构应该遵守以下4个可组性原则。

(1)独立开发节点。系统架构在值域和时域中支持节点的LIF规范是独立开发节点的前提,也是基于LIF规范的节点能被重复利用的先决条件。在嵌入式系统设计中,互动报文已经有了良好的值域操作规范,但这些报文的时间属性往往不够明确。现有的许多架构和规范缺少适合于时域的处理方式。开放式节点的传输规范和操作规范与应用背景无关,而元级规范与应用背景有关,因此开放式节点的互操作性(interoperability)不同于开放式节点的互相配合(interworking),后者呈现了元级规范的兼容性(compatibility)。

(2)服务稳定。在节点集成到更大的系统之前,已经经过隔离验证的节点服务,在集成之后保持不变。

(3)无干扰相互作用。多个相互合作的节点可以形成一个分组(subgroup),如果存在两个这样的分组,分组之间不存在合作(disjoint),但两个分组中的节点共享一个公共通信设施(infrastructure),那么一个分组的通信活动不得干扰另一个分组的通信活动。假如这个原则得不到满足,那么这种全局性干扰必然损害架构的可组性。在这种情况下,一个分组的集成必须考虑其他分组的行为。

例如,在某通信系统中,所有节点按先到先服务(first come first serve)的方式共享一个通信通道,所有发送方同时开始发送报文的时刻定义为关键时刻(critical instant)。假设这一通信系统要把10个节点集成为一个簇,而给定的通信系统只能处理8个活动节点的关键时刻,那么当第9个和第10个节点被集成到簇时就会出现零星的时序失效。

(4)维持节点抽象。在可组性架构中,即使引入架构的节点发生故障,节点的抽象也要保持不变。此外,若要诊断或更换某个故障节点,也没有必要了解该节点的内部情况。为满足这些要求,架构之内要有一定的错误检测冗余。这个原则限制了节点之间的隐式资源共享,对节点的实现形成制约。因为一个共享资源失效可能影响多个节点。

例如,在指定时间间隔之外发送报文的节点为混串音故障节点。为了检测这类节点,通信系统必须包含每个节点的时间行为信息。如果一个节点在时域中出现故障,那么通信系统会拆除这个违反时间规范的节点,从而使正确节点之间维持及时的通信服务。

2.7.2 分级集成

为了使大型系统的结构更容易理解,可把多个节点组成的一个原始簇看成一个网关。这样可以将多个原始簇对应的网关集成在一起,建立起新的簇。从原始簇的角度看,网关的外部接口(本地接口)变成了新簇的链接接口。然而从新簇的角度看,网关至原始簇的LIF是新簇的本地接口。组成新簇的网关仅将那些与新簇运行相关的信息项提供给新簇。

　　例如，形成汽车控制系统的节点簇如图2-17所示，右上角的网关建立了本汽车与其他汽车之间的无线连接。这里把整个系统的集成分成两个层面：① 节点集成到图2-17所描述的簇；② 通过汽车到汽车的网关，将汽车集成到一个动态汽车系统。如果从图2-17所示簇的角度观察节点的集成，那么汽车到汽车的网关所对应的通信网络接口（Communication Network Interface，CNI）是簇LIF。从汽车之间通信的角度看，这个簇LIF是该网关的一个本地接口。

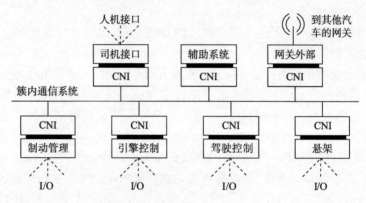

图2-17　汽车内部的一个节点簇

　　节点和簇的层次化组成导致了不同的集成级别。在最低的集成级，原始节点（作为原子单元）被整合在一起形成一个簇，每个簇都有一个特殊节点即网关。在更高的集成级，不同的网关节点被整合在一起，从而形成更高级别的簇。以递归方式将这个集成过程继续下去，可以构成不同集成级别的层次化系统。

　　例如，GENESYS[38]架构使用了3个集成级。最低一级为芯片级，在这一级里，一个多处理器系统芯片（Multi-Processor System on Chip，MPSoC）包含多个IP核（intellectual property core），每个IP核为一个节点，多个节点通过片上网络（Network on Chip，NoC）相互作用。中间级为多个多处理器系统芯片集成在一起所形成的设备。最高级为多个设备集成在一起所形成的封闭式或开放式系统。形成封闭式系统的子系统（或设备）是预先已知的，而形成开放式系统的子系统（或设备）可以动态地加入和退出系统。

2.7.3　系统的系统

　　为保证大型系统的服务与充满活力的商业需求相适应，需要不断地实现新功能，从而导致系统的复杂性越来越高，以至于难以在单一背景（monolithic context）下进行控制[39]。克服该问题的一个很有前途的技术是把大型的单一系统（monolithic system）分解成一组几乎自主的组分系统（constituent system），各个组分系统通过精心定义的报文接口进行连接。只要这些报文接口上的可靠属性满足用户的意图,那么修改组分系统的内部结构,对全局系统级服务没有任何不利影响。在报文接口上,可靠属性的任何变动需要由监视和协调系统演化的协调实体(coordination entity)进行仔细协调。为此人们提出了系统的系统(SoS)这个概念:为实现一个共同目标而相互合作的一组几乎自主的组分系统所形成的系统。SoS技术处理大型系统的必要演变所造成的复杂性增长,现有的技术(如互联网)已经能够把独立研发的系统(如传统系统)连接起来,构成新的SoS。不同的传统系统集成到一个SoS,既可改进服务,又可提高系统改造的经济性。

简单地说,SoS是由组分系统构成的大型单一系统。然而有的单一系统是由子系统构成的,所有子系统依据总体规划而设计,并且在一个开发组织的控制范围之内,把这样的单一系统称为子系统的系统(system of subsystems)。如果相互合作的各个系统处于不同开发组织的控制范围内,那么由这样的系统所构成的单一系统为SoS。由此可以看出,SoS与子系统的系统之间的区别在于组分系统的自主程度[40]。在SoS中,组分系统的自主性高;在子系统的系统中,子系统的自主性低。表2-2对两者的特点进行了比较[1]。自主组分系统的相互作用,可能激起计划之中的或意料之外的突发行为(如连锁效应(cascade effect)),必须检测和控制这类行为。

表2-2　SoS与子系统的系统的比较

	系统的系统(SoS)	子系统的系统
控制范围和系统责任	不同开发组织。组分系统是自主的,可能受到影响,但不被控制	单一开发组织。子系统服从集中管理
架构形式	各个组分系统的架构形式不同。属性错配是常规,而不是例外情况	各个子系统的架构形式一致。属性错配是例外情况
LIF开发	使集成有效的LIF由国际标准化组织建立,不由单一系统供应商控制	使集成有效的LIF由负责系统的组织控制
集成方式	组分系统之间的相互作用遵循网状网络结构,没有清晰的集成级别	层次化,分级集成
系统细分的目的	组分系统有自己的目标,不一定与SoS的目标兼容。自愿合作是为了实现集成	设计可以相互作用的子系统是为了实现集成
演化	各个组分系统的演化不需要协调	各个子系统的演化需要协调
突发行为	突发行为在计划之中或意料之外	突发行为是受控的

在许多实时应用中,观测本地环境与对本地环境施加控制,两者之间的可用时间间隔很短,难以使时间上准确的实时信息及时进入集中控制点,通过单一中央控制系统进行集中控制是不可能的。相反,自主的分布式控制器可以通过合作达到预期的效果。

例如,在一个开放的道路系统中,骑自行车的人和步行的人都会影响车流,通过单一中央控制系统控制汽车的运行是不可能的,因为实时信息必须传输到中央控制系统进行处理,在所需的响应时间内,信息的数量和及时性是不可控制的。相反,每辆汽车具有自主控制功能,通过与其他汽车相互合作,可以维持较高的交通流量。在这样的系统中,如果车流密度超出临界点,那么突发行为可能使交通阻塞产生连锁效应。

形成SoS的任何组分系统集合,必须在语义层面上商定一个共同目标、一条信任链和一个共享本体(ontology)。这些全局属性是演变管理的主题,必须在元级(meta-level)建立起来。这就需要在元级建立新的实体,由其监视和协调组分系统的活动,以便实现共同的目标。

组分系统的独立开发和无协调演变是SoS的一个重要特点,如表2-2所示。SoS设计的重点是组分系统链连接口的行为。各个组分系统可以是异构的,可由不同的组织根据不同的架构形式进行开发。如果组分系统通过开放的通信通道相互连接,那么防护性就成为最值得关心的问题,因为外部的攻击者可能干扰系统运行。

演化的架构应具备两个重要属性[41]:① 整体框架的复杂性不随组分系统的加入或退出而增长;② 给定的组分系统不会因为其他组分系统的加入、更改或退出而重新设计。这就意味着,如果组分系统的可靠接口属性不被修改,那么这个组分系统的演变不会对整体行为产生任何不利影响。由于可靠接口属性的精确时间规范需要有参考时间,在大型SoS的所有组分系统中,全局同步时间的有效性显得非常重要。通过参考全球定位系统(Global Positioning System, GPS)信号,可以建立这样一个全局时间。所有组分系统都有权访问全局同步时间的SoS称为通晓时间(time-aware)的SoS。

习　题

1. 变量的语义内容是什么? 变量的表示形式与语义内容之间的关系是什么?
2. 负载假设和故障假设的意义是什么?
3. 怎样区分B-任务和E-任务?
4. 时间控制和逻辑控制有什么区别?
5. 为什么很难确定一个程序的WCET?

6. 什么是WCAO？

7. 假设实验测得的WCET和分析计算得到的WCET有很大的差异。你能从中了解到什么？怎样减少这种差异？实验测得的WCET存在哪些问题？

8. 假设图2-2的左边两对滚筒之间的压力是p_1、p_2，两个控制节点测量压力值，并传送给人机接口（MMI）节点，由MMI节点根据下面的报警条件做出判断：

when $(p_1 < p_2)$

then everything ok

else raise pressure alarm;

轧制机的参数为：一对滚筒之间最大压力是1000kp/cm²（kp代表千磅，1kp=9.81N），绝对压力测量误差在5kp/cm²范围内，最大压力变化速率为200kp/cm²/s。不同滚筒上的测压时间点不一致，可能导致测量误差，要求这种误差与压力测量误差处在同一个数量级，即满量程的0.5%。系统需要不间断地监视压力，在过程可能已经偏离正常运行范围时，报警监视器要在200ms内发出第一次报警。当过程肯定进入报警区时，必须在200ms内发出第二次报警。

（1）假设采用事件触发架构，每个节点都有一个本地实时时钟，但没有全局时间，通信系统传输单个报文的最短时间d_{min}为1ms。试推导出三个任务的时间控制信号。

（2）假设采用时间触发架构，所有时钟是同步的，精度为10μs，时间触发通信系统的时分多路访问循环周期为10ms，通信系统传输单个报文的时间为1ms。试推导出三个时间触发任务的时间控制信号。

（3）对比（1）和（2）两个解决方案产生的计算负载和通信系统负载。如果参数（如通信系统的抖动或者时分多路访问循环周期）发生改变，那么哪种方案更脆弱？

9. 实时系统的状态是怎样定义的？时间与状态之间的关系是什么？什么是基态？什么是数据库组件？

10. 报文的概念是什么？什么是协议？

11. 事件信息和状态信息的差异是什么？事件报文处理与状态报文处理的区别是什么？

12. 实时系统的节点是怎样定义的？节点的行为是怎样规定的？将节点和通信基础设施分离开来有何好处？

13. 信息推动接口和信息拉动接口之间的区别是什么？基本接口和复合接口之间的区别是什么？

14. 列出节点的4个接口并描述它们的属性，为什么节点的本地接口有意不在架构设计层面确定下来？

15. 架构形式的意义是什么？什么是属性错配？

16. 本地过程控制I/O接口和LIF报文接口的特点是什么？

17. 网关的作用是什么？

18. LIF规范的三个组成部分是什么？

19. 什么是MSD？如何将MSD与报文中的位向量联系起来？

20. 列出可组性四原则。

21. 说明SoS与子系统的系统之间的区别？

第3章　全局时钟同步

在实时系统中,每个节点都有自己的时钟。环境温度的变化、电压的波动等因素会使时钟源(如晶振)产生偏差。即便所有节点的内部时基最初是同步的,但经过一段时间的运行后,不同节点的内部时基也一定出现偏离。然而时间触发系统的一个最基本前提条件为:一个簇中的每个节点具有大致相同的全局时间(global time),即任意两个节点的全局时间之差都在规定的偏差范围内。因此讨论分布式实时系统的全局时钟同步机制是十分必要的。本章着重描述Kopetz等在全局时钟同步方面的研究成果[1],并以FlexRay总线的时钟同步协议为例,详细介绍容错时钟同步的实现方法[42]。

3.1　时间与顺序

在日常生活中,时间是个极其普通的概念。可以根据时间回忆过去发生的事或想象将要发生的事。在许多自然现象的模型(如牛顿力学模型)中,时间是个独立变量,用来区分自然现象的顺序。为此人们定义了时间的基本物理学常数——秒,分布式实时系统的全局时基(global time base)也用秒作为度量标准。

在典型实时应用中,分布式计算机系统同时执行多个不同的功能,如监视实时实体的值和变化率、检测报警条件、向操作员显示观测结果、执行控制算法和实现容错处理等。通常这些功能是在不同的节点上实现的。为了使分布式系统的行为保持一致,所有节点必须以一致的顺序处理全部事件,这个顺序最好是被控对象的事件发生时序。合适的全局时基有利于在事件时间戳的基础上建立这样的一致时序。

3.1.1　顺序及其分类

顺序的含义是顺理而有序,和谐而不紊乱。这个概念有助于按照事物或事理的内部联系,形成对事物或事理的认识。按照事物或事理的内部联系,顺序可以分成多种类型,这里主要描述时间顺序(temporal order)、因果顺序(causal order)、传递顺序(delivery order)三者之间的区别和内在联系。

1. 时间顺序

牛顿时间的连续区可以用无限时刻集$\{T\}$组成的有向时间轴模型化。时刻集$\{T\}$具有下列性质[43]。

（1）$\{T\}$是一个有序集。假设p和q是$\{T\}$中任意两个时刻，它们之间的关系可能是以下三种互斥的情况之一：p和q是同一时刻、p超前于q、p落后于q。我们把时间轴上的时刻的顺序称为时间顺序，简称时序。

（2）$\{T\}$是一个密实集。假设p和q是$\{T\}$中任意两个时刻，若p和q不是同一时刻，则它们之间至少存在一个z时刻。

两个不同时刻之间的时间轴称为持续时间。在我们的实时系统模型中，事件是在时刻上发生的，没有持续时间。若两个事件发生在同一个时刻，则这两个事件称为同步事件。时刻是完全有序的，而事件只可能是部分有序的，因为同步事件没有顺序关系。只有为同步事件引入另外的判据，事件才能是完全有序的。例如，在分布式计算机系统中，将发生事件节点的编号用于同步事件的排序[44]，可能使事件完全有序。

2. 因果顺序

在许多实时应用中，事件之间的因果关联性是有意义的。想象一下，为了监测不同的实时实体(如不同管道中的压力和流量)，核反应堆安装了许多传感器。如果反应堆中某个管道破裂了，那么许多实时实体值会偏离其正常运行范围。不论实时实体值是何时偏离的，都会进入报警区，报警事件将会向操作员发出提示。首先破裂管道中的压力突变，然后流量发生变化，导致其他实时实体做出反应并发出报警，一连串的相关报警形成了报警雨。触发报警雨的事件是主事件，计算机系统必须帮助操作员查明主事件，了解事件的准确时序有助于查明主事件。如果事件e_1发生在事件e_2之后，那么e_1不可能是导致e_2发生的原因。然而如果事件e_1发生在e_2之前，那么e_1就有可能是导致e_2发生的原因，但不是确定的。判断两个事件的因果关系，时序是个必要条件，但不是充分条件。时间顺序不能完全代表因果顺序。

Reichenbach[45]用标记法定义因果关系，没有参照时间概念：如果事件e_1是事件e_2发生的原因，那么e_1的微小变化(一个标记)就会引起e_2的微小变化，但e_2的微小变化不一定与e_1的微小变化有关。

【例3-1】分析下述两个事件e_1和e_2的顺序。

e_1：有人进入了房间。

e_2：电话铃响了。

解 e_1 和 e_2 之间存在以下两种情况。

情况 1：e_2 发生在 e_1 之后。

情况 2：e_1 发生在 e_2 之后。

上述两种情况都有对应的时间顺序。然而在情况 1 中，两个事件不可能有因果顺序；在情况 2 中，两个事件可能存在因果关系，因为那个人之所以进入房间可能是为了接电话。

如果建立了两个报警事件之间的时序，并且一个事件一定发生在另一个事件之后，那么可将后来发生的事件从主事件中排除。如何保证事件集中的各个事件符合"某个事件一定发生在另一个事件之后"的关系，一种可行的方法是借助于精密全局时基，这方面的内容将在后面的章节中详细讨论。

3. 传递顺序

传递顺序通常是指分布式通信系统所提供的一种弱顺序关系。通信系统保证所有节点以同样的传递顺序观察已定义的相关事件集，但该传递顺序不一定与事件发生时序有关，也不一定与事件之间的因果关系有关。某些分布式算法要求有一致的传递顺序，如原子广播算法（atomic broadcast algorithm）。

3.1.2 时钟

在古代测量两个事件之间的时间差基本上依靠人的主观判断。随着现代科学的出现，人们发明了利用物理时钟测量时间进展的客观方法。

1. 物理时钟

物理时钟是用来测量时间的仪器，它包括物理振荡机构和计数器。振荡机构周期性地产生使计数器增值的事件，这个周期性的事件称为时钟微节拍（microtick）。两个连续微节拍之间的持续时间称为时钟粒度。要测量一个时钟的粒度，用于测量的时钟必须具有更小的粒度。在测量时间时，任何数字时钟的粒度都会引入数字化误差（digitalization error）。

日常生活中也有模拟物理时钟（如日晷）。模拟时钟没有粒度，本书只考虑数字物理时钟。

在接下来的讲述中，把时钟编号用自然数 $1,2,\cdots,n$ 表示。在表示时钟属性时，用上标表示时钟编号，下标表示微节拍号或节拍号。如时钟 k 的第 i 个微节拍表示成 $mincrotick_i^k$。

2. 参考时钟

假定存在一个精密的外部观测器，它能够在给定情形下（忽略相对论的影响）

观测所有感兴趣的事件。该观测器只有一个完全符合国际时间标准的参考时钟r，时钟频率为f'，参考时钟拥有与国际时间标准一样的计数器。将$1/f'$称为时钟r的粒度g'。例如，f'为每秒10^{15}个微节拍，那么粒度$g' = 1$fs（飞秒，1fs$=10^{-15}$s）。参考时钟的粒度非常小，在下面的分析中忽略其数字化误差。

精密观测器无论何时观察到事件e发生，都会立即把参考时钟的当前状态记录下来，以此作为事件e的发生时间，并为事件e生成一个时间戳$r(e)$。如果r是系统的唯一参考时钟，那么$r(e)$可看成事件e的绝对时间戳。

通过记录两个事件之间的参考时钟微节拍数，能够算出它们之间的时间间隔。由此可以看出，一个给定时钟k的粒度g^k，可由参考时钟r在时钟k的两个微节拍之间记录下的标称微节拍数n^k给出。

发生在参考时钟r的两个连续微节拍之间（在参考时钟粒度g'中）的事件，它们的时序不可能根据绝对时间戳重建，这使得时间测量具有局限性。

3. 时钟漂移

长期运行的物理时钟，其性能可能发生变化，描述这种现象的一个术语是时钟漂移。某物理时钟k在第i和第$i+1$个微节拍之间的时钟漂移，定义为时钟k与参考时钟r在k的第i个微节拍时的频率比。用参考时钟测量时钟k在第i和第$i+1$个微节拍之间的粒度长度，将所得参考时钟微节拍数除以时钟k的标称微节拍数n^k，可以确定时钟k的漂移为

$$\text{drift}_i^k = \left[r\left(\text{microtick}_{i+1}^k\right) - r\left(\text{microtick}_i^k\right) \right] / n^k \tag{3-1}$$

正常情况下，时钟漂移接近于1，为了表示方便，引入漂移率ρ_i^k，即

$$\rho_i^k = 1 - \left[r\left(\text{microtick}_{i+1}^k\right) - r\left(\text{microtick}_i^k\right) \right] / n^k \tag{3-2}$$

由式(3-2)可以看出，理想时钟的漂移率是0。真实时钟的漂移率会因环境影响有所变化（如环境温度的变化、晶振器电压的变化或晶体老化）。在规定的环境参数下，振荡器的漂移率被限制在最大漂移率$\rho_{\max}^k$内，振荡器手册中会注明这个数据。典型的最大漂移率一般在每秒$10^{-2} \sim 10^{-7}$s范围内，或者更好一点。每个时钟都有非零漂移率，自由振荡的多个时钟（即从未进行重同步的多个时钟）运行一定的时间后，就会偏离限定的相对时间间隔。即使开始时它们是完全同步的，情况也一样。

例如，1991年海湾战争期间，美国军队的爱国者导弹防御系统因拦截一颗飞毛腿导弹失败造成了灾难性事故。当时导弹系统的运行时间超过100h，因时钟漂移较大，跟踪情况出现了678m的跟踪误差，以至于爱国者导弹不仅未能拦截入侵导弹，而且击中了己方在沙特阿拉伯的达兰军营。导弹系统原来的运行时间要求是14h，即在14h内的时钟漂移是可处理的[46]。

4. 时钟的失效模式

物理时钟有两种失效模式,如图3-1所示。

(1)故障使计数器值出现错误。

(2)时钟计时开始加快或变慢,导致时钟漂移率偏离指定的漂移率范围(偏离图3-1的阴影部分)。

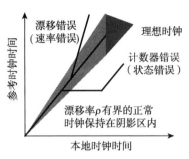

图3-1　物理时钟失效模式

3.1.3　时钟精密度与时钟准确度

时钟精密度(precision)和时钟准确度(accuracy)是表征数字时钟行为和质量的两个重要参数。在描述它们之前,首先给出时钟偏差(offset)的定义。

1. 时钟偏差

时钟偏差是指具有相同粒度的两个时钟在相应微节拍上的时间差,即

$$offset_i^{jk} = \left| r(microtick_i^j) - r(microtick_i^k) \right| \tag{3-3}$$

式中, $offset_i^{jk}$ 为时钟偏差; j 、 k 为时钟编号; i 为微节拍; $microtick_i^j$ 、 $microtick_i^k$ 分别为时钟 j 、 k 在第 i 个微节拍上对应的参考时钟微节拍数。

2. 时钟精密度

在指定的微节拍上,时钟集合 $\{1,2,\cdots,n\}$ 的任意两个时钟之间的最大时钟偏差定义为时钟集合在该微节拍的时钟精密度,即

$$\Pi_i = \mathop{\max}_{\forall 1 \leqslant j,k \leqslant n} \left\{ offset_i^{jk} \right\} \tag{3-4}$$

式中, Π_i 为时钟集合在第 i 个微节拍的精密度; j 、 k 为时钟编号。一般情况下,关心的时间长度有限,通常把有限时间间隔上的最大 Π_i 称为时钟集合的精密度,用 Π 表示。精密度是时钟集合中任意两个时钟在所关心时间段内的最大偏差。

物理时钟容易产生漂移,时钟集合中的时钟若不周期性地进行重同步,它们将逐渐偏离开来。利用时钟相互重同步可使时钟集合维持一个有界的精密度,这种同步过程称为内部同步(internal synchronization)。

3. 时钟准确度

时钟k相对于参考时钟r在微节拍i的偏差称为准确度,用accuracy$_i^k$表示。在所有被关心的微节拍上出现的最大偏差称为时钟k的准确度,用accuracy^{k}表示。准确度表示在所关心的时间段内给定时钟与外部参考时钟的最大偏差。

一个时钟与参考时钟之间的偏差要想保持在一定的间隔内,它就必须与参考时钟进行周期性地重同步,这种同步过程称为外部同步(external synchronization)。

如果一个时钟集合中的所有时钟都是外部同步的,准确度为A,那么集合也被内部同步了,对应的精密度不会超过$2A$,反之则不成立。如果集合中的时钟从未与外部时基重同步,那么即使该时钟集合是内部同步的,最终也将偏离外部时间。

3.1.4　时间标准

在已达成共识的时间基准起源(纪元)上建立事件的相对位置,能够测量两个事件之间的时间差。过去的几十年里,人们提出了许多不同的时间标准。在分布式实时计算机系统的设计中,设计人员主要关注两个时间标准,它们是国际原子时(International Atomic Time,TAI)和协调世界时(Universal Time Coordinated,UTC)。

1. TAI

为了精确测量时间,科学家1948年发明了原子钟,这种时钟通过铯133原子的跃迁计时,不受地球旋转和振动的影响。原子时钟把秒定义为铯133原子进行9、192、631、770次跃迁所用的时间。选择9、192、631、770是为了让原子秒与引入原子秒那一年的天文观测秒保持一致。目前世界上大约有50个实验室拥有铯133时钟,每个实验室都定期向位于巴黎的国际时间局(Bureau International del' Heure,BIH)报告其时钟的滴答次数,BIH用这些值的平均值产生国际原子时(TAI)。TAI的纪元始于格林尼治时间(Greenwich Mean Time,GMT)1958年1月1日00:00时。TAI是在实验室里产生的时间标准,不仅没有时间间断(如闰秒),而且极其稳定。

全球定位系统(Global Positioning System,GPS)的时间基准是以TAI为基础的,其纪元始于1980年1月6日00:00时。GPS是个高度专业化的分布式系统,总计使用了29颗卫星,所有卫星在高度约为20000km的轨道上运行,每个卫星使用了多达4个原子时钟,这些时钟由地面上的特定基站进行校准。卫星不断地广播其位置和时间戳,每个信息都带有自身的本地时间。这种广播使地面上的接收器能够精确地计算出本身所处位置。

2. UTC

1972年,TAI标准定义的原子秒时间长度获得了国际认可,但是地球的旋转是不平稳的,稍微有些不规律。随着时间的推移,天文观测秒会出现轻微变化,而原子秒是固定不变的,这就带来了一个问题,即86400个TAI秒(24h)现在比一个天文观测日少3ms(因为平均太阳日越来越长)。应用TAI计时将意味着多年以后中午会出现得越来越早,直至最终会出现在凌晨。

BIH通过引入闰秒解决了该问题,即当TAI计时和天文观测计时之间的差增加到800ms时使用一次闰秒。这种修正产生了一种时间系统,该时间系统基于恒定长度的TAI秒,但却和太阳的运动保持一致,它被称为协调世界时(UTC)。从1972年起,UTC取代格林尼治时间,成为国际时间标准。UTC和TAI的值在1958年1月1日0点是相同的,从那刻之后UTC已经偏离TAI大约30s。向UTC插入闰秒的时间点由BIH决定并公布于众,因此UTC和TAI之间的偏差是众所周知的。由于UTC需要闰秒,所以是间断的。

UTC现在已是“挂钟”的时间基准,然而出于节约能源的需要,不同时区的政府会使用不同的夏令时,这也决定了当地挂钟时间和UTC之间可能存在众所周知的偏差。

大多数电力公司将UTC作为其60Hz或者50Hz时钟的计时基础。因此当BIH宣布闰秒后,电力公司把它们使用的频率分别从60Hz或者50Hz增加到61Hz或者51Hz,以使分布在各个地区的时钟前拨。

对于实时系统,1s是一个相当大的时间间隔。需要在几年间保持精确时间的操作系统,必须有专门的软件根据闰秒的定义来计算闰秒(除非使用电力线的频率来计时,而这种计时方法通常很粗糙)。

3.2　时间测量

在分布式实时系统中,如果所有实时时钟都与参考时钟r完全同步,每个事件都加盖了时间戳,那么即使通信延迟的变化对传递顺序造成了影响,也可以很方便地测算出两个事件之间的时间间隔,重建事件的时间顺序。分布式系统是松散耦合的,每个节点都有自己的物理振荡器,难以做到紧密的时钟同步,需要引入一个较弱的通用参考时间——全局时间。

3.2.1　全局时间

假定存在一个节点集,其中每个节点都有自己的本地物理时钟,形成的时钟集合为 $\{1,2,\cdots,n\}$,其中时钟 k 的粒度为 g^k , $k=1,2,\cdots,n$ 。如果全部时钟是内部同步的,精密度为 $\varPi$,即任意两个时钟 j 、 k 在第 i 个微节拍满足

$$\left| r(\text{microtick}_i^j) - r(\text{microtick}_i^k) \right| < \varPi \tag{3-5}$$

通过选取本地时钟的微节拍子集,可在本地实现全局时间。将选取的本地微节拍作为全局时间的宏节拍(macrotick)或节拍(tick)。例如,将本地时钟的每10个微节拍作为该时钟的一个全局时间宏节拍。这里把某个时钟 k 的宏节拍用 t_i^k 表示。图3-2中时钟 j 、 k 每隔10个微节拍形成一个宏节拍,虚线表示宏节拍之间的对应关系。全局时间是抽象概念,它是通过从同步的本地物理时钟集合中选择适当的微节拍数来近似的。

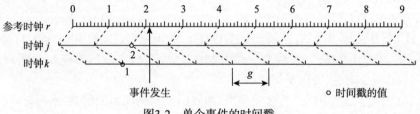

图3-2　单个事件的时间戳

(1)合理性条件。

如果全局时间的所有本地实现满足下述条件,那么全局时间 t 是合理的,即

$$g > \varPi \tag{3-6}$$

式中, g 为全局时间的粒度,也称为宏粒度,如图3-2所示; $\varPi$ 为内同步时钟集合的精密度。这个合理性条件确保同步错误被限制在一个宏粒度内,即两个宏节拍之间。

当合理性条件得到满足时,通过时钟集合中的任意两个时钟 j 、 k 对单个事件 e 进行观测,所得全局时间 $t^j(e)$ 、 $t^k(e)$ 满足

$$\left| t^j(e) - t^k(e) \right| \leqslant 1 \tag{3-7}$$

式(3-7)表示单个事件的全局时间戳最多相差一个宏节拍,这是能够获得的最好结果。由于难以做到时钟完全同步,并且数字时间是粒度化的,总有可能出现以下事件序列:时钟 j 变化,然后事件 e 发生,接下来时钟 k 变化。这种情况下,通过时钟 j 和 k 对单个事件 e 标注的时间戳相差一个宏节拍,如图3-2所示,时钟 j 对 e 加注的时间戳为2,而 k 加注的时间戳为1。

（2）相差一个节拍的事件。

在拥有合理全局时间的分布式系统中，假定发生了两个事件，两个不同的节点分别观测到其中一个事件，两个事件的全局时间戳相差一个宏节拍，能够判别两个事件的时序吗？

图 3-3 描述了发生上述情况的四个事件，各个事件用参考时钟的微节拍表示，分别写成事件 17、42、67 和 69。从图中可以看出，事件 17 和事件 42 之间相差了 25个微节拍，而事件 67 和事件 69 仅差 2 个微节拍，但是两个间隔导致了同样的测量偏差，都是一个宏粒度。虽然事件 69 发生在事件 67 之后，但事件 69 的全局时间戳比事件 67 的小。由于同步错误和数字化错误的积累，不可能重建全局时间戳相差一个宏节拍的两个事件之间的时序。然而若事件的时间戳相差两个宏节拍，则时序还是有可能重建的，这是因为同步错误和数字化错误之和总是小于 2 个宏粒度[47]。

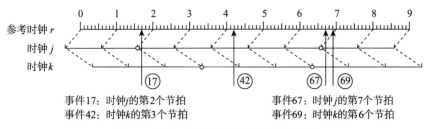

事件17：时钟 j 的第2个节拍　　　　　事件67：时钟 j 的第7个节拍
事件42：时钟 k 的第3个节拍　　　　　事件69：时钟 k 的第6个节拍

图3-3　相差一个节拍的两个事件的时序

3.2.2　时间间隔测量

时间间隔是以两个事件分界的，一个是间隔的起始事件，另一个是间隔的结束事件。两个事件彼此之间关系的测量，受到同步错误和数字化错误的影响。在满足合理性条件的情况下，两种错误造成的误差之和小于 $2g$。由此可见，时间间隔的真实持续时间受到限制，即

$$（d_{obs}-2g）<d_{true}<（d_{obs}+2g）\qquad（3-8）$$

式中，d_{true} 为真实时间间隔；d_{obs} 为起始事件和结束事件之间的时间差的观测值。

对于真实长度相同的时间间隔，若起始事件和结束事件的观测节点是不同的，则可能得到不一样的观测值。图 3-4 给出了两对事件，一对事件是 17 和 42，另一对事件是 72 和 97，它们的真实时间间隔同为 25 个微节拍，观测节点赋予事件的全局节拍用小圆圈标出。由图中可以看出，用时钟 j、k 分别观测起始事件 17 和结束事件 42，得到的时间间隔为 1 个宏节拍；而用时钟 k、j 分别观测起始事件 72 和结束事件 97，得到的时间间隔为 4 个宏节拍。

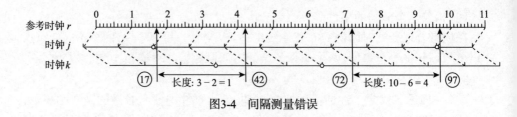

图3-4　间隔测量错误

3.2.3　$\pi/\varDelta$-领先

某分布式系统包括j、k和m三个节点，每个节点都支持全局时间，并分别在全局时间点1、5、9各产生一个事件。通过精密的外部观测器，能够看到如图3-5所示的情形。

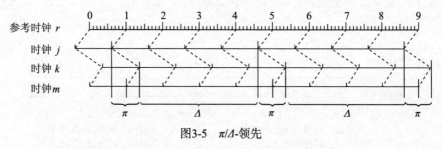

图3-5　$\pi/\varDelta$-领先

在每个全局时钟节拍上，所有本地产生的事件都将在时间间隔π中出现，$\pi \leqslant \Pi$，Π是时钟集合的精密度。发生在不同时钟节拍处的事件至少相隔$\varDelta$。精密的外部观测器将π内的事件认为是同一时刻出现的，不能对它们进行排序。但是发生在不同节拍的事件应该能被排序，那么事件子集之间应该相隔多少个静默粒度，才能保证外部观测器(或另外的簇)复原出发送簇想要的时序呢？在回答这个问题之前，需要引入$\pi/\varDelta$-领先($\pi/\varDelta$-precedence)这个概念。

假定事件集为$\{E\}$，两个时间间隔为π和$\varDelta$，$\pi \ll \varDelta$，这个事件集中的任意两个元素e_i和e_j满足

$$\left[\left|r(e_i) - r(e_j)\right| \leqslant \pi\right] \vee \left[\left|r(e_i) - r(e_j)\right| > \varDelta\right] \tag{3-9}$$

式中，r为参考时钟。满足上述条件的事件集是$\pi/\varDelta$-领先的。$\pi/\varDelta$-领先意味着几乎同时发生(紧凑地发生在π间隔内)的事件子集与另外一个事件子集分开一定的间隔(至少为$\varDelta$)。如果π为0，那么0/$\varDelta$-领先事件集的任意两个事件，要么同一时刻发生，要么至少相隔$\varDelta$。

假设分布式系统的全局时间粒度为g，系统中发生了两个事件e_1和e_2，且被两个节点各观测到一个。表3-1给出了不同0/$\varDelta$-领先情况下，事件时间戳之间的最小差别[48]。

表3-1　被观测事件的时序

事件集	两个非同步发生事件的时间戳	是否可重建事件时序
0/1g领先	$|t^j(e_1) - t^k(e_2)| \geq 0$	否
0/2g领先	$|t^j(e_1) - t^k(e_2)| \geq 1$	否
0/3g领先	$|t^j(e_1) - t^k(e_2)| \geq 2$	是
0/4g领先	$|t^j(e_1) - t^k(e_2)| \geq 3$	是

根据时间戳建立事件的时序,至少需要两个节拍的差别,因此,0/3g领先的事件集能够依据时间戳建立时序。

3.2.4　时间测量的基本限制

由以上分析可知,拥有粒度为g的合理全局时基的分布式实时系统,其时间测量受到以下限制。

(1)两个不同节点观测同一个事件,时间戳可能相差一个节拍。两个事件的时间戳相差一个节拍,根据事件的时间戳重建时序是不够的。

(2)观测到的时间间隔为d_{obs},则真实的时间间隔d_{true}受到式(3-8)的限制。

(3)时间戳的差别大于或等于2个节拍的事件,可以根据时间戳恢复其时序。

(4)事件集至少0/3g领先,才能根据事件时间戳恢复它们的时序。

3.3　密集时基与稀疏时基

假定{E}是特定情况下的一个有意义的事件集。{E}可能是所有时钟的宏节拍或报文发送和接收事件。如果允许这些事件在时间轴上的任意时刻发生,那么时基是密集的。如果这些事件的发生被限定在长度为ε的一些活动间隔内,并且任意两个活动间隔之间有长度为Δ的静默间隔,那么时基是ε/Δ-稀疏的(ε/Δ-sparse),ε/Δ-稀疏常简写成稀疏,如图3-6所示。如果系统基于稀疏时基(sparse time base),那么某些时间间隔内不允许有重要事件发生。仅在活动间隔内发生的事件称为稀疏事件(sparse event)。

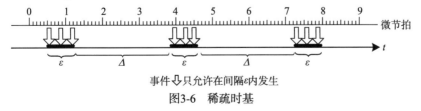

事件↓只允许在间隔ε内发生

图3-6　稀疏时基

很显然只有系统能够控制的那些事件,其发生时间才能受到限制,也就是说稀疏事件必须在系统的控制范围之内[49]。例如,在分布式计算机系统中,报文发送可被限制在特定时间间隔内,禁止进入其他一些时间间隔。系统控制范围之外发生的事件不受限制,这些外部事件基于密集时基(dense time base),不能强行使其成为稀疏事件。

3.3.1　密集时基

假设两个事件e_1、e_2发生在密集时基上,两个事件的时间间隔小于$3g$,g为全局时间粒度,不同的节点为两个事件标注了时间戳。如果不应用约定协议,那么建立两个事件的时序是困难的,甚至连建立一致的顺序都不可能。

例如,在图3-7所示的情形中,事件e_1、e_2相隔$2.5g$。节点j观测事件e_1发生在时间2,节点m则观测其发生在时间1。节点k观测事件e_2发生在时间3,并把这个观测结果报告给节点j和m。节点j根据时间戳进行计算,得知两个事件的时间差为一个节拍,认为事件几乎同时发生,不能分辨顺序。而节点m根据时间戳计算所得两个事件的时间差为两个节拍,认为e_1一定发生在e_2之前。节点j和m对事件发生的顺序产生了不一致的看法。

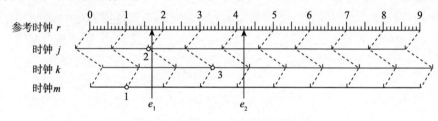

图3-7　事件e_1和e_2的不同观测顺序

为了对事件的顺序有一致的看法,节点必须执行约定协议(agreement protocol)。约定协议的第一阶段,分布式系统的节点之间进行信息交换,其目的是让每个节点从其他节点获得对同一状态的不同看法。第一阶段结束后,每个正确的节点拥有相同的信息。约定协议的第二阶段,每个节点应用确定的算法处理信息,从而得到公认值。在没有故障的情况下,约定算法需要进行一轮额外的信息交换,以及用于执行约定算法的资源。

使用约定算法是有代价的,其不仅增加了通信和处理需求,而且给控制回路引入了额外的延迟。因此,寻找不需这些附加代价,又能解决排序问题的解决方案是有益的。下面将要介绍的稀疏时基模型是常用的解决方案。

3.3.2　稀疏时基

设某分布式系统包括A、B两个簇,簇A产生事件,簇B观察这些事件,每个簇的时间都是内部同步的,粒度为g,但是两个簇之间的时基是不同步的。现在要讨论的问题是,在什么情况下观察簇B中的节点可以不通过执行约定协议,重新建立事件的本来时序。

假设节点j和k属于簇A,它们在同一个簇节拍t_i上各产生了一个事件,即在节拍t_i^j和t_i^k产生了事件,两个事件之间最多相隔Π,$\Pi<g$。在簇A的同一簇节拍上发生的事件,不需要排时序,观测簇B不应该为大约同一时间发生的事件建立时序。此外,在簇A的不同节拍上发生的事件,观测簇B总是需要重新建立它们的时序。如果簇A产生1g/3g-领先的事件集,也就是说,在每个允许产生事件的簇节拍之后都有至少3个粒度的静默时间,这个条件是否足以判别事件的时序呢?

如果簇A产生了1g/3g-领先的事件集,那么簇A的同一簇粒度g上发生的两个事件,有可能被簇B加上相差2个节拍的时间戳。由于这两个事件发生于簇A的同一簇粒度内,观测簇B不应该为它们排序(虽然可以)。簇A在相隔3g的不同簇粒度上发生的事件,也可能被簇B赋予相差2个节拍的时间戳,但簇B应该给予排序。因此仅依据事件的时间戳相差2个节拍,簇B无法确定是否该为事件排序。为了解决这个问题,簇A必须产生1g/4g-领先的事件集。簇B不为时间戳之差小于等于2个节拍的两个事件排序,但为时间戳之差大于等于3个节拍的两个事件排序,从而重建发送方本来的时序。

3.3.3 时空点阵

全局时钟的节拍可以看成图3-8所示的时空点阵,节点可以在黑点处产生事件(如发送报文),而在白点处必须是静默的。这个规则可以让接收方在不执行约定协议的情况下,建立事件的一致时序。尽管发送方在产生一个事件之前可能要等待4个时钟节拍,但是这仍然要比执行约定协议快得多(假定全局时基的精密度足够高)。在稀疏时间点阵的黑点处产生的事件属于稀疏事件。

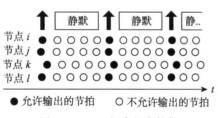

图3-8 1g/4g-领先的事件集

计算机系统的控制域之外产生的事件发生在密集时基上,不属于稀疏事件,难以限制在稀疏时基上。当分布式计算机系统的多个节点观测被控对象发生的事件时,为了对事件有一致的看法,在计算机系统与被控对象之间的接口上需要执行某个约定协议。这里所使用的约定协议,可以将非稀疏事件转化为稀疏事件。

3.3.4　时间的循环表示形式

许多技术和生物过程是循环的[50]。循环过程的基本特征是行为有规则,每个循环都在重复一组类似的动作模式。例如在典型的控制系统中,时间被分割成控制循环序列,如图3-9所示。在每个控制循环里,首先读取被控对象的状态变量,然后执行控制算法,最后在微机系统与被控对象之间的接口上将新的设定点输出到执行器。

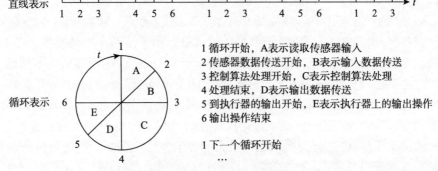

图3-9　控制系统时间的直线和循环表示形式

在时间的循环表示形式中,线性时间被划分为持续时间相等的循环。每个循环用一个圆环表示,循环内的时刻由圆环上的相位表示,即用时刻与循环开始时间之间的角位移表示。因此循环和相位代表了循环表示形式中的时刻。在稀疏时间的循环表示形式中,圆环的周线不是实线而是虚线,虚线点的大小和距离是由时钟同步精度决定的。

连续的处理和通信动作序列是相位匹配的(phase aligned),一个动作结束,下一个动作立即开始。如果每个实时处理的各个动作是相位匹配的,那么实时处理的总持续时间被最小化。

在图3-9中,典型控制回路仅在每个循环的B和D段时间内要求通信服务。B和D的时间间隔越短越好,因为这样可以减小控制回路的死区时间。这一要求会导致脉冲式数据流,在时间触发系统中,尽可能高的带宽被周期性地分配给时间段B和D,而循环的其余时间可将通信带宽分配给其他请求[51]。

时间的螺旋表示形式是循环表示形式的延伸,它通过引入第三个轴描绘循环的线性进展。

3.4　内部时钟同步

每个节点都有本地实时时钟,这些时钟的漂移率是不同的,对它们实施内部时钟同步的目的是保证正常节点的全局时间节拍在指定的精密度Π内产生。在分布式实时系统的运行过程中,全局时基的可用性至关重要,时钟同步不应该只依赖单个时钟的正确性,而且要有容错能力。

几乎所有节点都有一个本地晶振,晶振的物理参数决定了晶振微节拍的频率。一个节点的全局时间节拍(宏节拍)是本地晶振的微节拍的子集,节点的全局时间计数器负责为全局时间节拍计数。

3.4.1　同步条件

节点的全局时间节拍必须周期性地与集合中的其他节点重同步,以确保全局时基的精度维持在一个特定的范围内,这个重同步周期称为重同步间隔(resynchronization interval)。在每个重同步间隔的末尾调整时钟,可使节点的时钟之间有更好的一致性。这里用收敛函数Φ表示重同步之后马上形成的时间值偏差,如图3-10中的黑色小框所示。经调整之后的时钟会再次漂移、分散,直到一个重同步间隔R_{int}结束后被重同步,如图3-10所示。

设漂移偏差Γ表示重同步间隔R_{int}内任意两个正常时钟之间的最大发散量。很显然Γ的大小取决于重同步间隔R_{int}的长度和时钟的最大漂移率ρ,即

$$\Gamma = 2\rho R_{int} \tag{3-10}$$

时钟集合只有满足下面给出的同步条件,才能实现同步,即

$$\Phi + \Gamma \leqslant \Pi \tag{3-11}$$

式(3-11)描述了时钟集合同步时收敛函数Φ、漂移偏差Γ和精密度Π之间的关系。在重同步间隔的末尾,时钟偏离到了精密度间隔Π的边缘,如图3-10所示。上述同步条件表明,同步算法必须让时钟值尽量靠紧,以保证下一个重同步间隔中产生的时钟发散量不会超出精密度范围。

恶劣的应用环境有时会造成严重的节点故障,导致节点出错或失效。有些发生故障的节点会随机地发送各种错误数据,使正常工作的节点因无法获得正确的信息而做出错误的判断。这种情况必然给时钟同步造成影响。

拜占庭错误:为了解释这个问题,先看一个例子。假设某个集合是由三个节点组成的,每个节点都有一个时钟,分别用A、B和C表示,各个节点利用收敛函数将时钟设置为该集合的平均值。如果A和B是正常时钟,而C是"两面性"的恶性时钟,那么C会干扰其他两个时钟,使它们不能满足同步条件,难以实现同步,如图3-11所示。

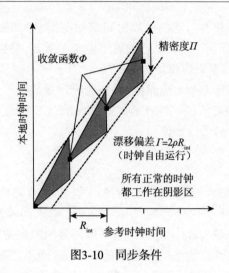

图3-10 同步条件

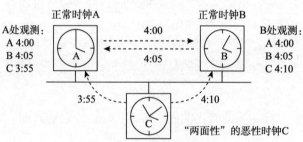

图3-11 恶性时钟的行为

这种恶意的两面性行为有时称为恶性错误或拜占庭错误。在同步报文交换期间,拜占庭错误可能导致集合内的节点对时钟状态持有不同的看法。为了处理这种不一致信息,人们提出了多种算法。交互式一致性算法[52]是比较特别的一类,这类算法通过插入附加的信息交换回合,形成对所有节点时间值的一致看法。这些附加的信息交换回合提高了时钟同步的精密度,但同时也加大了通信开销。其他处理不一致信息的算法是为不一致性引入的最大错误设立界限,如容错平均(Fault Tolerant Average, FTA)算法,本节后面将讲到这种算法,该算法表明[53]:若x个时钟出现拜占庭错误,只有时钟总数$N \geqslant (3x+1)$时,才能保证时钟同步。

3.4.2 中央主节点同步算法

中央主节点同步算法是一个简单的非容错同步算法,已被很多协议采用(如H1总线[17])。中央主节点是独一无二的节点,它周期性地向从节点发送带有其时间计数器值的同步报文,为从节点提供精确的当前时间。从节点一旦从主节点收到同步报文,立刻记录本地时间计数器的值,然后计算该时间值与同步报文中包含的主节点时间计数器值的差值,从所得差值中去除报文传输时间,即可获得主节点与从节点的时钟偏差。从节点根据这个偏差修正其时钟,使主/从节点的时钟保持一致。

在向集合中的节点传输报文时,各个节点收到同步报文的时间存在差异。节点集合中有最早和最晚收到同步报文的从节点,它们之间的时间差决定了中央主节点算法的收敛函数 Φ,也就是说,主节点的读取时钟值事件和同步报文到达所有从节点事件之间的执行时间抖动 ε 决定了收敛函数 Φ。

根据式(3-11)给出的同步条件,中央主节点算法的精密度 Π_{central} 为

$$\Pi_{\text{central}} = \varepsilon + \Gamma \tag{3-12}$$

中央主节点同步通常用于分布式系统的启动阶段,算法简单,但没有容错能力。一旦主节点失效,重同步就终止了,自由振荡的从节点时钟很快就会偏离精密度范围。这个算法的一个变体是多主策略,其特点如下:一旦活动的主节点失效,"影子"主节点能够根据本地的超时情况检测发现这个问题,其中一个"影子"主节点将会承担起活动主节点的作用,继续重同步操作。

3.4.3　分布式容错同步算法

分布式容错时钟重同步通常分为三个不同的阶段:第一阶段,每个节点通过报文交换获得其他节点的全局时间计数器值;第二阶段,各个节点分析收集到的信息,检查是否有错误,然后执行收敛函数,得出本地全局时间计数器的修正值,若某个节点利用收敛函数计算出来的修正项大于集合的规定精密度,则节点自动停用;第三阶段,节点根据修正值调整本地时间计数器。

分布式同步算法有多种,它们之间的差别主要表现在以下几个方面:①从其他节点收集时间值的方式不同;②应用的收敛函数类型不同;③修正值应用于时间计数器的方式不同。

1. 读取全局时间

在局域网中,时间报文把当前时间值从一个节点带到所有其他节点,影响同步精密度的最重要因素是时间报文的抖动。时间报文在两个节点之间传送时,已知的最小延迟可以通过事先知道的延迟补偿项进行补偿[54],这个补偿项不仅弥补报文在传输通道上的延迟,而且弥补报文在接口电路中的延迟。延迟抖动的大小主要取决于同步报文被封装和释义的系统层次,例如,如果封装和释义发生在系统架构的高层(如应用软件层),那么调度器、操作系统、协议软件中的队列、报文重传策略、媒体访问延迟、接收方中断延迟和接收方调度延迟等都会引起随机延迟,累积时间误差,从而降低时钟同步精度。在不同的系统层次中,可以预期的抖动近似值如表3-2所示[54]。

表3-2　同步报文的近似抖动

同步报文的封装和释义	抖动近似值
在应用软件层	$500 \sim 5000\,\mu s$
在操作系统内核里	$10 \sim 100\,\mu s$
在通信控制器硬件上	$< 10\,\mu s$

　　要获得高精密度的全局时间,非常重要的一点就是减小抖动,为此人们已经提出了许多相应的方法。其中Cristian提出的方法应用最多,他使用概率技术降低应用软件层的抖动[55]:节点利用请求–响应(query-response)处理查询另一个节点的时钟状态,所用时间由请求的发送方计算。

　　如图3-12所示,节点A在时间T_1发送一个请求给节点B,B会依据自己的时钟记录接收时间T_2,并在时间T_3返回一个响应报文,T_3比T_2晚。最后,A记录下响应报文到达时间T_4。假设从A到B的传输延迟与从B到A的大致相同,即$T_2-T_1 \approx T_4-T_3$。这样,A就可以计算出与B的时间偏差,即

$$\text{offset}^{AB} = T_3 - [T_4 - \frac{(T_2-T_1)+(T_4-T_3)}{2}] = \frac{(T_2-T_1)+(T_3-T_4)}{2} \tag{3-13}$$

式中,T_1和T_4都由发送节点A给出,$[(T_2-T_1)+(T_4-T_3)]/2$是一次请求-响应处理所用传输时间的一半,A的时间$T_4-[(T_2-T_1)+(T_4-T_3)]/2$与B的时间$T_3$相对应。

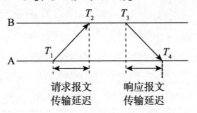

图3-12　从另一个节点得到当前时间

　　另外,Kopetz提出的时间触发架构(Time Triggered Architecture,TTA)使用了另外一种减小抖动的方法[56],这种方法采用了一种特殊的时钟同步单元(Clock Synchronization Unit,CSU),可在硬件层面支持同步报文的分段和封装,从而将抖动减少至几微秒。由硬件加盖时间戳的方法有助于限制抖动,新的时钟同步标准IEEE 1588利用了这一方法[57]。

　　执行时间抖动对内部同步的影响可用不可能性结果(impossibility result)这个概念来描述[58]。根据这一概念,如果集合是由N个节点组成的,那么内部同步时钟的精密度不可能好于

$$\Pi = \varepsilon(1 - \frac{1}{N}) \tag{3-14}$$

式中，ε 为执行时间抖动。即使每个时钟都有理想的晶振，即所有本地时钟的漂移率为 0，上述结论同样成立。

2. 收敛函数

这里将以分布式容错平均（Fault Tolerant Average，FTA）算法为例，说明收敛函数的构造方法。FTA 算法是一种单轮（one round）算法，能够处理不一致的信息，限制由不一致性引入的错误。

对于 N 个节点组成的系统，FTA 算法要容忍 x 个拜占庭故障。算法的实现过程为：首先每个节点收集本地时钟与其他节点的时钟之间的时间偏差，得到 $N-1$ 个时间偏差，加上自身的时间偏差（0），总计得到 N 个时间偏差。然后将这些时间偏差由大到小排序，去除偏差序列中的 x 个最大和 x 个最小偏差（假定错误的时间值大于或小于余下的时间值）。根据定义，剩余序列中的 $N-2x$ 个时间偏差位于精密度窗口内（因为只有 x 个值被假定是错误的，并且错误的值大于或小于正确值），它们的平均值就是节点时钟的修正项。

【例 3-2】某集合由 9 个节点组成，要求容忍 2 个拜占庭故障，其中 1 个节点与其他 8 个节点的时间偏差为 -3、15、11、9、8、13、-5 和 6，该节点时钟的修正项为多少？

解　考虑到节点本身的时间偏差为 0，所有时间偏差由大到小排序后的偏差序列为

$$zlist = \{15, 13, 11, 9, 8, 6, 0, -3, -5\}$$

已知，$x = 2$，去除 2 个最大和 2 个最小偏差后的偏差序列为

$$zlist' = \{11, 9, 8, 6, 0\}$$

根据 FTA 算法的定义，节点时钟的修正项（省去小数位）为

$$zCorrectValue = (11+9+8+6+0)/5 = 6$$

一种与 FTA 算法比较接近的算法是容错中值（Fault Tolerant Midpoint，FTM）算法[59]，FTM 算法不使用节点自身的时间偏差，从偏差序列中去除的最大和最小值个数 x 是一个系统参数，要根据偏差值的个数来确定，而不是拜占庭故障数。修正值计算方法为：首先去除时间偏差序列中的 x 个最大值和 x 个最小值，然后取出剩余序列中的最大值和最小值，将其平均值作为修正值，如表 3-3 所示。表中 zCorrectValue 为修正值，zlist 为时间偏差由大到小排序后的序列，length 为序列的长度，即偏差值的个数。由于这种算法有利于简化硬件设计和克服某些不稳定故障的影响，现已被 FlexRay 总线采用。

表3-3　FTM算法表

时间偏差值的个数	x	修正值计算
1~2	0	zCorrectValue =(zlist(1)+ zlist(length))/2
3~7	1	zCorrectValue =(zlist(2)+ zlist(length−1))/2
>7	2	zCorrectValue =(zlist(3)+ zlist(length−2))/2

根据FTM算法,例3-2的时间偏差序列zlist = {15, 13, 11, 9, 8, 6, −3, −5},时钟偏差值的个数length = 8,查表3-3可知, $x = 2$,去除 x 个最大值和 x 个最小值后的剩余序列zlist = {11, 9, 8, 6},节点时钟的修正值(省去小数位)为

$$zCorrectValue =(11+6)/ 2=8$$

在最坏情形下,所有正常时钟的时间偏差都在精密度窗口 Π 的两端,一个节点与拜占庭时钟的时间偏差位于时间差序列的末端,另一个节点的情况正好相反,即与拜占庭时钟的时间偏差位于前端,图3-13给出了这种情形的一个实例。图中的集合共包括7个节点,1个节点的时钟呈现拜占庭式行为。 Δt 表示时间差,正常节点与拜占庭时钟的时间偏差用实心箭头表示,与正常时钟的时间偏差空心箭头表示,实心框中的箭头表示被FTA算法拒绝的偏差。FTA算法利用图中的5个被接受的偏差值求取平均值,节点 j 的计算结果为 Π ,节点 k 的计算结果为 $4\Pi/5$,拜占庭故障导致两者产生了 $\Pi/5$ 的差。

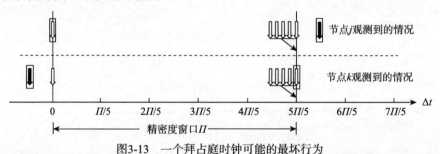

图3-13　一个拜占庭时钟可能的最坏行为

假设分布式系统是由 N 个节点组成的,每个节点都有自己的时钟(时间值的单位为秒),最多有 x 个时钟出现拜占庭式行为。现在来分析这种情形下FTA算法的精密度。

在出现单个拜占庭时钟时,不同的两个节点根据FTA算法计算所得两个均值之差为

$$E_{1-B}=\Pi/(N-2) \tag{3-15}$$

因此在最坏情形下, x 个拜占庭时钟造成误差为

$$E_{k-B}= x\Pi/(N-2x) \tag{3-16}$$

考虑到同步报文的抖动因素，FTA算法的收敛函数为

$$\Phi\left(N, x, \varepsilon\right) = x\Pi/(N-2x) + \varepsilon \tag{3-17}$$

将式(3-11)表示的同步条件和式(3-17)相结合，可得

$$x\Pi(N, x, \varepsilon, \Gamma)/(N-2x) + \varepsilon + \Gamma = \Pi(N, x, \varepsilon, \Gamma) \tag{3-18}$$

变换后可得

$$\Pi(N, x, \varepsilon, \Gamma) = \frac{N-2x}{N-3x}(\varepsilon + \Gamma) = \mu(N, x)(\varepsilon + \Gamma) \tag{3-19}$$

式中，$\Pi(N, x, \varepsilon, \Gamma)$为FTA算法的精密度；$\mu(N, x) = (N-2x)/(N-3x)$称为拜占庭错误项，如表3-4所示。

表3-4 拜占庭错误项$\mu(N, x)$

拜占庭节点数x	集合中的节点数N							
	4	5	6	7	10	15	20	30
1	2	1.5	1.33	1.25	1.14	1.08	1.06	1.03
2	—	—	3	3	1.5	1.22	1.14	1.08
3	—	—	—	—	4	1.5	1.27	1.22

$\mu(N, x)$表示由拜占庭错误所产生的不一致而导致的精密度损失。在真实的环境中，单轮同步预计最多发生一次拜占庭错误，因此在经过妥善设计的同步系统中，拜占庭错误造成的后果并不严重。

参考文献[60]提出和分析了其他用于时钟内同步的收敛函数。

3.4.4 状态修正与速率修正

收敛函数计算出来的修正项可以立即应用于本地时间值的修正(简称状态修正)，也可应用于时钟速率的修正(简称速率修正)。修改时钟速率能让时钟在下一个重同步间隔(R_{int})中加速或减速，从而使它与时钟集合中的其余时钟更好地保持一致。

状态修正简单适用，但缺点是在时基中产生了不连续性。修正项是带符号的数值，若该值为负，则表示时钟要往回调，同样的标称时间值会出现两次，在实时软件内可能产生恶性失效。因此最好采用时钟漂移最大值有界的速率修正，以便限制时间间隔测量中的错误。这样尽管有重新同步，但由此产生的全局时基仍然保持着计时属性。在数字域中，通过改变某些宏节拍中的微节拍数可以实现速率修

正；在模拟域中，通过调整晶振器的电压可以实现速率修正。为了避免整个时钟集合出现共模漂移，所有时钟速率修正项的平均值应当接近于0。

3.5 外部时钟同步

外部时钟同步是将簇内的全局时间与外部标准时间相联系。为了达到这个目的，访问时间服务器是必要的。时间服务器是一个外部时间源，它以时间报文形式周期性地播报当前的基准(reference)时间。时间报文要在簇内指定节点上引发一个同步事件(如提示音)，并依据约定的时间标度(time scale)标识此同步事件。这个时间标度必须基于广泛接受的测量时间(如物理时间秒)，并且要把同步事件与已定义的时间起源(纪元)联系起来。时间服务器的接口节点称为时间网关。

3.5.1 运行原理

GPS是世界范围内的时间测量标准，GPS接收器的准确度好于100ns，而且具有长期稳定性。假设时间网关与GPS接收器相连，与该网关相连的簇可将GPS接收器作为时间服务器(外部时间源)。此外，外部时间源也可以是一个带温度补偿的晶体振荡器，它的漂移率好于1×10^{-6}，即漂移偏差小于$1\mu s/s$。例如，漂移率数量级为10^{-12}的铷钟，每10天产生的漂移偏差约$1\mu s$。时间网关周期性地播报包含同步事件的时间报文，以及这个同步事件的TAI标度信息，将其所在簇的全局时间和从外部时间源收到的时间进行同步。这种同步是单向、不对称的，可以用于调整时钟速率，而且不需要关心不稳定性带来的影响，如图3-14所示。

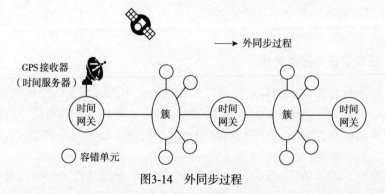

图3-14 外同步过程

如果另外一个簇通过二级时间网关连接到"原始簇"，那么单向同步以相同的方式运行。次级时间网关把原始簇的同步时间作为自己的基准时间，并同步次级簇的全局时间。

内部同步是由簇中所有成员协作完成的活动,而外部同步则是一个独裁过程:时间网关将自己对外部时间的观测强加到下属。从容错角度看,这种独裁方式带来了一个问题:如果独裁者发送了一个错误报文,那么所有顺从的下属都将呈现不正常行为。然而对于外部时钟同步,借助于时间的"惯性",可以控制这种情况的发生。一旦时钟簇已经实现了同步,簇的容错全局时基就充当了时间网关的监视器。只有外部同步报文的内容与时间网关对外部时间的看法充分接近时,时间网关才会接受这个报文。时间网关修正一个簇的时间漂移率的权力是有限的。一般情况下,为了减小相关时间测量的误差,最大共模修正速率(correction rate)应当小于某个值(如 10^{-4}s/s),并由簇内节点的软件负责检查。

外部同步实现方式必须确保错误的外部同步不会干扰内部同步的正常运行,即不妨碍簇内全局时间的生成。若外部时间服务器发生恶性故障,则可能出现最坏的失效情形,导致全局时间以允许的最大偏离率偏离外部时基。在设计合理的同步系统中,这种源自外部时基的漂移不会影响簇的内部同步。如果采用GPS作为时间服务器,那么发生这种失效的概率很低。

3.5.2　时间格式

在过去的几年里,人们提出了许多用于外部时钟同步的外部时间格式,其中因特网网络时间协议(Network Time Protocol,NTP)中推荐的时间格式[61]是最重要的时间格式之一,如图3-15所示。这个时间格式共由八个字节组成,分成两个字段:第一个字段表示秒数,占四个字节,这里的秒数是根据UTC标准给出的;第二个字段表示秒的分数,以二进制形式表示,分辨率大约为232ps(皮秒,1ps=10^{-12}s)。1972年1月1日00:00时的NTP时钟被设定为2272060800.0s,也就是从1900年1月1日00:00时起的秒数。这个时钟可运行至2036年,即NTP时间格式的循环时间为136年。

图3-15　NTP的时间格式

NTP时间是基于UTC的,因此是不连续的。偶尔在UTC时间中插入的闰秒,一定会干扰时间触发实时系统的连续运行。

IEEE 1588标准推荐了另一个时间格式[57]。在这个时间格式中,时间起源(纪元)始于1970年1月1日00:00时,或用户自定义。该格式根据TAI计算秒数,秒的分数对应的时间单位是ns(纳秒,1ns=10^{-9}s)。

3.5.3　时间网关

时间网关必须以下列方式控制其所在簇的计时系统。

(1)以当前的外部时间初始化簇。

(2)周期性地调整簇的全局时间速率,使其与外部时间和时间测量标准(s)保持一致。

(3)将当前外部时间通过时间报文周期性地传送给簇中的节点,使恢复通信的节点能够重新初始化其外部时间值。

时间网关通过周期性地发送带有速率修正字节的时间报文完成这个任务。时间网关中的软件负责计算速率修正字节。首先利用网关节点的本地时基(微节拍)测量相关重要事件发生时间之间的差别,例如,时间服务器内整秒的准确开始时间和簇内全局时间整秒的准确开始时间之间的差别。然后计算出必要的速率修正值。请记住,速率修正值不能大于规定的最大速率修正值。这个限制的目的是将簇内相关时间测量的最大偏离限制在约定阈值下,并避免时间服务器故障影响到簇。

3.6　FlexRay系统的分布式时钟同步

分布式通信系统多种多样,应用的时钟同步机制有时风格迥异。这里将以FlexRay系统为例介绍一种比较实用的时钟同步机制[42]。

3.6.1　时间表示形式

FlexRay是一种高速通信总线,其时间表示形式较为复杂,但基本概念与本章所讲述的内容相同。

1. 时间等级

如图3-16所示,FlexRay的时间分成三个等级:通信循环、宏节拍和微节拍。一个宏节拍包含整数个微节拍,而一个通信循环包含整数个宏节拍。

微节拍是节点的本地时钟粒度,取自通信控制器的时钟信号,因此微节拍与通信控制器的特性有关,不同的控制器对应不同的微节拍。在簇范围内,FlexRay实现宏节拍同步,而不是微节拍同步。如果簇内的所有节点是时钟同步的,那么它们的宏节拍长度是相同的,但各个节点的宏节拍所包含的微节拍数量可能不同。另外,即使在同一个节点内,每个宏节拍包含的微节拍数量也会不同。宏节拍中的微节拍数量与晶振的频率和预分频器有关。

簇中所有节点的循环包含相同数量的宏节拍。在任何给定的时间点上,所有节点应有相同的循环编号。即使在簇尚未完全同步时的循环边界上,循环编号的差异最多为 1,且持续时间不超过簇的精密度。簇的精密度是指簇中任何两个同步节点的本地时间的最大偏差。

2. 全局时间和本地时间

簇的全局时间是簇内节点形成的一个时间共识。FlexRay没有一个绝对的全局时间,每个节点对全局时间都有自己的本地观测。

本地时间是节点的本地时钟信号值,用循环编号(vCycleCounter)、宏节拍数(vMacrotick)和微节拍数(vMicrotick)等变量表示。如图3-16所示,vCycleCounter在每个通信循环开始时加 1,其范围为 0~gCycleCountMax,当达到gCycleCountMax时,该变量复位为 0;vMacrotick表示宏节拍的当前值,范围为 0~gMacroPerCycle−1,gMacroPerCycle定义了每个循环包含的宏节拍数量;vMicrotick表示微节拍的当前值。

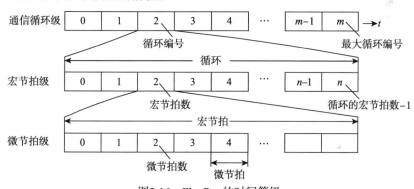

图3-16　FlexRay的时间等级

本地时间是以全局时间的本地观测为基础的,每个节点必须应用时钟同步算法将自己的本地时间观测调整为全局时间。

3.6.2　同步进程

FlexRay的媒体访问控制(Medium Access Control,MAC)是以时分多路访问(Time Division Multiple Access,TDMA)和动态最小时隙技术为基础的,每个通信周期分成指定数量的通信循环(gCycleCountMax+1),每个通信循环包括4个通信时间段,分别为:静态段(Stastic Segment,ST)、动态段(Dynamic Segment,DYN)、符号窗(Symbol Window,SW)和网络空闲时间(Network Idle Time,NIT),如图3-17所示。FlexRay通信系统中的每个节点,根据其余节点在静态段发送的同步帧确定它们的时间。

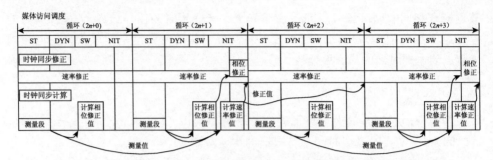

图3-17　时钟同步进程、宏节拍生成进程和媒体访问调度之间的时序关系

FlexRay的时钟同步主要包括两个并发进程：时钟同步进程(Clock Synchronization Process，CSP)和宏节拍生成进程(Macrotick Generation Process，MTG)。CSP实现循环开始时的初始化，测量并存储偏差值，计算相位和速率修正值。MTG控制循环计数器和宏节拍计数器，并运用相位和速率修正值调整时间。图3-17描述了这两个进程之间，以及它们与媒体访问调度之间的时序关系。

时钟同步功能的主要作用是使簇中各节点之间的时间偏差保持在精密度范围内。我们知道，时间偏差分为两种：相位偏差(offset difference)和速率偏差(rate difference)可以运用相位修正(offset correction)或速率修正(rate correction)使不同节点的本地时基保持同步。FlexRay综合应用了这两种方法，并遵循以下修正原则。

(1)所有节点的相位和速率修正方法相同。

(2)速率修正贯穿整个循环，而相位修正只在奇数循环的网络空闲时间中进行，从设定的相位修正起始点(pOffsetCorrectionStart，从循环的起点算起，可设定为7~15999宏节拍)开始，到下一通信循环开始前结束。

(3)相位修正值用变量zOffsetCorrection表示，代表在网络空闲时间的相位修正段中加入微节拍的数量。zOffsetCorrection是运用时钟同步算法求出的，可为负值。每个循环都要计算zOffsetCorrection（在动态段或符号窗中开始），但相位修正操作仅在奇数循环的结束处进行。zOffsetCorrection根据单个循环中的测量值来计算，并在相位修正段开始前完成。

(4)速率修正值用变量zRateCorrection表示，它在循环已配置好的微节拍数量上再增加微节拍的数量，该值由时钟同步算法得到，可为负值。每两个循环仅计算一次zRateCorrection，即在奇数循环的静态段之后，通过在偶/奇双循环中的测量值进行计算，并在下一个偶数循环开始前完成。

综上所述，正常运行的FlexRay将重复执行以下步骤：循环初始化、测量偏差值、计算相位和速率修正值、时钟修正。其中每个循环都计算相位修正值，而速率修正值计算仅在奇数循环进行；相位修正发生在奇数循环，而速率修正发生在偶数循环。

3.6.3　时间偏差测量

在通信循环的静态段,每个节点会观测同步帧的实际到达时间,计算这个同步帧的期望到达时间与该时间之差(单位为微节拍),并将偏差存储起来。

同步帧的期望到达时间为接收节点的动作点(action point),当时间运行到该时刻时,媒体访问控制会产生一个信号。CSP发现这个动作点信号时,采集并存储一个时间戳,记为zActionPoint。FlexRay为接收节点提供了位流定时信息,即发送节点在发送帧数据时,在每个字节之前增加了一个由两位组成的字节起始序列(Byte Start Sequence, BSS),接收节点在接收帧期间,将帧的第一个BSS的第二位选通点作为次级时间参考点(secondary time reference point)。若接收节点检测到次级时间参考点,则解码单元采集并存储另一个时间戳,记为zSecondTRP,并据此计算初级时间参考点(primary time reference point)的时间戳为

$$zPrimaryTRP=zSecondTRP-pDecodingCorrection-pDelayCompensation \quad (3\text{-}20)$$

式中,pDecodingCorrection项用于修正解码耗时;pDelayCompensation项用于修正传播延时,两者都是可配置的。在时钟同步算法中,zPrimaryTRP被认为是同步帧的实际到达时间。 zPrimaryTRP和zActionPoint之差记为时间偏差DevValue,即

$$DevValue=zPrimaryTRP-zActionPoint \quad (3\text{-}21)$$

3.6.4　修正值计算

FlexRay在其修正值计算中采用了3.4.3节描述的容错中值(FTM)算法。

1. 相位修正值计算

相位修正值(zOffsetCorrection)是一个带符号的整数,表示节点应将下一循环的开始相位移动多少个微节拍。若该值为负,则缩短网络空闲时间,使下一循环提前开始;若该值为正,则延长网络空闲时间,即推迟下一循环的开始。

相位修正值计算步骤如下。

(1)选择当前循环内测量并存储的时间偏差值。若一个给定的同步帧ID对应两个偏差值(分别取自FlexRay的并行通道A和B,见6.5.1节),则选择较小的偏差值。

(2)统计接收到的同步帧数目。如果没有接收到足够的同步帧,那么相应的错误标识符置位。

(3)执行FTM算法,计算相位修正值zOffsetCorrection。

(4)按照表3-5调整修正值。若第(3)步所得zOffsetCorrection大于相位修正值上限pOffsetCorrectionOut,或小于下限-pOffsetCorrectionOut,则节点是不同步的,需要把相应的错误标识符置位。

表3-5　相位修正值调整

条件	zOffsetCorrection
zOffsetCorrection < -pOffsetCorrectionOut	-pOffsetCorrectionOut
| zOffsetCorrection | ≤ pOffsetCorrectionOut	zOffsetCorrection
zOffsetCorrection > pOffsetCorrectionOut	pOffsetCorrectionOut

(5)当要求簇与簇之间保持同步时,zOffsetCorrection必须与主机提供的外部相位修正值vExternOffsetControl×pExternOffsetCorrection相加,才能得到最终的相位修正值。这里,vExternOffsetControl是用于外部时钟修正的外部相位控制数据,有+1、-1和0三个不同的值,其意义见表3-6;pExternOffsetCorrection是外部相位修正值,在组态时进行配置,其大小固定不变。

表3-6　外部时钟修正控制

取值	+1	-1	0
相位修正: vExternOffsetControl	使下一循环的开始时间推迟 pExternOffsetCorrection个微节拍	使下一循环的开始时间提前 pExternOffsetCorrection个微节拍	不变
速率修正: vExternRateControl	将循环长度增加 pExternRateCorrection个微节拍	将循环长度减少 pExternRateCorrection个微节拍	不变

由于相位修正值的计算需要足够的时间,所以在测量时间偏差值时就要开始计算。相位修正值的计算时间受到下述限制:相位修正值计算必须在静态段结束之后的长度为cdMaxOffsetCalculation(允许的相位修正值最大计算时间,1350个微节拍)的时间间隔内结束,或在网络空闲时间段开始后的1个宏节拍内结束。

2. 速率修正值计算

速率修正的目标是使簇中所有节点的速率接近一致。通过在两个连续循环中测得的时间偏差,能够计算出速率修正值(zRateCorrecion)。速率修正值是一个带符号的整数,表示节点的循环长度应改变的微节拍个数。修正值为负值,表示循环要缩短;修正值为正值,表示循环应延长。

速率修正值的计算步骤如下。

(1)选择两个连续循环中测得的时间偏差值对,并计算这两个偏差值之差,得到相位偏差值在特定时间内的变化。这里所说的偏差值对必须是在同一通道上的两个连续循环中测得的,而且同步帧的帧ID相同。若一个给定的同步帧ID对应两个偏差值对(分别取自FlexRay的并行通道A和B),则取平均差。

(2)检查接收到的同步帧对数量。若同步帧对数量不足,则相应的错误标识符置位。

(3)执行FTM算法,计算速率修正值zRateCorrection。

(4)引入阻尼(pClusterDriftDamping)对速率修正值进行处理,如表3-7所示。所有节点的阻尼值被近似为一段相同的持续时间。

表3-7　阻尼处理

条件	zRateCorrection
zRateCorrection < −pClusterDriftDamping	zRateCorrection+pClusterDriftDamping
∣zRateCorrection∣ ≤ pClusterDriftDamping	0
zRateCorrection > pClusterDriftDamping	zRateCorrection−pClusterDriftDamping

(5)按照表3-8调整修正值。若前面所得zRateCorrecion大于速率修正值上限pRateCorrectionOut,或小于下限−pRateCorrectionOut,则节点是不同步的,需要把相应的错误标识符置位。

表3-8　速率修正值调整

条件	zRateCorrection
zRateCorrection < −pRateCorrectionOut	−pRateCorrectionOut
∣zRateCorrection∣ ≤ pRateCorrectionOut	zRateCorrection
zRateCorrection > pRateCorrectionOut	pRateCorrectionOut

(6)当要求簇与簇之间保持同步时, zRateCorrecion必须与主机提供的外部速率修正值vExternRateControl×pExternRateCorrection相加,才能得到最终的速率修正值。这里, vExternRateControl是用于外部时钟修正的外部速率控制数据,有+1、−1和0三个不同的值,其意义见表3-6;pExternRateCorrection是外部速率修正值,在组态时进行配置,其大小固定不变。

速率修正值在计算时间方面的要求为:相位修正值计算必须在静态段结束之后的长度为cdMaxRateCalculation(允许的速率修正值最大计算时间,1500个微节拍)的时间间隔内结束,或在网络空闲时间段开始后的2个宏节拍内结束。

3.6.5　时钟修正

完成修正值计算后,就要修改本地时钟,使其更接近全局时钟。这项任务是通过调整每个宏节拍中的微节拍数量来完成的。宏节拍生成进程(MTG)负责产生修正后的宏节拍。

　　速率修正值的应用范围是整个循环,相位修正值的应用范围是从相位修正起始点至下一个循环开始。MTG通过两个不同的初始化来处理这种时间安排。

　　在循环开始时,只用速率修正值进行算法初始化,即

$$zMicroPerPeriod = pMicroPerCycle + zRateCorrection \qquad (3\text{-}22)$$

式中,pMicroPerCycle表示本地节点的每个循环中所包括微节拍数量的标称值,如果各个节点的微节拍长度不同,则该数据会有差异;zMicroPerPeriod表示考虑速率修正后每个循环中包括的微节拍数量。

　　在相位修正段开始时,再次进行算法初始化,即

$$zMicroPerPeriod=pMicroPerCycle+zRateCorrection-vMicrotick+zOffsetCorrection$$
$$(3\text{-}23)$$

这时的时间才涉及相位修正值。

　　与MTG同时进行的还有CSP的测量段,在该段中测得的时钟偏差用于计算新的修正值,然后提供给MTG。在奇数循环的相位修正段开始时,应用新的相位修正值;而在偶数循环开始时,应用新的速率修正值。

习　题

　　1. 试写出时间顺序、因果顺序和传递顺序之间的差别? 哪两个顺序之间存在包含关系?

　　2. 怎样利用时钟同步找出警报雨的主事件?

　　3. UTC和TAI的区别是什么? TAI为什么比UTC更适合作为分布式实时系统的时基?

　　4. 给出偏差、漂移、漂移率、精密度和准确度的定义。

　　5. 内部时钟同步和外部时钟同步的区别是什么?

　　6. 时间测量的基本限制是什么?

　　7. 什么情况下事件集是$\varepsilon/\varDelta$-领先的?

　　8. 什么是约定协议? 为什么实时系统中要尽量避免使用约定协议? 什么情况下不得不使用约定协议?

　　9. 什么是稀疏时基? 稀疏时基怎样帮助我们避免使用约定协议?

　　10. 用实例说明:在一个由三个时钟组成的集合中,一个拜占庭时钟能够干扰其他两个正常时钟,导致违反同步条件。

　　11. 设给定时钟同步系统的精密度达到90μs,全局时间的合理粒度为多少? 当时间间隔为1.1ms时,观测值的范围是多少?

　　12. 收敛函数在内部时钟同步中的作用是什么?

13. 假设执行时间抖动为 $20\mu s$，时钟漂移率为 $10^{-5}s/s$，重同步周期为 $1s$，中央主节点算法能够达到怎样的精密度？

14. 拜占庭错误对分布式 FTA 算法的同步质量产生什么影响？

15. 假设执行时间抖动为 $20\mu s$，时钟漂移率为 $10^{-5}s/s$，重同步周期为 $1s$，10 个时钟中有 1 个可能是恶性的。在这个系统中，FTA 能达到怎样的精密度？

16. 讨论外部时钟同步错误可能造成的影响。

17. FlexRay 中的时钟同步算法 FTM 是否能够处理时钟拜占庭错误？

第4章 实时实体与映像

一个实时簇的行为取决于状态信息,这里所讲的状态,既包括实时簇的物理环境状态,也包括其他合作簇的状态。实时数据仅在有限的实时时间间隔内暂时准确,在这个应用特定的时间间隔之外使用实时数据,系统将会失败。探讨网络化物理系统的状态变量所对应的时间因素是本章的主要目的。

本章详细描述实时实体、实时映像和实时对象三个概念。针对实时映像,分析时间准确性问题,以及用于延长实时映像有效性的状态估计技术。为了清晰地描述到达同一实时对象的报文之间的关系,本章引入持久性(permanence)和幂等性(idempotency)两个概念。为了解释计算结果可预测性问题,将确定性(determinism)这个概念应用于实时系统的分析。

时间在I/O接口上具有双重作用,即可作为控制信号,直接激活计算行为;也可作为数据,记录外部事件的发生时间。在很多情况下,把时间作为数据可以简化I/O接口,而当成控制信号却起不到这种作用。本章最后一节讨论了过程I/O、数据采样、容错传感器和执行器组成等。

4.1 实 时 实 体

实时实体是与给定目的相关的状态变量,位于计算机系统本身或计算机系统的环境中。例如,管道内的液体流量、操作员选择的控制回路设定值,或控制阀的预期位置等。实时实体具有静态属性和动态属性:静态属性(如名称、类型、值域、最大变化率等)是不变的,动态属性(如特定时刻的设定值、选定时刻的变化率等)是随时间变化的。

4.1.1 实时实体的控制范围

通过前面几章的学习,我们已经知道实时系统可以分解成若干个子系统,如被控对象(被控簇)、实时计算机系统(计算簇)和操作员(操作员簇)等。每个实时实体都在一个子系统的控制范围(SoC)之内,子系统有权设置实时实体的值[49],在子系统的控制范围之外,实时实体可以被观测,但其语义内容不能被修改。在选定的抽象层面上,实时实体值的表示形式不改变实时实体的语义内容,因而忽略实时实体的语法(Syntactic)变换。

图4-1(a)描述了一个简单的管道流量控制系统,该系统的目的是控制管道内的液体流量,一直将流量维持在操作员给出的流量设定值上。其中计算机通过读取流量传感器(F)获得管道中的流量,并根据这个实测值和操作员的设定值计算控制阀的预定位置,由控制阀对被控对象产生作用。

图4-1(b)从另一个侧面描绘了图4-1(a)。这个系统涉及3个实时实体,它们是液体的流量A、流量的设定值B和控制阀的预定位置C。A在被控对象的控制范围内,B在操作员的控制范围内,C在计算机系统的控制范围内。

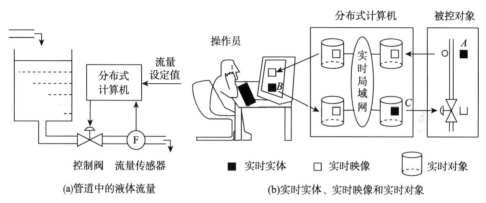

图4-1　实时实体的控制范围

4.1.2　离散与连续实时实体

实时实体可以有离散的值集(离散实时实体)或连续的值集(连续实时实体)。这里用图4-2来说明两者的区别。图中用从左到右的时间轴表示时间,L表示"左事件",R表示"右事件"。若从L到R的时间间隔内,实时实体的值集(value set)是恒定的,而从R到下一个L的时间间隔内,实时实体的值集是未定义的(阴影部分),则这样的实时实体是离散的。相比之下,连续实时实体没有未定义值集的时间间隔。

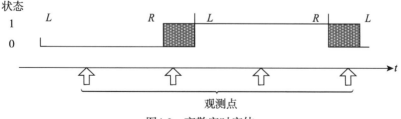

图4-2　离散实时实体

例如,车库门有两个明确规定的状态:"库门关闭"和"库门打开",可用"0"和"1"表示,两者之间存在许多中间状态,这些状态既不能归为"库门关闭",也不能归为"库门打开"。因此在某些时间间隔内,表示库门关闭或打开的实时实体有未定义的值集。

4.1.3　实时实体的观测

通过观测可以获取实时实体在特定时刻的状态信息,这里所讲的观测是一个原子数据结构,其表示形式如下[1]:

$$\text{Observation} = [\ \text{Name},\ t_{\text{obs}},\ \text{Value}\ ] \tag{4-1}$$

式中, Name为实时实体的名称;t_{obs}为观测的时刻;Value为实时实体的观测值。连续实时实体的观测可在任意时刻进行。然而离散实时实体的观测有所不同,只有在"左事件"和"右事件"之间的时间间隔内,离散实时实体的观测才能给出有意义的值,如图4-2所示。

为了获取物理信号,生成时间戳,并将物理信号变换成有意义的数字单元,假定智能传感器节点与物理传感器相联系。报文这个概念提供了观测所需的原子性,因此每个观测应以单一报文从传感器节点传输到系统的其余部分。

1. 未定时观测

在没有全局时间的分布式系统中,时间戳只能在创建它的节点内得到解读。在缺少全局时间的情况下,观测的发送方所建立的时间戳,在观测报文的接收方看来毫无意义。作为替代,接收方节点通常将未定时观测报文的到达时间作为观测时刻t_{obs}。由于观测时刻与报文到达目的地的时刻之间存在延迟和抖动,这个时间戳是不精确的。如果系统具有较大的通信协议执行时间抖动,并且不访问全局时基,那么无法精确地确定实时实体的观测时刻。测量时间的不精确性可能降低观测质量,如图1-7所示。

2. 间接观测

在某些情况下,直接观测实时实体的值是不可能的,只能采用间接观测,如钢坯内部温度的测量。

图4-3给出了钢坯内部温度的一种间接观测方法。T_1、T_2和T_3为三个温度传感器,通过它们在一段时间内测得的钢坯表面温度,运用传热学数学模型,可以推导出钢坯的内部温度T和相应的观测时刻。

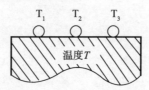

图4-3　实时实体的间接测量

3. 状态观测

如果观测值含有实时实体的状态,那么这种观测称为状态观测。状态观测的时间是采样(观测)实时实体的时刻。每个状态观测的读数是独立的,因为其所含的观测值为绝对值。

状态观测的语义与状态报文的语义相匹配。通常情况下,状态观测的新读数取代先前的读数,因为客户端只对状态变量的最新数值感兴趣。

4. 事件观测

一个事件是指某个时刻发生的一种情况(一个状态变化)。观测就是一个事件,不可能在被控对象中直接观察事件,只能观察由被控对象的事件所产生的结果,即后续状态,如图4-4所示。如果一个观测含有新旧状态之间的数值变化,那么这个观测是一个事件观测。事件观测的时刻是事件发生时刻的最佳估计。通常情况下,这个时刻作为新状态的"左事件"时间。

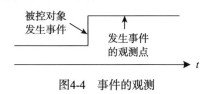

图4-4　事件的观测

事件观测存在以下若干问题。

(1)难以获得事件发生的精确时间。由事件触发的事件观测,事件发生时间被假定为中断信号的上升沿,该中断信号的任何响应延迟都会导致事件观测的时间戳错误。由时间触发的事件观测,事件发生时间可以是采样间隔内的任何一点。

(2)新旧状态的差值影响观测的可靠性。事件观测的值包含新旧状态之差,而不是绝对状态。单个事件观测的丢失或重复,会在观测方和接收方的状态之间造成状态同步的丢失。因此从可靠性角度看,事件观测比状态观测更脆弱。

(3)只有当实时实体的值发生改变时,才能发送事件观测。在没有新报文到达接收方时,接收方认为实时实体的值没有发生改变。接收方等待新报文的时间难以界定,这给接收方判断观测方节点是否失效带来困难。

尽管事件观测存在一系列问题,但在实时实体不频繁变化的情况下,事件观测的数据效率高于状态观测。

4.2　实时映像与实时对象

实时映像和实时对象是与实时实体密切相关的两个重要概念。本节首先给出其定义,然后分析它们的时间准确性(temporal accuracy)和状态估计(state estimation)问题。

4.2.1 实时映像

实时映像是实时实体的现实写照。如果实时映像是相应实时实体在值域和时域的准确表示,那么这个实时映像在给定的时刻是有效的。我们知道,观测实时实体所记录下来的事实是实时实体在特定时刻的描述,永久有效。然而实时映像的有效性与时间有关,随着时间的进展,实时映像将变得无效。实时映像可以通过最新的状态观测或事件观测构造出来,也可运用状态估计进行估算。实时映像保存在计算机系统内或外围环境(如执行器)中。

4.2.2 实时对象

实时对象是位于节点内的、用于保存实时映像或实时实体的容器[62],如图4-1(b)所示。在分布式计算机系统中,每个实时对象与指定粒度的实时时钟相联系。当时钟节拍产生的时间控制信号传递给某个对象时,可以激活对象的过程[63]。

在分布式系统中,实时对象可以复制,每个本地站点都可利用自己的实时对象版本为本地站点提供指定的服务。分布式实时对象的服务质量必须符合某些特定的一致性约束。例如,全局时间就是一个分布式实时对象。每个节点都有自己的全局时间版本,即一个本地时钟对象,它可提供指定精度为Π的同步时间服务。位于不同节点中的两个进程,在同一时刻读取各自的本地时钟,它们所获得的时间值之差不会超过一个节拍。

4.2.3 时间准确性

时间准确性是指实时实体与其相关实时映像之间的时间关系。由于实时映像保存在实时对象中,所以时间准确性也可看成实时实体和实时对象之间的关系。

1. 时间准确性的定义

实时实体的观测必然留下一系列记载,参照近期的记载可以定义相关实时映像的时间准确性。

设RH_i表示时间t_i处的有序时刻集$\{t_{i-k},\ t_{i-k+1},\ t_{i-k+2},\ \cdots,\ t_{i-1},\ t_i\}$,把$RH_i$的时间长度定义为时间准确性间隔(temporal accuracy interval),用d_{acc}表示,即

$$d_{acc} = r(t_i) - r(t_{i-k}) \tag{4-2}$$

式中，$r(e)$为事件e的时间戳，由参考时钟r产生。

如果在RH_i的每个时刻都对实时实体进行了观测，且满足下列条件，那么在当前时间t_i上，实时映像是时间准确的。

$$\exists t_j \in RH_i: \ v_{\text{image}}(t_i) = v_{\text{entity}}(t_j) \tag{4-3}$$

式中，$v_{\text{image}}(t_i)$为t_i时刻实时映像的值；$v_{\text{entity}}(t_j)$为t_j时刻实时实体的值。

时间准确的实时映像，其当前值是相应实时实体的近期观测值之一。从观测节点将观测报文传送到接收节点需要一定的时间，因此实时映像落后于实时实体，如图4-5所示。例如，假设温度测量的时间准确性间隔为1min，如果一个实时映像中包含的值是在此之前不超过1min的时间范围内观测的，即仍然在相应实时实体的近期记载内，那么该实时映像是时间准确的。

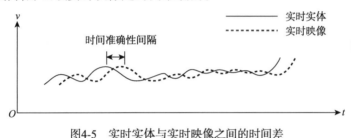

图4-5 实时实体与实时映像之间的时间差

2. 时间准确性间隔

时间准确性间隔d_{acc}的长度取决于被控对象中实时实体的动态特性。观测实时实体和应用实时映像之间存在时间延迟，该延迟会导致实时映像出现误差。这里将该误差记为$\text{error}(t)$，可以利用式(4-4)计算$\text{error}(t)$的近似值（如图1-7所示），即

$$\text{error}(t) = \frac{\mathrm{d}v(t)}{\mathrm{d}t}(r(t_{\text{use}}) - r(t_{\text{obs}})) \tag{4-4}$$

式中，$\mathrm{d}v(t)/\mathrm{d}t$为实时实体值$v$的变化率；$r(t_{\text{obs}})$为实时实体的观测时刻$t_{\text{obs}}$所对应的参考时钟；$r(t_{\text{use}})$为实时映像的应用时刻$t_{\text{use}}$所对应的参考时钟。

如果实时映像是时间上有效的，那么最坏情况下的误差ERROR为

$$\text{ERROR} = \max_{\forall t} \frac{\mathrm{d}v(t)}{\mathrm{d}t} \cdot d_{\text{acc}} \tag{4-5}$$

即ERROR可由实时实体值v的最大变化率和时间准确性间隔d_{acc}的乘积来计算。这个误差ERROR是由时间延迟引起的，其大小与最大测量误差处在同一个数量级，一般不到变量测量范围的百分之一。

在实时实体值变化较快时，时间准确性间隔d_{acc}必须很小。如果某个计算过程

应用了实时映像,并且需要在t_{use}时刻将计算结果应用到环境,那么为了保证计算结果是准确的,计算过程必须基于时间准确的实时映像,即

$$r(t_{obs}) \leqslant r(t_{use}) \leqslant r(t_{obs}) + d_{acc} \tag{4-6}$$

这里,d_{acc}是实时映像的时间准确性间隔。式(4-6)可以变换成

$$r(t_{use}) - r(t_{obs}) \leqslant d_{acc} \tag{4-7}$$

3. 相位匹配处理

某实时处理包括三个任务,分别为发送方(观测节点)计算任务、报文传送任务和接收方(执行器节点)计算任务。若发送方运算任务的最坏情况执行时间为$WCET_{send}$,报文传送任务的最坏情况通信延迟(Worst Case Communication Delay, MCCOM)为WCCOM,接收方计算任务的最坏情况执行时间为$WCET_{receive}$,且这三个任务是相位同步的,即具体的处理动作和通信活动彼此跟随,没有任何不必要的延迟,如图4-6所示,则这样的实时处理称为相位匹配处理(phase aligned transaction)。相位匹配处理可为具体事务提供最短的响应时间。

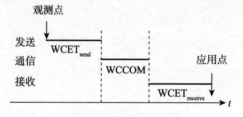

图4-6　相位同步动作

在这种处理中,应用点和观测点在最坏情况下的时间差为

$$t_{use} - t_{obs} = WCET_{send} + WCCOM + WCET_{receive} \tag{4-8}$$

当实际应用的动态特性要求d_{acc}小于式(4-8)右端3项之和时,就会出现时间准确性问题。解决这个问题的一项新技术是状态估计。

汽车发动机控制器是一个典型的嵌入式实时系统,下面将通过分析这一应用,进一步加深对上述概念的理解。

汽车发动机控制器的任务是计算所需燃油量,以及控制燃油注入各个汽缸燃烧室的精确时刻。燃油量的大小和注入时刻的确定与很多参数(如驾驶员的意图、加速踏板位置的接合、发动机的当前负载、发动机的温度和汽缸的状况等)有关。新型发动机控制器非常复杂,这种设备包括的软件任务多达100个,这些任务必须以严格同步的方式相互合作以达到预期的目标,即实现发动机平稳、高效运行且污染输出最小。

发动机的各个汽缸中,上下运动的活塞与曲轴相连接,燃油注入的预定起始点与汽缸内活塞的位置有关,该起始点必须是精确的,一般要求准确性在被测曲轴角位移的大约0.1°范围内。曲轴的精确角位移是通过大量数字传感器测量的,其测量方法为:每当旋转轴经过已定义的位置时,传感器生成一个信号上升沿。假定某发动机的转速为6000r/min(转数/分钟),即曲轴完成360°转动需要10ms。若将上述0.1°准确性要求转换到时域中,则对应的时间准确性要求为 $(0.1/360) \times 10 \approx 0.003\text{ms} = 3\mu\text{s}$。从高压蓄油箱到气缸的燃油流动是由电磁阀或压电执行器控制的,打开电磁阀或压电执行器,就能将燃油注入气缸。从发出阀门"打开"命令到实际打开阀门的延迟时间在几百微秒数量级,并且这个时间长度随环境条件(如温度)急剧变化。为了能够补偿这个执行时间抖动,传感器信号要指出实际打开阀门的时刻。从计算机执行输出命令到阀门打开开始之间的持续时间,要在每个发动机循环中进行测量,测得的延迟时间用于确定在下一个循环中该输出命令必须被执行的时间,这样才可以保证在适当的时刻产生预期的效果(开始注入燃油)。

发动机控制器有力地展示了精确时间控制的重要性。例如,若测量发动机曲轴位置的信号延迟几微秒处理,则整个系统的控制质量就会大打折扣。在不正确的时刻打开阀门,甚至会造成发动机机械性损坏。

【例4-1】假设汽车发动机的最大转速为6000r/min,即36°/ms,发动机控制器应用了多种实时映像,各种映像对应的实时实体、实体值的最大变化率和最大误差如表4-1第1~3列所示。分析表中各种实时映像的时间准确性间隔d_{acc}。

表4-1　发动机控制的时间准确性间隔

计算机内的实时映像	最大变化率	最大误差	d_{acc}
汽缸活塞位置	6000r/min	0.1°	3μs
加速器踏板位置	100%/s	1%	10ms
发动机载荷	50%/s	1%	20ms
燃油和冷却液温度	10%/min	1%	6s

解　根据式(4-5)可以求出各种实时映像的时间准确性间隔d_{acc},如表4-1第4列所示。

很明显这些实时映像的时间准确性间隔相差6个数量级。汽缸活塞位置的d_{acc}在微秒级,一般情况下计算机系统难以实现微秒级的d_{acc},需要应用状态估计技术。

4.2.4　实时映像的分类

根据实时映像与相位之间的关系,可将实时映像分成两类:非相敏实时映像和相敏实时映像。

1. 非相敏实时映像

假如实时实体的状态观测报文周期性地更新相关实时映像,并且发送方的处理动作是相位匹配的,如图4-7所示,那么当时间准确性间隔d_{acc}满足以下条件时,实时映像为非相敏的(phase insensitive),即

$$d_{acc} > (d_{update} + WCET_{send} + WCCOM + WCET_{receive}) \qquad (4-9)$$

式中,d_{update}表示更新周期。

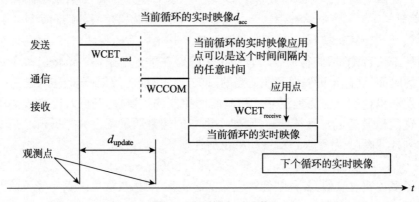

图4-7 非相敏实时映像

接收方可随时访问非相敏实时映像,没有必要考虑传入的观测报文与数据的应用点之间的相位关系。

【例4-2】加速器踏板位置的实时处理包括发送方的观测和预处理、通信、接收方处理和输出(到执行器),占用的时间为$WCET_{send} + WCCOM + WCET_{receive} = 4ms$。试问更新周期为多少时,加速器踏板位置映像是非相敏的?

解 从表4-1可以看出,这个观测的时间准确性间隔$d_{acc} = 10ms$。根据式(4-9)可知,更新周期$d_{update} < 6ms$的报文,可使这个实时映像(加速器踏板位置映像)成为非相敏的。

2. 相敏实时映像

假如发送方的处理动作是相位匹配的,那么当时间准确性间隔d_{acc}满足以下条件时,接收方的实时映像为相敏的(phase sensitive),即

$$(WCET_{send} + WCCOM + WCET_{receive}) < d_{acc} \leqslant (d_{update} + WCET_{send} + WCCOM + WCET_{receive})$$

$$(4-10)$$

例4-2中,若加速器踏板位置映像(实时映像)的更新周期超过6ms(如8ms),

则将使实时映像成为相敏的。在此情况下,必须考虑实时映像的更新时刻和信息的应用时刻之间的相位关系。

每个相敏实时映像都会给应用它的实时任务的调度施加额外约束,因此调度访问相敏实时映像的任务比调度应用非相敏实时映像的任务更加复杂。一个很好的方法是尽量减少相敏实时映像的数量。在由d_{update}施加的约束内,通过增加实时映像的更新频率(缩小更新周期),或者利用状态估计模型延长实时映像的时间准确性间隔d_{acc},可以减少相敏实时映像的数量。然而提高更新频率一定会增加通信系统的负载,实现状态估计模型一定会增加微处理器的负载,设计者需要仔细考虑通信资源和处理器资源的利用问题。

4.2.5　状态估计

通过在实时对象内建立实时实体的模型,计算实时实体在未来某时刻的可能状态,并据此更新相应的实时映像,这项技术称为状态估计。在保存实时映像的实时对象内,状态估计模型被周期性执行。执行模型的控制信号来自与实时对象相关联的实时时钟节拍。从前面的分析中可以看到,最重要的未来时刻是t_{use},此时实时映像的值用于提供到环境中的输出,实时映像必须与实时实体接近一致。状态估计技术功能强大,它能延长实时映像的时间准确性间隔,使实时映像与实时实体更好地保持一致。

例如,假设发动机曲轴的转速为 3000r/min,即 18°/ms。如果曲轴位置的观测点t_{obs}与相应实时映像的应用点t_{use}之间的间隔是 0.5ms,那么为了得到t_{use}时刻的曲轴位置估计值,可以按9°更新实时映像。

如果实时实体的行为是由已知的规律性过程(良好的物理或化学过程)决定的,那么可以为实时实体建立恰当的状态估计模型。大多数技术过程(如上面提到的发动机控制)属于这个范畴。然而若实时实体的行为是由偶发事件决定的,则状态估计技术是不适用的。

状态估计模型的最重要动态输入是时间间隔$[t_{obs}, t_{use}]$的精确长度。由于t_{obs}和t_{use}通常是由分布式系统的不同节点记录的,所以通信协议抖动最小或全局时基密度良好是状态估计的先决条件。

如果实时实体的行为可用连续可微分函数$v(t)$描述,那么$v(t)$的一阶微分有时足以用来获得实时实体的合理状态估计。设t_{use}是观测时刻附近的一个时刻,此时实时实体的状态估计为

$$v(t_{use}) \approx v(t_{obs}) + (t_{use} - t_{obs}) \cdot \frac{dv}{dt}\bigg|_{t=t_{obs}} \tag{4-11}$$

当上述近似的精密度不够时,可以采用围绕t_{obs}的复杂级数展开式。在其他情

况下,可能需要被控对象的过程所对应的详细数学模型,实现这样的数学模型可能占用大量的处理资源。

　　例如在某个时间触发分布式系统中,传感器节点观测实时实体,然后将观测报文传送到与环境相互作用的一个或多个节点。如图4-8所示,观测时刻t_{obs}与应用时刻t_{use}之间的时间间隔,是发送方延迟d_{send}(时间间隔为$[t_{obs}, t_{arr}]$)和接收方延迟$d_{receive}$(时间间隔为$[t_{arr}, t_{use}]$)之和。值得注意的是,这里将通信延迟作为发送方延迟的一部分。在时间触发架构中,这些时间间隔都是静态的、事先已知的。

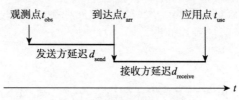

图4-8　发送方和接收方延迟

　　如果状态估计是在接收方实时对象内完成的,那么发送方延迟的任何改变都将造成时间间隔的变化,必须通过接收方状态估计予以弥补。当延迟变化发生在发送方节点内部时,必须改变接收方软件。为了降低发送方和接收方之间的这种耦合,状态估计可分两步完成:发送方完成时间间隔$[t_{obs}, t_{arr}]$内的状态估计;接收方完成时间间隔$[t_{arr}, t_{use}]$内的状态估计。这样做会造成一种假象,接收方认为实时实体是在观测报文到达时被观测的,并据此把到达时刻作为观测的隐式时间戳(implicit timestamp),不受发送方调度表变化的影响。这种方法有助于统一处理传感器数据,这些数据既可通过现场总线收集,也可由接收节点直接收集。

4.3　持久性和幂等性

　　到达同一实时对象的报文,相互之间可能存在某种关系,描述这种关系的概念有两个,即持久性和幂等性。

4.3.1　持久性

　　到达节点的特定报文与在此报文之前已发送至该节点的所有相关报文之间的关系用持久性来描述。对于到达给定节点的特定报文,若这个节点知道发送该报文之前发送给自己的所有相关报文已经到达(或永远不会到达),则这个特定报文在节点内变成持久的[48]。

　　例如,在图4-9所示的容器压力监视系统中,节点A为报警监视节点,节点B为操作员节点,节点C为阀门控制节点,节点D为压力传感器节点。节点A从节点D接

收周期性报文M_{DA}。当容器内的压力在没有明显原因的情况下突然变化时,节点A
应该发出报警。假定节点B向节点C发送报文M_{BC},令节点C打开控制阀,释放容器
内的压力。与此同时,节点B向节点A发送报文M_{BA},通知节点A控制阀正在打开。
由于节点A预计压力将会下降,所以不会发出报警。

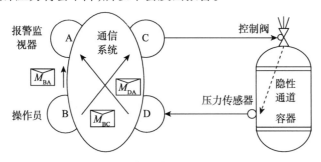

图4-9　被控对象内的隐性通道

假设通信系统的最小协议执行时间为d_{min},最大协议执行时间为d_{max},执行时间
抖动为$d_{jit} = d_{max}-d_{min}$,那么可能发生图4-10所描绘的情况。图中压力传感器节点
D发送的报文M_{DA},在操作员节点B发送的报文M_{BA}(通知报警监视节点A压力有
一个预期的下降)之前到达报警监视节点A。在被控对象中,从打开阀门到压力传
感器的值发生改变,隐性通道的传输延迟比通信系统的最大协议执行时间短。因
此为了避免误报警,报警监视节点A应该延缓动作,直到报警报文M_{DA}已经变成持
久的。

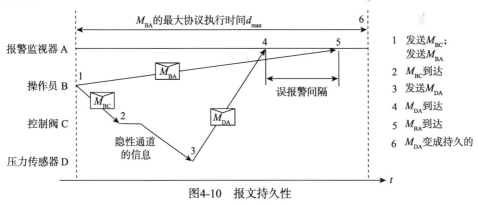

图4-10　报文持久性

1.动作延迟

从特定报文开始被传送到这个报文在接收方成为持久的,两者之间的时间间
隔称为动作延迟(action delay)。为了避免不正确的操作,接收方必须在动作延迟
之后才能实施针对报文的动作。

（1）动作延迟的持续时间。

动作延迟的持续时间取决于通信系统的抖动和接收方的时间意识[56]。为了便于问题的分析，这里假设无所不知的旁观者能够看到所有重要的事件。

在拥有全局时间的系统中，报文的发送时间t_{send}是用发送方时钟测量的，可以是报文的一部分，并且接收方能够识别它。如果接收方了解通信系统的最大延迟（d_{max}），那么接收方可以推断报文变成持久报文的时刻（$t_{permanent}$）。

$$t_{permanent} = t_{send} + d_{max} + 2g \qquad (4\text{-}12)$$

式中，g是全局时基的粒度。关于$2g$的由来，参见3.2.4节。

在没有全局时间的系统中，接收方不了解报文是何时被发送的，为了安全起见，在报文到达之后，接收方必须继续等待$d_{max}-d_{min}$个时间单元，即使报文的传输时间已经是d_{max}了，也要等待这样长的时间。因此从旁观者来看，在最坏情况下，接收方要想安全地应用报文，不得不等待一段时间。

$$t_{permanent} = t_{send} + 2d_{max} - d_{min} + g_1 \qquad (4\text{-}13)$$

式中，$t_{permanent}$表示应用报文的时刻；g_1表示本地时基的粒度。对比式(4-12)和式(4-13)，既然$d_{max}-d_{min} + g_1$通常比$2g$大得多，那么没有全局时基的系统比拥有全局时基的系统更慢。

（2）时间准确性间隔与动作延迟。

要应用一个实时映像，传输了该映像的报文既要是持久的，又要是时间准确的。在没有状态估计的系统中，其只有在时间窗口（$t_{permanent}$, $t_{obs}+d_{acc}$）内才能得到满足。时间准确性间隔d_{acc}取决于控制应用的动态特性，而$t_{permanent}-t_{obs}$是具体实现的持续时间。如果实现不能满足应用的时间要求，那么为了设计正确的实时系统，状态估计可能是唯一可供选择的方法。

2. 不可撤销动作

不可撤销动作（irrevocable action）是指必须完成的动作。这种动作对环境产生持久影响，如枪械击发机构的开启就是一个不可撤销动作。不可取消动作只能在动作延迟之后才能触发，这一点特别值得注意。例如，战斗机发出严重情况报警后，指示飞行员立即弹射出飞机，这是一个不可取消动作。如果引起报警的报文还没有变成持久的，那么隐性通道可能是造成飞机损失的原因，如图4-10中的事件4。

4.3.2 幂等性

幂等性是指到达同一接收方的一组复制报文之间的关系。如果接收方接收一个报文的多个副本与接收该报文的一个副本所产生的效果相同，那么这组复制报文是幂等的。若报文是幂等的,则可以借助于复制报文简化容错的实现。无论接收方收到一个还是多个复制报文,结果都是一样的。

例如,在一个没有同步时钟的分布式系统中,节点之间只能交流未定时的观测,观测报文的到达时间被视为观测时间。设系统中的一个实时实体(如阀门开度),其值在0°~180°内变化。某个节点观测了该实体,并向系统中的其他节点报告其观测。所有接收方利用这个信息,在它们的实时对象内构造该实时实体的本地实时映像新版本。状态报文可能包含阀门的绝对位值(如阀门的位置在45°),这一报文将取代旧版的实时映像。然而事件报文可能包含阀门的相对位值(如阀门位置移动了5°),这个事件报文的内容被叠加到实时对象内该状态变量以前的内容中,从而实现新版实时映像。状态报文是幂等的,事件报文却不是。事件报文的丢失或重复会导致实时映像产生永久性错误。

4.4 确 定 性

确定性是一个计算属性,在已知初始状态和全部定时输入的条件下,根据这一属性可以预测未来的计算结果。一个给定的计算要么是确定的,要么是不确定的。

4.4.1 确定性的定义

在我们的意识里,原因与结果之间的单向关系属于因果性[64]。如果这种关系蕴涵了逻辑或时间,那么就要提及确定性。许多物理系统的自然规律符合下述确定性定义。如果物理系统在时刻t的初始状态和一组未来的定时输入是已知的,其未来状态和未来输出的值和时间是被限定的(entailed),那么这个物理系统的行为是确定的。

在物理系统的数字计算机模型中不存在密集时间,因此在确定性分布式计算机系统里,假定全部事件是建立在稀疏全局时基上的稀疏事件。尽管离散时基和时钟同步的精度有限,但根据这个假定,对于在分布式系统的不同节点中发生的事件,可以准确地指明它们的时间属性和它们之间的关系(如同时性)。通过执行约定协议,物理世界的密集事件可被转换成网络世界(分布式计算机系统)的稀疏事件,但这种转换降低了计算机模型的可信度,原因在于当事件比时基粒度更加密集时,难以进行一致排序。

在实时背景下,确定性这个概念要求系统的行为在值域和时域中是可预测的。忽略时间方面的要求,确定性就变弱了,这种情况下的确定性称为逻辑确定性(logical determinism)。

如果系统的初始状态和一组有序的输入是已知的,其后续状态和后续输出的值是限定的,那么这个系统的行为是逻辑确定的。

在日常用语中,把"系统的未来行为是其当前状态的后果"用"确定性"来描述。忽略了时间的系统,没有"未来"这个概念,因此逻辑确定性不具备"确定性"的日常含义。例如,在汽车线控制动(brake by wire)系统中,仅要求制动动作最终将会发生是不够的,通常刹车踏板被压下后,要在短时间内(如2ms)启动制动动作,即维持启动动作的时间上限是正确行为的一部分。

一般情况下,系统中的节点应该具有确定性行为,原因如下。

(1)初始状态、输入、输出和时间之间的蕴涵关系,简化了对节点实时行为的理解。

(2)始于相同的初始状态并收到相同的定时输入的两个复制节点,在大约同一时间产生相同的结果。对于容错单元(见5.4节),此属性非常重要。在应用多数逻辑产生输出的容错系统中,如果表决器的输入不是复制确定性的,那么表决器可能产生错误结果。

(3)每个测试案例都能再现出来,这有利于排除杂散Heisenbug[65]软件错误(见5.1.2节),从而简化节点测试。

确定性是一个理想的行为属性,计算的实现会以预期的概率获得这个属性。一个实现无法满足理想的确定性,可能包括以下几点原因。

(1)没有准确地定义计算的初始状态。

(2)随机物理故障造成硬件失效。

(3)时间概念模糊。

(4)系统(软件)含有设计错误或非确定性设计结构(Non-Deterministic Design Construct, NDDC),导致值域或时域中产生不可预测行为。

从容错角度看,复制通道(replicated channel)是一种失效屏蔽技术,一个复制通道的确定性丢失等同于该通道失效,容错系统不再具备故障屏蔽能力。

在容错分布式实时计算机系统中,为了实现复制确定性行为,我们必须确保以下几点。

(1)所有相关计算的初始状态定义是一致的。没有用于加盖事件时间戳的稀疏全局时基,难以构建复制确定性(replica deterministic)分布式实时系统。没有稀疏全局时基和稀疏事件,无法解决分布式系统的同时性(simultaneity)问题,这会导致报告同步事件哪些复制报文产生不一致的时间顺序。不一致排序将造成复制确定性丢失。

(2)在系统层面上,通过生成稀疏事件把事件分配到稀疏全局时基;或在应用层面上,通过执行约定协议把密集事件分配到稀疏时间间隔。

(3)节点之间的报文传输系统是可预测的,也就是说,报文传递的时刻是可预见的,并且收到报文的时间顺序与在所有通道上发送的报文相同。

(4)计算机系统和观测器(用户)有一致的时间精确性概念。

(5)所有相关计算是确定的,也就是说,实现中不存在产生意外结果或包含非确定性设计结构的程序结构,计算的最终结果将出现在预期的时间窗口上。

上述任何一个条件得不到满足,容错系统的故障屏蔽能力都可能会减小或丢失。

4.4.2　初始状态一致

在复制通道中,如果复制通道始于相同的初始状态,并在同一时刻收到相同的输入,那么正确的复制通道只会产生相同的结果。

根据2.3节关于状态的定义,只有把过去的事件和未来的事件一致地区分开来,才能定义节点的状态。3.3节介绍的稀疏时间模型为这种区分创造了条件,也使定义初始状态一致的分布式系统的时刻成为可能。没有一个稀疏全局时间,将难以为分布式系统的复制节点建立一致的初始状态。

传感器作为一种物理设备,无论如何,最终是要失效的。为了屏蔽传感器失效,容错系统需要采用多个传感器,直接或间接地测量同一物理量。通过复制传感器观测一个物理量,观测的结果会出现偏差,有以下两个原因。

(1)不可能制造出完善的传感器。每个传感器都有一定的测量误差,这种误差对观测值的准确性产生制约。

(2)物理量(如温度、压力)通常是模拟值,但在网络空间中,它们以离散值表示,存在离散化误差(discretization error)。

因此,为了使全部复制通道收到一致的(完全相同)约定输入数据,在物理世界和网络空间之间的边界上执行约定协议是必要的。在同一稀疏时间间隔上,这些约定协议将相同的一组值呈现到全部复制通道。

4.4.3　非确定性设计结构

始于明确定义的初始状态的分布式计算,也可能无法达到预期的目标状态,原因如下。

(1)硬件故障或设计错误导致计算崩溃,给出了不正确的结果或延误至约定的时间窗口之外。屏蔽这类失效是容错设计的目标。

(2)通信系统或时钟系统失效。

(3)非确定性设计结构破坏了确定性。由非确定性设计结构造成的确定性丢失,消除了容错系统的故障屏蔽能力。

非确定性设计结构的意外影响可能发生在值域,也可能发生在时域。在容错系统设计中,系统通过比较复制确定性通道的结果来屏蔽失效,这是一个基本假设,它与不同通道的失效是统计独立的。若同一非确定性设计结构出现在全部复制通道上,不仅会使确定性丢失,而且会造成危险的相关失效。

1. 值域的确定性丢失

下列结构可能导致值域的确定性(逻辑确定性)丢失。

(1)随机数发生器。如果计算结果不仅取决于随机数,而且每个通道的随机数是不同的,那么确定性将丢失。参考随机数发生器解决媒体访问冲突的通信协议是非确定性的,例如,基于载波监听多路访问/冲突检测(Carrier Sense Multiple Access With Collision Detection, CSMA/CD)的以太网协议。

(2)非确定性语言特色。应用具有非确定性语言结构的编程语言,可能导致复制确定性丢失,如Ada程序中的SELECT语句。在决策点,这种编程语言并没有定义采用何种选择,应该采取的动作过程由实现来确定,两个复制(replica)可能采用不同的决策。

(3)主决策点。主决策点是算法内的决策点,它在一组显著不同的动作过程之间提供一个选择。如果复制节点在主决策点上选择了不同的计算轨迹,那么复制的状态将开始出现分歧。例如,超时检查的结果决定了进程是继续还是返回(backtrack),这个决策点就属于主决策点。

(4)抢占式调度。如果使用动态抢占式调度,那么在不同的复制中,公认外部事件(中断)的计算点可能不一致。由此造成的结果是,两个复制里的中断进程在中断点上看到了不同的状态。在未来的主决策点,它们可能获得不同的结果。

(5)报文顺序不一致。当复制通道的报文顺序不同时,复制通道可能产生不同的结果。

2. 时域的确定性丢失

上述大部分结构也可能导致时域的确定性丢失。另外,下面的机制和不足之处,同样可能造成时域的确定性丢失。

(1)任务抢占和阻塞。任务抢占和阻塞延长了任务的执行时间,结果的产生时间可能延缓至结果的可接受时间窗口已截止。

(2)重试机制。硬件或软件重试机制导致执行时间被延长,可能使数值正确的结果产生不可接受的延迟。

(3)竞态情况。在信号量(semaphore)操作中,由于最终赢得信号量竞争的进程不能事先确定下来,可能产生非确定性。同样的情况也出现在某些通信协议中,如CAN、ARINC 629等,它们依靠非确定性时间决策解决访问冲突问题。

4.4.4　确定性恢复

延长可接受时间窗口可使结果错过截止时间的概率降至一个可接受的值,从而在一定程度上避免逻辑确定性系统的确定性丢失。这项技术通常用于宏观层面的确定性重建，即使微观层面的精确时间行为是不可预测的，也可应用该技术。这项技术的主要缺点在于，它把时间延迟至结果被交付，这增加了控制回路的死区时间和反应系统的反应时间。

例如，在牛顿物理学层面，许多自然定律被认为是确定性的，然而在微观层面，基本量子力学过程是非确定性的。在宏观层面建立确定性行为的抽象是可能的，这是因为宏观层面的颗粒数量和时间跨度远大于微观层面，极不可能在宏观层面观察到非确定性行为。

为了进一步说明上述技术，再分析一个关于云服务器的例子。某云计算的服务器场包括 10 万台以上的逻辑确定性虚拟机（Virtual Machine，VM），这些虚拟机可在任何时刻进入活动状态，失效的虚拟机可以重新配置和重新启动，预期的结果依然会出现在指定的受理时间窗内。在这样的系统中，虽然较低的信息层实现具有非确定性行为，但从外部层面看，系统的行为是确定性的。

当在用户层次开发可理解的 SoS 行为模型时，若系统在实现层的行为是非确定性的，则在系统的外部层面恢复确定性是一个重要策略。

4.5 信号的时间和约定

实时映像在其应用时刻必须是时间准确的。在分布式实时系统中，实时实体的观测是由传感器节点完成的，实时映像的应用是由执行器节点实现的，观测时刻和应用时刻之间存在一定的时间间隔，只有当该时间间隔可测量时，才可检查时间准确性。要做到这一点，需要在全部相关节点之间提供一个适当精度的全局时基。若需要容错功能，则必须提供两个独立的自检通道，用于把一个终端系统链接到容错的通信基础设施。为了能够容忍某一通道的损失，必须在两个通道上提供时钟同步的报文。

一般情况下，节点通过两个子系统实现与其环境的相互作用，即通信子系统和 I/O 子系统（仪表接口）。现场总线技术的出现，不仅拓展了通信系统的范围，而且把"实际" I/O 问题推向现场总线节点，由现场总线节点直接与环境中的传感器和执行器相互作用。这样做虽然产生了额外的延迟，但是从逻辑和安装角度看，现场总线简化了节点的 I/O 接口。

每个 I/O 信号都含有两个度量尺度：数值尺度和时间尺度。数值尺度与 I/O 信号的值有关，时间尺度与从环境中获取数值或向环境中释放数值的时刻有关。例如，在硬件设计中，数值尺度关注寄存器的内容，时间尺度关注触发信号，即决定何时将 I/O 寄存器内容传输到另一个子系统的控制信号。

4.5.1　时间的双重作用

实时计算机环境中发生的事件,可以从两种不同的时间角度进行观察:时间作为数据和时间作为控制。从时间作为数据的角度看,事件定义了实时实体发生数值变化的时刻,这个时刻是以后进行事件影响分析的重要输入。而从时间作为控制的角度看,事件可能要求计算机系统立即行动,尽快对这一事件做出反应。

分清时间的两种不同作用十分重要。大多数情况下,时间作为数据使用(时间作为数据),要求计算机系统立即采取行动(时间作为控制)的情况并不多见。

例如,滑雪竞赛采用计算机系统测量比赛时间。这个应用把时间作为数据,只要记录"开始"事件和"结束"事件的准确发生时间,便足以符合竞赛要求。包含"开始"时刻和"结束"时刻的两个报文被传输到另一个计算机,随后由它计算出两者之差。

列车控制系统的情况则有所不同,这种系统把红色报警信号看成火车应当立即停止的信号。这里将立即采取行动作为事件发生的结果,事件发生后一定要及时启动一个控制动作。

1. 时间作为数据

在分布式系统中,如果全局时基精确可知,那么时间作为数据的实施非常简单。观测节点令观测报文包含事件的时间戳,这里将这种含有事件时间戳的报文称为定时报文(timed message)。定时报文可在以后的时间里进行处理,不需要根据数据情况动态地修改时间控制结构。另外,如果现场总线通信协议的延迟是已知的常数,那么利用该常数和报文的到达时间可以得到报文的发送时间。

定时报文的上述用法也适合于输出方。假如环境需要在精确的时刻调用输出信号,且时间的精度远小于输出报文的抖动,那么定时输出报文可发送到控制执行器的节点,这个节点从报文中读出时间,并在预定的时刻精确地作用于环境。

时间触发系统在预先已知的时刻交换报文,报文的交换周期是固定的。定时报文的时间表示法可以利用这一先验信息,将时间值用报文周期的分数编码,提高数据效率。例如,某观测报文的报文交换周期为10ms,如果采用7位二进制数表示始于周期起点的时间增量(周期起点的时间增量为0),那么这个表示法能够识别粒度大于79μs的事件($10 \times 1000/2^7 \approx 78.1$μs)。表示时间的7个二进制位连同表示事件发生的1个附加位,正好形成1个字节。在报警监视系统中,这个事件发生时刻的紧凑表示方法非常有用,通过一个循环触发任务可以周期性地查询成千上万的报警。触发任务的循环决定了一个报警报告的最大延迟(时间作为控制),而时间戳的分辨率告知报警事件的确切发生时间(时间作为数据)。

例如, 在时间触发的以太网中, 每个周期性报文的数据字段长度为 1000 个字节, 报文的循环时间是 10ms, 1000 个最坏情况反应时间为 10ms 的警报可以用一个报文进行编码, 报警分辨率优于 100μs。在传输速率为 100Mbit/s 的以太网系统中, 这些周期性报警报文所产生的系统负载不到网络容量的 1%。即使 1000 个报警发生在同一时刻, 这种报警报告系统也不会造成任何负载的增加。然而在一个事件触发系统中, 一旦发生报警, 就要发送长度为 100 个字节的以太网报文, 高峰情况下报警报文的个数多达 1000 个, 产生的峰值负载是网络容量的 10%, 最坏情况的反应时间为 100ms。

2. 时间作为控制

时间作为控制的处理难度大于时间作为数据, 这是由于时间作为控制需要根据数据情况动态地修改时间控制结构。仔细检查应用的要求, 分辨出绝对需要动态任务重调度的情况是很有必要的。动态任务调度的问题将在第 8 章讨论。

如果事件要求立即采取行动, 那么报文传送的最坏情况延迟是关键性参数。在事件触发协议中, 几乎同时发生的事件可能导致总线访问冲突, 解决这一问题方法之一是利用报文优先级(如 CAN)。通过分析报文系统的峰值负载激活模式, 可以计算特殊报文的最坏情况延迟[66]。

例如, 紧急停机请求的快速反应, 要求将时间作为控制信号。假设紧急报文的优先级最高, 在 CAN 系统中报文传送不会被抢占, 最高优先级报文的最坏情况延迟主要源自最长报文(约 100 位)的传输时间。

4.5.2　数据及其语法约定和语义约定

传感器和执行器的失效率比单片机高出很多, 关键性的输出作用不应该只依赖单个传感器的输入。为了观测执行器的效果, 并获得被控对象物理状态的约定映像, 采用多个不同的传感器观测被控对象, 并把这些测量联系起来, 检测出错误的传感器值是十分必要的。在分布式系统中, 协作伙伴之间要想达成约定(也称为共识)总是需要信息交换。信息交换的回合(round)数取决于约定的类型和协作伙伴的失效模式假设。

1. 原始数据、测量数据和约定数据

1.2.1 节已经介绍了原始数据、测量数据和约定数据的概念: 原始数据是在物理传感器的数字硬件接口上产生的; 测量数据是经过信号整理后的一个或一系列原始数据, 以标准工程单位表示; 通过合理性检查被判定为实时实体的正确映像的测量数据, 称为约定数据。控制作用的输入是由约定数据形成的。

在安全关键性系统中, 不允许存在单点失效, 一个约定数据元素不可以源自单

一传感器。安全关键性输入系统的开发,面临冗余传感器选择和放置,以及约定算法设计等方面的挑战。接下来将介绍两种约定:语法约定和语义约定。

2. 语法约定

假设两个独立的传感器测量同一个实时实体。将两个观测从模拟值域转换到离散值域时,由于存在测量误差和数字化误差,两个原始数值之间略有差别是不可避免的。不同的原始数据造成不一样的测量值。将被控对象的事件发生时间映射成离散时间时,数字化误差也发生在时域。为了能让控制任务对实时实体有一致的看法,这些不一样的测量值必须以某种方式加以协调。在语法约定中,约定算法只计算约定值,并不考虑测量值的范围。例如,约定算法往往是求取一组测量数据值的平均值。

如果传感器读数之一是错误的,那么要检测出错误传感器,需要一定数量的测量数据值,这个数量取决于故障传感器的假定失效模式[67]。传感器出现恶意拜占庭故障是最坏的情况,要容忍这样一个传感器故障,需要多达四个原始数据值(见5.4节)。没有任何传感器失效模式限制的语法约定是最昂贵的约定形式。通过应用严格的传感器失效模式(如故障静默失效),可以极大地减少实现语法约定所需的信息交换回合数和信息量。

3. 语义约定

过程模型描述了被控对象过程参数之间的关系和物理特性。在语义约定中,不同的传感器观测不同的实时实体,不需要重复的传感器,不同测量值的含义通过过程模型相互联系。传感器读数彼此相关,由此可以找出一组合理的(plausible)约定值,并且发现不合理的(implausible)失效传感器值。这样的错误传感器值必须用估值代替,根据一组测量的固有语义冗余,可以计算出该传感器在给定时刻的估值。

例如,控制一个化工流程的自然定律有很多:质量守恒、能量守恒和一些已知的最大化学反应速度等。这些基础自然定律可以用于检查测量数据的合理性。若哪个传感器读数明显偏离其他传感器,则假设它已经失效。用此刻的估值取代错误值,能够继续进行化工流程的控制。

语义约定要求对应用的过程技术有基本的理解。为保证实时实体可在合理的成本下进行精确测量,实时实体的选择通常是由过程技术专家、测量专家和电脑工程师组成的多种学科团队协作完成的。典型情况下,对于每个输出值必须观测3~7个输入值,这样做不仅能够诊断错误的测量数据元素,而且能够检查执行器是否正确操作。为观察执行器的预计效果,每个执行器的运行情况必须由独立传感器进行监视。

在工程实践中,测量数据值的语义约定比语法约定更重要。约定阶段产生了一组约定数字输入值,这些约定值是在值域和时域上定义的,各种(复制)任务将它们用于实现控制系统的复制确定性行为。

4.6　过　程　I/O

转换器(transducer)是一种类型的实时系统设备,其中包括传感器和执行器,这种设备形成了工厂(物理世界)和电脑(网络世界)之间的接口。在输入端,传感器(sensor)将机械量或电量(实时实体)转化成数字形式,如果物理量的域是密集的,那么数字表示方法的离散性会导致不可避免的错误。一个模拟量(在值域和时域)的任何数字表示,其最后一位是不可预测的,即使两个独立的传感器观察同一个物理量,它们的网络世界表示也具有潜在的不一致性。在输出端,执行器(actuator)将数字值转化成相应的物理信号。

4.6.1　模拟I/O

许多模拟物理量的传感器首先产生标准的4~20mA模拟信号(4mA表示量程的0%,20mA表示量程的100%),然后通过A/D转换器将其转换成数字形式。标准模拟信号之所以用4mA表示量程下限,主要是为了将断线(0mA)和0%测量值(4mA)区分开来。

如果不采取专门措施,任何模拟控制信号的准确性都会被电气噪声减少大约0.1%。分辨率超过10位的A/D转换器,只有通过仔细控制物理环境才能真正提高信号的准确性,这在典型工业应用中是不现实的。因此一般不使用10位以上的A/D转换器。采用两个字节(16位)对模拟传感器测得的实时实体值进行编码已经足够,这也是工业控制领域普遍采用16位计算机架构的一个原因。

从产生实时实体的值到传感器将其表示在传感器/计算机接口上,这个过程需要一定的时间,这个时间的长度是由传感器的传递函数决定的。图1-5所示的传感器阶跃响应给出了这个传递函数的近似方法。当推导传感器/执行器信号的时间准确性时,必须考虑传感器和执行器的传递函数参数(如传感器延迟、执行器延迟),如图4-11所示。这些参数减小了从产生实时实体值到计算机将其用于输出作用之间的可用时间间隔。滞后时间较短的转换器能够增大用于计算机系统的时间准确性间隔(d_{acc})。

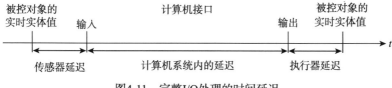

图4-11　完整I/O处理的时间延迟

　　在许多控制应用中,观测(采样)模拟物理量的时刻是由计算机系统控制的。为了减少控制回路的死区时间,采样时刻、采样数据向控制节点的传输和设定点数据向执行器节点的传输应该相位匹配(见3.3.4节)。

4.6.2　数字I/O

　　数字I/O信号在TRUE与FALSE两种状态之间切换。一些应用关注从一个状态向另一个状态变化的时间长度,而另一些应用则强调切换发生的时刻。

　　如果数字信号来自一个简单的机械开关,那么由于开关的触点存在机械振动,即触点颤动(contact bounce)。当开关从一个状态向另一个状态转变时,只有在随机振荡结束后,开关才能达到新的稳态,如图4-12所示。如果输入信号来源于简单的机械开关,那么必须设法消除触点颤动。消颤方法(如硬件消颤法、软件消颤法等)多种多样。现在微控制器成本低廉,计算机软件消颤法(如消颤子程序)比硬件消颤法(如低通滤波器)更经济。

图4-12　机械开关的触点颤动

　　许多传感器器件能够生成脉冲序列,每个脉冲携带了发生事件的信息。例如通过车轮转动测量距离。车轮每旋转一周,传感器产生规定数量的脉冲,这些脉冲可变换成行进的距离,脉冲的频率表示速度。当车轮行进至已定义的校准点时,对计算机发出另外的数字输入信号,将脉冲计数器设置为指定值。

　　有些输出器件的控制信号是脉冲序列,如脉宽调制(Pulse Width Modulation,PWM),这类脉冲的形状是经过仔细定义的,很多用于过程I/O的微控制器提供产生数字脉冲形状的硬件支持。

4.6.3　探询采样机制

　　主机轮流呼叫各个实时实体,查询它们的状态,这样的过程称为探询。通常情况下,探询采样机制是周期性的,查询的时间点称为采样点,两个连续采样点之间的定常时间间隔称为采样间隔。

　　探询采样机制通常是由软件程序控制的。在读取数据前,必须查询外设的状态(如A/D转换状态),外设准备好了才能读取,否则CPU就需要等待。计算机与各个实时实体的连接如图4-13所示,每个实时实体有一个单独与计算机相连的I/O访问线路(通过单独使用的端口)。主机按端口顺序逐个采集实时实体的数据,首先采集端口1,然后采集端口2,依次进行,当采集完端口n以后,又重复采集端口1,如此循环往复。

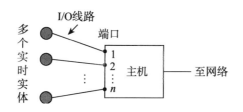

图4-13 主机按顺序探询实时实体

当然在采用探询方式输出数据时,主机也可主动将数据发给各端口。

1. 模拟值采样

模拟实时实体值的观测时刻是由计算机系统决定的。在时间触发架构中,可以事先协调采样点与传送调度表之间的关系,由此产生了相位匹配处理(见4.2.3节)问题,理论采样周期应符合香农采样定理。

2. 数字值采样

当采样数字值时,通常比较关心当前状态和最近一次状态改变的时间。当前状态是在采样点观测的,而最近一次状态改变的时间只能通过比较当前的测量值和最近的测量值来推断。时间测量的精度受到采样间隔的限制。

如果实时实体的状态在单个采样间隔内改变了多次,那么就会漏测一些状态变化。图4-14(a)给出了一个实时实体的值序列。当实时实体上没有记忆单元时,观测器的值如图4-14(b)所示,中间的窄小峰值①发生在两个采样点之间,没有出现在测量结果中。

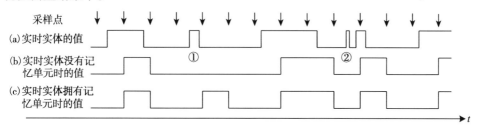

图4-14 实时实体的采样

如果实时实体的每个事件都有重要意义,那么在实时实体中必须增加记忆单元,如图4-15所示。只有这样,在下一个采样点之前,实时实体的任何状态变化才能被保存下来,如图4-14(c)所示。记忆单元可以在其被读取之后复位(reset)。

图4-15 拥有记忆单元的传感器

例2-1讲述了电梯控制问题的时间触发解决方案,其中电梯停靠按钮的记忆单元存储停靠请求,直到计算机读取了这个停靠请求为止。然而即使实时实体拥有记忆单元,漏测某些状态变化也是可能的。例如,图4-14所示的实时实体值序列中,窄小的峰值②并不出现在观测值中。

由此看来,采样系统充当了低通滤波器,它滤除了信号的高频部分。通常环境中的事件比系统规范中声明的事件多,采样系统可以保护节点免受更多事件的影响。

4.6.4 中断采样机制

上述探询采样机制中,CPU需要不断地询问外设,当外设没有准备好时,CPU需要等待,不能进行其他操作,这浪费了CPU的时间。为了提高CPU利用率,一种有效的方法是采用中断采样机制,该机制可使CPU与外设同时工作。CPU在启动外设工作后(如启动A/D转换),继续执行主程序,与此同时外设也在工作。当外设把数据准备好后,发出中断申请,请求CPU中断它的程序,执行输入或输出(中断处理),处理完之后,CPU恢复执行主程序,外设也继续工作。另外,利用中断机制,CPU可命令多个外设同时工作。

中断系统的主要功能包括以下两点。

(1)中断优先级排队。通常一个系统中包含多个中断源。有时同时发出中断请求的中断源不止一个,设计者需要根据中断的轻重缓急,事先为每个中断源设定一个中断级别——优先级。当多个中断源同时发出中断请求时,CPU能找到优先级最高的中断源,并响应其中断请求,在处理完优先级最高的中断源后再响应级别较低的中断源。

(2)中断嵌套。当CPU响应某一中断源的请求进行中断处理时,若有优先级更高的中断源发出中断,则CPU能中断正在进行的中断服务程序,保留这个程序的断点和现场(类似于子程序嵌套),响应高级中断,在高级中断处理完以后,再继续执行被中断的中断服务程序。当发出新的中断请求的中断源与正在处理的中断源优先级相同或更低时,CPU不响应这个中断申请,直至正在处理的中断服务程序运行完毕后,才去处理新的中断请求。

在计算机允许中断的情况下,外部事件一旦发生,硬件机制将迫使CPU转移到最高优先级事件的中断服务程序。当允许中断时,中断可发生在逻辑控制流程中的任何一点,这使得计算机控制范围之外的设备可能影响计算机内部的时间控制模式。因此虽然中断机制大大提高了CPU的利用率和输入、输出速度,但是这一机制所含的潜在危险性有时比编程中禁用的GOTO语句更可怕,使用时必须非常谨慎。

1. 中断需求分析

在计算机的运行过程中,往往出现事先预料不到的情况或出现一些故障(如电源突跳、存储出错、运算溢出等)。计算机可以利用中断机制自行处理,而不必停机或报告工作人员。

若外部事件要求计算机的响应时间很短,以至于利用探询机制无法有效地实现采样,应用中断机制是必要的。

从容错角度看,中断机制的鲁棒性比探询机制更差。故障性中断会产生额外的处理负载,干扰正常的时间控制方案,使得计算机更难满足截止时间要求。

例如,图4-16是一个水库水位的计算机控制系统,其中水库水位采用数字传感器进行测量。水位上升到高于高位标记,传感器产生达到“高”状态的上升沿;水位下降到低于高位标记,传感器产生达到“低”状态的下降沿。当水位超过高位标记,计算机将打开溢出阀门,开始水力发电。

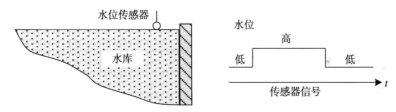

图4-16　水库水位的计算机控制系统

如果水位传感器与计算机中断线路相连接,那么只要波浪淹没传感器就将产生中断。由于存在大浪、叠加的小浪等,所以难以获得最大中断频率。如果将传感器连在数字输入线路上,采用探询采样机制周期性地进行采样,那么系统鲁棒性更强。在规定的时间间隔上,如果传感器读数为“高”的次数大于读数为“低”的次数,那么阀门将被打开。

2. 中断情况监视

在中断驱动的系统中,中断线路上的瞬间错误可能颠覆整个节点的时间控制模式,甚至违背重要的截止时间限制。因此不间断地监视任何两个中断之间的时间间隔,并与规定的最小时间间隔进行比较十分必要。

从图4-17可以看出,每个被监视的中断与计算机内的三个任务相联系[68]。第一个任务和第二个任务是动态规划的时间触发任务,它们决定了中断窗口的大小。第一个任务向中断线路发出中断许可,打开允许发生中断的时间窗口。第二个任务被安排在时间窗口的末端,通过禁止中断线路的方法关闭时间窗口。第三个任务是被中断激活的中断服务任务。每当中断发生时,中断服务任务通过禁止中断线路关闭中断时间窗口,然后取消第二个任务的预定激活状态。假如第三个任务没有在第二个任务开始前被激活,第二个任务关闭中断时间窗口,并产生一个出错标志,通知错过了中断的应用。

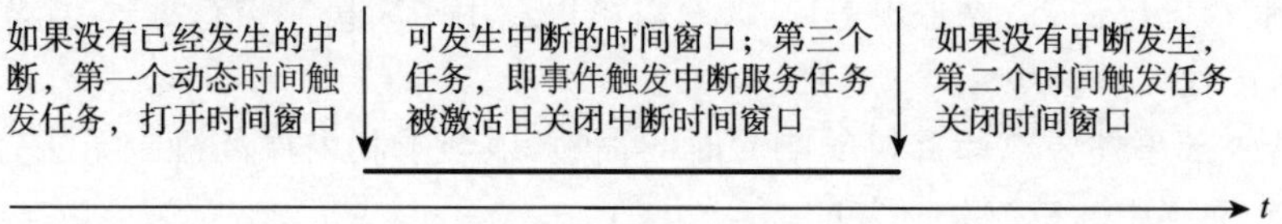

如果没有已经发生的中断,第一个动态时间触发任务,打开时间窗口　　可发生中断的时间窗口;第三个任务,即事件触发中断服务任务被激活且关闭中断时间窗口　　如果没有中断发生,第二个时间触发任务关闭时间窗口

图4-17　中断时间窗口

错误检测用到了其中两个时间触发任务。第一个任务检测不应该发生的偶发中断,第二个任务检测应该发生却被错过的中断。不同的错误需要不同的错误处理方法,对被控对象的规律性了解得越多,就能将允许发生中断的时间窗口设计得越小,错误检测覆盖率也能得到提高。

例如,汽车发动机控制器对燃料注入点的要求非常严格,燃料注入点与汽缸活塞的位置密切相关,必须采用中断机制测量活塞位置[69]。活塞位置和曲轴转速的测量需要使用多个传感器,只要曲轴的指定区域经过传感器所在位置,传感器就会产生上升沿。发动机的转速和最大角加速度(或角减速度)是已知的,下一个正确中断将在一个很小的时间窗口内到达,这个时间窗口是根据前一个中断动态定义的。中断逻辑仅在这个很小的时间窗口内是允许的,其他时间是禁止的,这样可以减小偶发中断对主机软件时间控制模式的影响。如果不检测这种偶发中断,那么很可能造成发动机机械损伤。

4.6.5　容错执行器

在计算机输出接口上产生的信号,最终要转换成被控对象的某些物理动作(如打开阀门),这个转换功能是由执行器完成的。从测量实时实体值到在环境中实现预期的效果,两者之间形成了一个运行链条,执行器位于这个链条的末端。在容错系统里,为避免单点失效,执行器必须是容错的。图4-18给出了两个容错执行器实例,执行器在环境中的作用是为机械操纵杆定位,操纵杆的末端可以是作用于被控对象的任何机械设备(如安装在作用点上的控制阀活塞)。

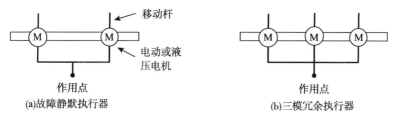

图4-18 容错执行器

在复制确定性架构中,正确的复制通道在值域和时域中产生相同的结果。在图4-18所示的例子中,(a)架构支持故障静默属性,即所有故障通道都是静默的;(b)架构不支持故障静默属性,即故障通道可在值域中表现出随机行为。

(1)故障静默执行器。在故障静默架构中,所有子系统必须支持故障静默属性。故障静默执行器要么产生预期的(正确的)输出作用,要么根本没有结果。一个故障静默执行器即使不能产生输出作用,也不妨碍复制故障静默执行器的活动。图4-18(a)所示的故障静默执行器包括两个电机,每个电机均具有移动作用点的足够力量。每个电机与计算机系统的两个复制确定性输出通道之一相连接。在移动杆上的任何位置,一个电机出现故障,另一个仍然有能力将作用点移动到预期位置。

(2)三模冗余执行器。图4-18(b)所示的三模冗余(Triple Modular Redundancy, TMR)执行器包括三个电机,每个电机分别与容错计算机的三个复制确定性通道之一相连接,任意两个电机的力量之和超过第三个电机。在三个通道中,多数通道决定了作用点的位置,去除了不一致的通道。三模冗余执行器可被看成"机械表决器"。

在许多实际应用中,冗余执行器已经就位了,这时可以通过一个物理执行器与一个微控制器相结合的方式,构建一个表决式执行器。微控制器有三个输入,用于接收来自三模冗余系统的三个通道的输出,并根据收到的报文进行表决,从而屏蔽一个失效的三模冗余通道,产生物理执行器输入,如图4-19所示。这个表决器可以是无状态的(stateless),即在每个循环结束后,表决器的电路被强行复位,消除瞬间故障所造成的累积误差。例如,在容错线控制动系统中,四个车轮的制动缸(brake cylinder)采用了表决式执行器。

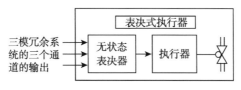

图4-19 与执行器相关的无状态表决器

4.6.6　智能仪表

如果一个物理单元将传感器/执行器和相关的微控制器封装到一起,并在外部世界与现场总线(如CAN总线)之间提供一个标准的抽象报文接口,那么这样的物理单元称为智能仪表(intelligent instrument),如图4-20所示。

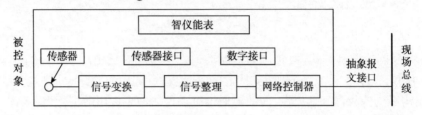

图4-20　智能仪表

智能仪表隐藏了具体的传感器接口,它的单片微控制器为传感器/执行器提供所需要的控制信号,执行信号整理(signal conditioning)、信号滤波(signal smoothing)和本地错误检测,并向/从现场总线报文接口提供/获取以标准测量单位表示的、有意义的实时映像。智能仪表简化了生产设备与计算机的连接。例如,将集成芯片上的加速度传感器、合适的微控制器和网络接口封装在一起,就形成了一个智能加速度传感器(智能仪表)。

为使测量具有容错能力,可将多个独立的传感器封装到同一个智能仪表。这样,即使其中的一个传感器出现故障,通过执行仪表内部的约定协议,也能得到一个约定传感器值。

现场总线节点与执行器集成在一起就形成了智能执行器(智能仪表)。例如,汽车安全气囊的执行器必须在适当的时刻点燃炸药,将高压容器中的气体释放到气囊。少量的炸药被直接放置在微控制器硅片上,可在芯片上点燃。这一组件被封装在合适的机械位置上,以便打开关键阀门。这个包含炸药的微控制器就是一个智能执行器。

现场总线的种类很多,而且没有一个人们普遍接受的现场总线标准。传感器制造商不得不面对这个难题,一种普遍的做法是为不同的现场总线提供相对应的智能仪表网络接口。

4.6.7　紧凑组件

微控制器与机械子系统集成在一起,形成有指定功能的紧凑组件(compact component),并让组件用小而简单的外部接口与外界实现相互作用,这是一种很好的物理集成方法。这种方法的优点有如下几个方面。

(1)机电部件可直接与微控制器连接,避免使用容易出错的昂贵电缆和接插件。

（2）组件是自成一体的，具有高度的自主性。在执行和测试组件功能时，不需要与远程控制系统相连。

（3）与组件之间的通信可以通过现场总线来实现，简化了组件的安装。

为了减少制造和安装成本，增强设备的可靠性，机电一体化领域将这种机电功能和控制功能的集成当成主要设计目标。这类设备中的微控制器可被认为是分布式系统的一个节点。

习　题

1. 试给出汽车发动机控制所需要的3个实时实体，说明它们的静态和动态属性，讨论相应实时映像的时间准确性。

2. 状态观测和事件观测的区别是什么？试说明它们的优缺点。

3. 试给出一个较为准确的时间准确性定义。

4. 非相敏实时映像和相敏实时映像的区别是什么？如何创建非相敏实时映像？

5. 什么是相位匹配处理？

6. 在存在和不存在全局时基的情况下，讨论系统的状态估计问题。

7. 某汽车发动机的曲轴转速为3000r/min，观测曲轴位置的时刻为t_{obs}，应用相应实时映像的时刻为t_{use}。试给出估计t_{use}时刻的曲轴位置的合理估计式；当t_{obs}与t_{use}的时间间隔为0.3ms时，用于更新实时映像的值是多少？

8. 试说明隐性通道的含义。

9. 给出持久性、幂等性的定义。

10. 设d_{max}=20ms，d_{min}=1ms，根据这些参数，计算下述分布式系统的动作延迟：

（1）无全局时间，本地时间的粒度为10μs。

（2）有全局时间，全局时间的粒度为20μs。

11. 动作延迟和时间准确性之间的关系是什么？

12. 给出确定性、逻辑确定性的定义，并举例说明。

13. 给出一个本地超时导致复制非确定性的例子。

14. 什么机制可能导致复制非确定性？

15. 怎样建立复制确定性系统？

16. 解释"时间作为数据"与"时间作为控制"的不同之处。

17. 假设以长度为1个字节的状态报文传输某个事件，传输周期为50ms。若用单字节报文对事件发生时间进行编码，最佳时间分辨率是多少？

18. 为什么现场总线协议提供一个已知的定常传输延时是十分重要的？

19. 原始数据、测量数据和约定数据之间的区别是什么?

20. 语法约定与语义约定之间的区别是什么?

21. 探询和中断之间的区别是什么?

22. 为什么中断机制存在潜在危险,什么时候需要中断机制?

23. 在模拟值采样中,若处理操作是相位匹配的,中断机制是否会改善响应时间?

24. 偶发错误中断可能产生什么影响? 怎样才能使计算机系统避免偶发错误中断?

25. 在典型工业应用中,为什么分辨率超过10位的A/D转换器一般不会提高模拟信号转换的准确性?

26. 试估计温度传感器、压力传感器和位移传感器的阶跃响应函数所对应的上升时间数量级。

27. 为现场总线节点编写一个消除触点颤动的子程序。

28. 故障静默执行器和三模冗余执行器的特点是什么?

29. 智能仪表的优点是什么?

30. 给出一个容错传感器实例。

第 5 章 容 错

在安全关键性实时系统中，单一组件的失效可能导致整个系统瘫痪，容错 (fault tolerance) 显得特别重要。本章前半部分描述故障(fault)、错误(error)、失效 (failure)和异常(anomaly)等概念，探讨错误、失效和异常的检测技术。后半部分讲述容错系统设计问题，其中包括故障假设、失效单元、容错策略和设计多样性等，重点强调三模冗余(TMR)设计、成员资格服务和鲁棒系统结构等方面。

5.1 故障、错误、失效和异常

在探讨容错之前，首先需要理解三个与其密切相关的基本概念：故障、错误和失效。三者之间的关系如图5-1所示[11, 70]。

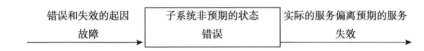

图 5-1 故障、错误和失效

安装计算机系统是为系统的用户提供可依赖的服务。这里所讲的用户可以是一个人或另一个计算机系统。每当系统的行为偏离了预期的(intended)服务(行为)时，在该系统的用户看来，这个系统已经失效了。失效可能与系统内某个非预期的 (unintended)状态相联系，这个状态就是一个错误。造成错误的不良现象称为故障。

这里将"预期的"这个术语用于表示系统的正确状态或行为。在理想情况下，系统的正确状态或行为被记载在一个精确且完整的规范之中。然而有时规范本身就是不对的或不完整的。因此在建立抽象基准(abstract reference)时，为了把规范方面的错误包含在系统描述内，引入了"预期的"这个词。

5.1.1 故障

故障是引起错误的直接原因，也是引起失效的间接原因。假设系统是由组件 (如节点)构成的，一个故障仅对单一组件的运行产生直接影响，这样可将一个组件作为一个故障抑制单元(Fault Containment Unit, FCU)。图5-2从空间和时间角度描述了故障的分类。

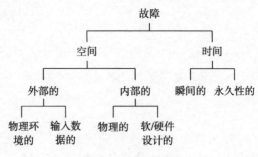

图 5-2　故障的分类

（1）故障空间

一些故障与FCU内部的缺陷有关，而另一些故障与发生在FCU外部的不良现象有关，分清这两类故障十分重要。

外部故障主要是指来自环境的物理干扰（如雷击造成的电源尖峰脉冲、宇宙粒子的冲击等）。另外，提供不正确的输入数据也属于外部故障。

内部故障，即发生在FCU内部的故障，这类故障既可能是物理故障（如线路意外断开），也可能是软/硬件设计故障（如程序出错、误排线路）。

故障抑制是确保一个故障的直接后果被限定于单一FCU的设计和工程活动。许多可靠性模型隐含了这样一个假设：FCU失效是独立的，即一个故障不可能影响多个FCU。系统设计必须保证这个FCU独立性假设是合理的。例如，在容错系统中，物理上分离的各个FCU可以减小产生空间接近故障的可能性，也就说，在单一地点的故障（如意外碰撞），不可能破坏多个FCU。

（2）故障时间

在时域中，故障可能是永久性的（permanent）或瞬间的（transient）。物理故障可以是瞬间的或永久性的，但设计故障（如程序出错）总是永久性的。

故障一旦发生，若不通过明确的修复操作消除该故障，则它将一直保留在系统中，这类故障称为永久性故障。例如，电源持续断电就是一个永久性外部故障，而硬件的内部线路断开、软/硬件设计缺陷都属于永久性内部故障。1.4节所讲的平均修复时间（MTTR）通常是指永久故障发生后，修复系统所花费的平均时间。

瞬间故障出现的时间间隔很短，时间间隔一旦结束，不需要任何明确的修复操作，这类故障就消失了。瞬间故障可能导致错误，即FCU状态的破坏，但物理硬件应该仍然保持完好。瞬间的外部物理故障称为暂时性（transitory）故障，如破坏FCU状态的宇宙粒子冲击。瞬间的内部物理故障称为间歇性（intermittent）故障，如尚未导致硬件永久失效的氧化缺损、化学腐蚀等。在工程应用现场，能够观察到的瞬间故障，大部分属于间歇性故障[71]。暂时性故障的失效率是恒定不变的，而间歇性故障的失效率是时间的函数，随着时间的增长而增长。对于电子硬件组件，若间歇性故障的失效率不断增长,则说明该组件已经损坏了。为了避免组件的永久性故障,应该及时进行预防性维修。

5.1.2 错误

故障的直接后果是导致组件产生不正确的状态,这种不正确的状态称为错误。如在存储器、寄存器或CPU触发电路中产生的不正确数据元素。错误是非预期的状态,随着时间的进展,错误会被计算激活、被错误检测机制发现,甚至被消除。

(1)激活错误

一旦计算访问了错误,错误就被激活了。自这一刻起,计算本身已经变得不再正确。如果存储单元或寄存器的内容受到故障的影响,那么由此产生的错误将在某个计算访问这个存储单元时被激活。在故障涉及存储单元时,从产生错误到错误被激活之间的时间间隔(错误的休眠期)很长。在故障影响到CPU电路时,错误会被立即激活,而且破坏正在进行的计算。一旦不正确的计算将数据写入存储器,相应的存储单元也随之出错。

软件错误有两类,分别为Bohrbug和Heisenbug[65]。Bohrbug是数据域的软件错误,通过为包含Bohrbug的程序提供一个特殊的数据输入模式,可使这类软件错误再现出来,即特殊的数据输入模式总能激活潜在的Bohrbug。但是Heisenbug软件错误是数据域和时域的软件错误,再现这类错误十分困难,只有在输入数据和输入数据的确切时序被准确再现时才能观察到Heisenbug。输入数据的确切时序与计算机内其他活动的时序有关,难以重现。已经通过了软件开发和测试,但仍然出现在业务系统中的软件错误,也属于Heisenbug。由于事件触发系统的时间控制结构是动态的,而时间触发系统有一个独立于数据的静态控制结构,所以事件触发系统出现Heisenbug的可能性比时间触发系统大。例如在并发系统中,数据访问在同步方面出现的错误是典型的Heisenbug。由于访问了互斥数据的任务不止一个,只有在这些任务之间的时间关系被精确重现时,才能观察到这样的错误。

(2)检测发现错误

当计算访问了某个错误,计算结果会在值域或时域偏离用户的预期或意图,通过检测可以发现这个错误。例如,如果故障只破坏了数据的一个二进制位,那么一个简单的奇偶校验就能检测发现这个错误。发生错误(故障)的时刻与检测发现错误的时刻之间的时间间隔称为错误检测延迟。检测发现错误的概率称为错误检测覆盖率。系统设计故障(软/硬件出错)的检测技术之一是测试。

(3)消除错误

如果在错误被激活或检测发现之前,计算用一个新值覆盖了错误,那么错误就被消除了。没有被激活、检测发现或消除的错误称为潜伏错误(latent error)。组件状态的潜伏错误可能导致无提示数据破坏,甚至造成严重后果。例如,某存储单元的内容为汽车发动机的期望加速度,假设这个存储单元的一个二进制位发生了翻转,且没有起保护作用的奇偶校验位,那么由此产生的无提示数据破坏可能导致汽车意外加速。

(4)错误传播

如果组件的内部错误被激活,并已扩散到该组件之外,那么错误已经被传播了。假如组件仅通过报文交换与环境进行通信,组件之间不存在其他相互作用方式(如共享存储器),那么这样的系统只能通过传输不正确的报文,将错误传播到受影响的组件之外。

为了避免被传播的错误影响其他组件,并且维持组件的独立性假设,必须围绕每个组件设置错误传播边界。报文可能存在值域错误(报文的数据字段包含被破坏的数值)或时域错误(报文在意想不到的时刻被发送,或根本没有发送),倘若通信系统预先了解组件的正确时间行为,它就能够检测发现时间报文失效。既然通信系统不需要了解报文数据字段的内容(见2.6.2节),那么只能由报文的接收方负责检测被破坏的数值,即报文数据字段的错误。

循环运行的系统尤其关注基态是否被破坏,因为基态包含当前循环的信息,而当前循环影响下一个循环的行为。基态的潜伏错误在下一个循环中可能成为计算的不正确输入,从而造成基态的错误数量逐渐增多(状态侵蚀)。如果基态是空的,那么不存在错误从当前循环向下一个循环传播的可能性。为了避免将错误从一个循环传播到下一个循环,应该利用独立诊断组件的专用错误检测任务,监视基态的完整性。

5.1.3　失效

失效表示组件在特定时刻的实际行为与预期行为(服务)之间产生了偏差。在实时系统模型中,节点(组件)的行为是指节点产生报文的顺序,失效表示产生了非预期的报文。失效属于事件,图5-3从四个方面对节点(组件)失效进行了分类。

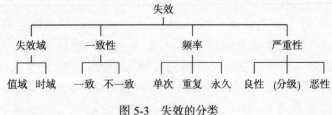

图 5-3　失效的分类

(1)失效域

失效可发生在值域或时域中。数值失效(value failure)是指在组件与用户(或另一系统)的接口上给出了不正确数值。时间失效(temporal failure)是指在预期的时间间隔之外给出了数值。只有在系统规范包含了系统的预期时间行为时,才存在时间失效问题。

时间失效可细分为早期时间失效和晚期时间失效。如果组件含有内部错误检测机制,能够及时发现错误,并抑制包含数值错误或早期时间失效的结果,那么该组件只会表现出晚期时间失效,这样的失效称为省略失效(omission failure)。仅产生省略失效的组件称为故障静默组件(fail silent component)。如果组件在第一次省略失效后停止工作,那么该组件称为失效停止组件(fail stop component)。有时相应的失效也称为干净失效(clean failure)。例如,自检组件是包含内部失效检测机制的组件,在自检组件与用户的接口上,只会表现出省略失效(或干净失效)。一个自检组件可由两个确定性FCU构成,它们在大约同一时间产生两个结果,通过自检程序检查这两个结果。

(2)一致性

当失效组件的用户不止一个时,将出现一致失效(consistent failure)和不一致失效(inconsistent failure)两种情形。

在一致失效情形下,所有的用户观察到相同的失效行为。在不一致失效情形下,不同用户观察到的行为存在差异。例如,在一个包含三个节点的系统中,假如其中一个节点发生了不一致失效,其他两个正确的节点对失效节点的行为将有不同的看法。在极端情况下,一个正确的节点把失效节点看成正确节点,而另一个正确节点认为失效节点是错误的,两个正确节点对失效的节点产生了不一致的看法。

在各种文献中,用于不一致失效的名称多种多样,如两面性失效(two faced failure)、恶意失效(malicious failure)、拜占庭失效(Byzantine failure)等。不一致失效可能混淆正确的组件,难以进行处理。在高集成度系统里,一定要研究拜占庭失效的处理方法[72]。拜占庭失效的一个特例是略超规范失效(slightly out of specification failure)。例如在总线系统中,如果发送方的输出高电压略低于规定的高电压水平,那么一些接收方假定信号的值为高,仍有可能接收信号,而其他接收方假定信号的值为低,可能不接收信号。这类略超规范失效是不能忽略的。

(3)频率

在给定的时间间隔内,一个失效可能只发生一次或者反复多次。若仅发生一次,则这种失效为单次失效(single failure)。若系统在发生失效之后继续运行,则这种失效为瞬间失效。经常发生的瞬间失效称为重复失效(repeated failure)。单次失效的特殊情况是永久失效(permanent failure)。永久失效发生后,系统停止提供服务,直到通过明确的修复操作排除失效的原因为止。

(4)严重性

失效会对环境造成影响,但程度有所不同。失效的影响轻微,其代价与系统的正常应用损失处在同一数量级,这类失效为良性失效。失效可能导致灾难(如事故),其代价比系统的正常应用损失高出几个数量级,这类失效为恶性失效。失效是良性的还是恶性的,完全取决于应用的特性。可能发生恶性失效的应用称为安全关键性(safety critical)应用。在良性和恶性两种极端情况之间,可以根据失效的经济影响或用户体验对失效进行分级。例如在多媒体系统(如数字电视机)中,单个像素的失效会在下一个周期被覆盖,人类感知系统能够屏蔽这个失效,失效的严重性可以忽略不计。

5.1.4　异常

异常是一种超常行为(out of norm behavior),它预示某种例外情形正在演变之中。

通过观察嵌入式系统的状态空间,可以发现许多现实生活中的嵌入式系统在预期(正确)状态和错误(不正确状态)之间存在灰色地带,我们把灰色地带的状态或行为方式看成异常,如图5-4所示。发生异常的原因有很多,如环境中的例外情况、用户失误、传感器退化导致不精确传感器读数、外部干扰、规范变化、设计或硬件方面的错误导致失效即将出现、寻找漏洞的入侵者活动等。发生异常表明非典型情形(如对手即将入侵)正在形成,可能需要立即采取纠正措施,因此进行异常检测是非常重要的。

图 5-4　预期状态与错误之间的灰色区

5.1.5　系统容错与具体应用容错

没有容错功能的复杂系统不可能长期运行[73],安全关键性系统的设计人员必须考虑容错设计问题。通常实现容错的选项有两个。

(1)系统容错

系统架构对应用程序代码来说是透明的,并且支持复制确定性。通过计算的时间和空间复制,可以检测和屏蔽故障假设中指定的故障,从而实现系统容错。

(2)具体应用容错

应用层面的程序代码具有容错能力。在应用层面通过将正常处理功能与错误检测和容错功能相结合,可以实现具体应用的容错。

在系统容错中,容错机制的实现和测试可独立于应用程序代码。系统容错以额外增加硬件成本为代价,避免增加应用软件的复杂性,如表5-1所示。然而随着科学技术的发展,硬件成本不断降低,这有利于实现系统容错。

表 5-1 系统容错与应用容错对比表

容错方面	系统容错	具体应用容错
主要错误检测机制	计算的时间和空间复制,错误检测程序	面向应用的合理性检查
应用专门知识	不需要	需要
复制确定性	需要	不需要
正确与错误的区分	准确	不准确
容错开销	硬件单元(或时间)复制,架构更加复杂	应用软件复杂性增加,在应用层面进行错误处理
成本	额外增加硬件	额外增加应用软件
主要优点	独立于应用的透明机制	几乎没有额外的硬件开销
主要缺点	明显增加硬件成本	明显增加应用软件复杂性

在实践中,通常采用系统机制和具体应用机制的折中方案来实现容错。例如即使实现了系统容错,也可通过具体应用的合理性检查增加错误检测覆盖率。

5.2 错误、失效与异常检测

在这一节里将根据错误、失效和异常三个概念的差异,分别描述它们的检测技术。

5.2.1 错误检测

错误是不正确的状态,需要立即对其采取行动以减轻错误的后果。系统的预期状态和行为方面的知识是错误检测基础,这种知识可能来源于事先建立的规律性约束、已知的正确行为属性或者两个冗余通道的对比结果。

事实上错误是不正确的数据结构(如不正确的状态或不正确的程序)。一般情况下,每个数据结构都有其预期属性,只有了解了预期属性方面的冗余信息才能检测发现错误。这种信息可以是数据结构本身的一部分(如CRC字段),也可以有其他来源(如以声明形式表示的先验知识、提供良好参考数据结构的通道)。

（1）错误检测码

形成数据结构的语法是事先已知的,错误检测码是数据结构的一部分,可以采用语法方式(syntactic method)检查数据结构的正确性。

应用错误检测码的实例有很多,如内存中的错误检测码(如奇偶检验位),数据传输中的CRC多项式,人机接口上的检验数字(check digit)。这些错误检测码在检测数值破坏方面非常有效。

（2）复制通道

两个独立的确定性通道,在计算过程中使用相同的输入数据,可以各得一个结果。通过比较这两个结果能够检测失效,但却不能断定那个通道是错误的。

故障注入(Fault Injection, FI)实验表明[74],在不同的时间重复执行应用任务,可以有效地检测瞬间硬件故障。即使难以保证所有任务实例在可用的时间间隔内都被运行两次,也可应用这一技术提高错误检测覆盖率。

硬件、软件和时间的不同冗余组合,通过执行两次计算可以检测不同类型的错误。表5-2给出了一些冗余组合能够检测的错误类型。当然两次计算必须是复制确定性的(replica determinate),否则在冗余通道之间检测到的差异甚至比故障导致的差异还要大。4.4节已经讨论了复制确定性容错软件的实现问题,此处不再赘述。

表 5-2　冗余计算的错误检测

组合种类	实现	检测错误类型
时间冗余	在同一硬件的不同时间间隔中执行同一软件	时间长度小于一个执行时隙的瞬间硬件故障引起的错误
硬件冗余	在两个相互独立的硬件通道上执行同一软件	瞬间和永久性硬件故障引起的错误
同一硬件上的不同软件	在同一硬件的不同时间间隔内执行不同的软件版本	时间长度小于一个执行时隙的独立软件故障和瞬间硬件故障引起的错误
不同硬件上的不同软件	在两个相互独立的硬件通道上执行两种不同的软件版本	独立软件故障与瞬间和永久性硬件故障引起的错误

（3）良好参考

在两个通道中,如果其中一个通道被认为是正确的,那么将其作为参考通道,可以判断另一个通道产生的结果是否正确。

然而若没有一个可供参考的通道,则问题将变得更加复杂。需要用三个同步的通道,通过多数表决才能查出一个故障通道。

接下来以卡明斯(Cummings)发表的一份错误检测的报告[75]为例,说明错误检测的复杂性。这份报告主要针对美国航空航天局(National Aeronautics and Space Administration, NASA)的火星探路者宇宙飞船软件,具体内容如下。

探路者不仅可靠性要求很高,而且随着太空辐射效应的增加,可能产生不可预测的硬件错误。因此采取了高度"防御性"编程风格。这种编程风格通过广泛的软件错误检查,检测辐射诱发硬件故障的副作用和某些软件缺陷。斯托尔帕(Stolper)是我们团队的成员之一,在他负责的软件中,有一个简单的算术运算,当计算机正常工作时,该运算要确保产生偶数(如2、4、6等)。多数程序员根本不会检查这样一个简单计算的结果。然而,斯托尔帕却插入了一个明确的测试,检查该运算的结果是否为偶数。我们把这个测试说成他的"二加二等于五检查",从未期望看到该计算会失效。在软件测试期间,看到了斯托尔帕的错误报文,该计算真的失效了。我们只看到了一次。尽管又进行了成千上万次反复尝试,始终无法重现这个失效。我们的软件测试实验室,环境良好,几乎不存在辐射效应,这怎么可能发生呢?仔细查看了斯托尔帕的程序代码并没有瑕疵。

这个例子给我们这样一个启示:建立安全关键性系统,永远不要只靠单个通道的结果。

5.2.2 失效检测

组件的行为描述分成两种:观察行为(被观测到的行为)和预期行为。如果两者之间的关系是可以判断的,那么组件失效是可检测的。任何一个系统,只有包含了某种形式的冗余信息且这些信息与预期行为有关时,才可能进行系统内的失效检测。与预期行为有关的信息越详细,检测发现失效的概率越大。在极端情况下,系统必须检测发现组件的每一个行为失效,这就需要利用第二个组件(良好参考组件)作为比较的基础,即冗余度为100%。

计算在活动模式方面的规律性,可以用于检测时间失效。例如,如果事先知道结果报文每秒到达一次,那么可在一秒之内检测发现没有到达的报文。假如已知结果报文是在每个整秒时准时到达,并且接收方使用全局时间,那么失效检测延迟可由时钟同步精度给出。与无抖动系统相比,容忍抖动系统的失效检测延迟更长。

在实时系统中,为了能给实时任务的执行找到一个切实可行的调度表,必须提前了解实时任务的最坏情况执行时间(WCET)。实时操作系统可以利用任务的WCET监视任务的执行时间。如果一个任务在其WCET期满之前仍然没有结束,那么这个任务已经时间失效。

5.2.3 异常检测

异常检测有助于检测随机故障或入侵者活动(试图利用系统漏洞)的早期影响。从5.1节的介绍中,我们已经了解到异常位于正确行为和错误之间的灰色地带。

因此异常检测与状态或超常行为方式的检测有关,但不属于错误检测或失效检测的范畴。

实时实体值的限制范围和已知相互关系是应用特定的先验知识,可以用来检测采用语法方式发现不了的异常。有时这种异常检测称为合理性检查(plausibility check)。例如,技术过程(如温度变化过程)中的惯性会对实时实体的变化速度施加限制,正是这种限制形成了合理性检查的基础。

合理性检查可分成两种情况[76]:检查中间结果的合理性、运用验收测试(acceptance test)检查最终结果的合理性。验收测试能够有效地检测值域中所发生的异常。

为了更有效地检测异常状态,异常检测技术要跟踪系统的运行情况,自主地学习系统在特定情况下的正常行为[77]。在具有周期性行为的实时控制系统中,实时数据时序分析是一种非常有效的异常检测技术。

异常检测子系统要与业务职能子系统区分开来,理由如下。

(1)异常检测子系统应当作为一个独立的故障抑制单元(FCU)来实现,这样异常检测子系统的失效,不会直接影响业务子系统,反之亦然。

(2)异常检测是一个明确的任务,其运行必须独立于业务子系统。为了避免异常检测子系统和业务子系统产生共模效应,两个子系统应由两个不同的工程团队负责。

多播报文为异常检测子系统提供了一种组件基态的访问手段,并且不会诱发探测器效应(probe effect)。异常检测子系统,根据异常的严重程度对观测到的异常进行分类,并报告给离线诊断系统或在线完整性监视器(integrity monitor)。当观测到的异常指向与安全相关的事件时,完整性监视器可以立即采取纠正措施。例如,在汽车制动踏板正在被压下的情况下,汽车仍在不断加速,这就是一个异常。此时在线完整性监视器应自主地终止加速。

检测发现的所有异常应当在异常数据库中记录下来,以便进行在线或离线分析。异常越严重,记录的信息越多。通过对异常数据库进行离线分析,能够发现有价值的信息。在未来的系统版本中,可以利用这些信息修正系统的薄弱点。

在安全关键性系统中,必须仔细检查每一个被观测到的异常,直至清楚地找出导致异常的真正原因。

5.3　失效单元

容错系统设计是从规范中的故障假设开始的,故障假设申明了系统必须容忍的故障类型。它将故障空间分成两个域,分别为正常故障域和和罕见故障域。正常故障域包括必须容忍的故障;罕见故障域包括故障假设以外的故障,通常是指罕见的事件。图5-5描述了一个容错系统的状态空间,其中心位置是正确状态。正常失效将把系统带入正常的故障状态,即故障假设所涵盖的状态。容错机制将对正常故障做出修正,使系统恢复到正确状态域。罕见故障会把系统带入指定故障假设之外的状态,容错机制不包括这种状态的处理办法。然而永不放弃(Never Give Up, NGU)策略会尽力尝试将系统恢复到一个正确的状态,而不是放弃。

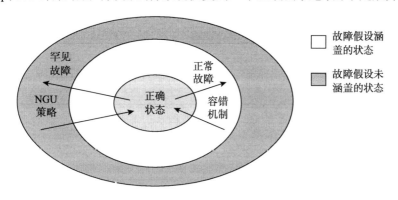

图 5-5 容错系统的状态空间

例如某故障假设规定,在指定的时间间隔内,系统必须容忍任何单一组件的故障。根据这一假设,两个组件同时失效的情况就在故障假设之外,它被认为是一种罕见的故障情况。假设还规定,当检测发现两个组件同时失效时,需要启动NGU策略。在NGU策略中,假定同时故障是瞬间的,快速重启整个系统将使系统恢复到正确状态。为了能够及时激活NGU策略,系统内部必须拥有检测机制,以便发现违背故障假设的情况。

5.3.1 故障假设

要想准确地描述故障假设,首先必须指定失效单元(FCU)。如何确保FCU的失效是独立的,这个问题属于质量工程的研究范畴。即使FCU的失效率相关性很小,也会对系统的整体可靠性带来巨大影响。如果一个故障导致多个FCU失效,那么必须认真分析这些失效的相关性,并在故障假设中记录下来。

例如在分布式系统中,一个既包括硬件又包括软件的组件,可以形成一个FCU。如果系统中的电源已经采取了工程预防措施、过程信号进行了电气隔离,且组件之间保持一定的物理距离,那么假定各个组件的失效是独立的,切合实际。在多处理器系统芯片(MPSoC)上,各个IP-核仅通过报文交换实现相互之间的通信,每个IP-核可以作为一个FCU。然而由于多处理器系统芯片的各个IP-核是物理上靠近的(存在产生空间接近故障的可能),且共用一个电源和一个时钟源,假设各个IP-核的失效完全独立是不合理的。在航空航天领域,无论多处理器系统芯片使用了何种内部故障抑制机制,都假定整个多处理器系统芯片的失效率为10FIT。

1. 失效模式和失效率

下面将讲述FCU的假定失效模式(assumed failure mode),以及每种失效模式对应的估计失效率(estimated failure)。将估计失效率作为可靠性模型的输入,可以通过计算检查设计的可靠性是否与要求的可靠性一致。系统建成后,将估计失效率与现场观察到的真实失效率相对比,可以检查故障假设是否合理,要求的可靠性目标是否达到。

硬件的失效模式主要分成三种,即永久失效、非故障静默(non-fail silent)永久失效和瞬间失效。

系统或产品的失效率变化曲线如图5-6所示。这个图形有些像浴盆,故常称为浴盆曲线。由图可知,该曲线大致分成三段:在早期,失效率由较高值迅速下降,这是由系统内在的设计错误、工艺缺陷等原因造成的。经过一段时间后,失效率基本趋于稳定状态,因为这一时期的故障是随机的、偶然的,其中有些微微下降,有些微微上升,故称为偶然失效期。在此期间,系统的失效率最低而且较稳定,是系统的最佳状态时期。经过较长时间后,故障率又迅速上升,产品迅速报废,称为损耗失效期。在这一时期,构成系统的某些零部件已基本老化损耗失效,寿命衰竭。设计时应避免这段时间。

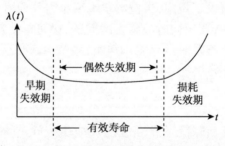

图 5-6　失效率的浴盆曲线

早期失效是由设计、制造上的缺陷等造成的。一般来说,电子元器件或插板都有一个早期失效期。如果不加筛选或环境实验就出厂,早期失效率较高,因此通常可对其施加高应力(广义的应力)实验,使具有早期失效的元件在较短的时期内暴露出来加以剔除。个别产品或整机由于设计不合理,通过可靠性摸底实验发现它们只有早期失效期,这种器件(或产品)是不能正式使用的。

偶然失效是产品偶然的因素所致,所以它的失效率很低。在这一时间内,失效率几乎是一个常数,并且维持时间较长。这时的失效率虽然是偶然因素造成的,但对产品来说也是不允许的。因此在提高可靠性方面,要考虑发生故障时应采取的备用措施或安全措施。

损耗失效是老化、疲劳、耗损等原因引起的。这一期间的失效率很高,所以在设计时,大多将这个时期从平均失效时间(MTTF)里扣除。

对于分布式系统,电缆连接线路也是一个重要的失效源,即使高质量的连接,每根连线的失效率也达到0.1~1FIT。

利用高温对超大规模集成电路(Very Large Scale Integration,VLSI)芯片寿命进行寿命加速实验,在相当长的时间内都未发现损耗失效期,这说明它的偶然失效期很长。当然这是对VLSI芯片的失效机理而言的,而其他失效机理大都具有浴盆形失效曲线。对于工业和汽车领域所应用的VLSI芯片,它们的硬件失效率数量级如表5-3所示[78]。

表 5-3　硬件失效率数量级

硬件失效模式	失效率 /FIT
永久失效	10~100
非故障静默永久失效	1~10
瞬间失效	1000~1000000

在经过最初几百个小时的早期失效时段后,高质量VLSI芯片的永久失效率稳定在10~100FIT范围内。芯片的失效率与芯片上的晶体管数量关系不大,失效率的大小主要取决于芯片的物理参数(如芯片的引脚数量和封装形式等)。老化法可以缩短早期失效期的长度,常用的方法是使芯片在高温下运行。

芯片的瞬间失效率高于其永久失效率。芯片的安装环境不同,失效情况也有差异,通常瞬间失效率比永久失效率高10~100000倍。造成瞬间失效的常见原因包括电磁干扰(Electro Magnetic Interference,EMI)、电源波动以及高能粒子(如 α-粒子)撞击。

故障假设除了包括失效模式和失效率,还必须包括错误和失效检测机制方面的内容,相关讨论见5.2节。

2. 恢复时间

瞬间失效发生后所需要的恢复时间也是可靠性模型的一个重要输入。在状态已知的设计中,恢复时间取决于基环(G-cycle)的持续时间(见5.6节)和重启组件所花费的时间。

5.3.2　节点作为失效单元

在分布式实时系统中,节点是自成一体的,它通过精心定义的、很小的外部接口,提供必要的功能,节点失效相当于节点的功能失效。因此把节点作为失效单元是合适的。

分布式实时系统容错功能的实现,一般分成两个层面:架构层面和节点层面。

在架构层面主要考虑整个节点的行为,节点的失效模式应该尽可能简单,最好只呈现故障静默(fail silent)失效,即节点不是运行就是停止。在最好的情况下,架构层面的容错机制至少需要完成以下两个任务。

(1)成员资格服务(membership service)。检测节点失效,并在发现节点失效时,尽快向簇内所有运行中的节点报告这一情况。

(2)冗余管理。利用主动冗余屏蔽节点失效,并在节点被修复之后,尽快将其重新融入簇内。

在节点层面,节点的实现必须确保在系统架构层面所做出的失效假设以高概率成立。

1. 节点的最低服务水平

一个大型系统在其全面运行和停止运行之间存在许多运行状态。例如,装有两个显示器的人机接口,正常情况下两个显示器都为操作员提供良好的过程信息。如果其中一个显示器失效,操作员仍然可以利用另一个显示器控制该过程,即工作在降级模式。假如两个显示器都失效了,看不到系统的任何情况,则必须关闭系统。仅有一个显示器在工作的状况被认为是最低服务水平。高于或等于这个最低水平的每个服务水平被认为是运行的,低于最低水平的每个服务水平被认为是失效的。

系统规范必须准确描述主要系统功能的最低服务水平。一个节点只要提供了这个最低服务水平,那么它就是运行的,否则就是不运行的。成员资格服务根据这个方案将节点分成两类:运行的和不运行的。在系统结构架构层面进一步区分节点的服务能力,必然增大架构层面的复杂性,而且没有相应的回报。

2. 节点内部的错误检测

节点应当在较短的时间内检测发现所有内部失效,并把这些失效映射成单一外部失效模式,即节点的故障静默失效。节点的错误检测一定与数值失效和定时失效有关,相关内容在5.2节已经进行了详细讨论。

采用共享通信通道的分布式实时系统,其时域错误检测极为重要。故障节点在错误的时间点通过发送高优先级报文,独占共享通道,必然扰乱正常运行节点之间的通信,并且可能导致整个系统失效。在不正确的时刻发送报文的节点称为混串音。对于应用共享通信通道的系统,混串音定时失效属于最严重的节点失效。

当预先知道节点发送报文的预定时刻时,可以在该节点的外部接口上行使时域错误检测,如在节点的通信网络接口上。在时间触发架构中,这种信息是静态的,预先存储在通信系统中,独立于主机中的应用软件,可以用来构造主机定时失效的检测机制;在事件触发架构(Event Triggered Architecture, ETA)中,应用软件来动态地确定报文发送时间,因此很难设计出检测主机定时失效的错误检测。

3. 节点的异常处理

节点的软件和硬件都可能引发异常,如软件中的变量超出限定范围,硬件出现运算溢出等。当异常发生后,控制操作被转移到异常处理程序。异常处理程序运行结束后,控制操作要么从异常点恢复运行,要么终止任务。许多编程语言通过提供适当的编程结构支持异常处理。

在实时系统中,应用异常处理需要特别谨慎。在任务运行期间,被激活的异常处理程序会延长任务的WCET。节点的接口规定了异常处理的时间约束,在这个时间约束内,如果节点的异常处理程序将损坏修复了,那么节点正常工作,否则整个节点失效。

5.4　容错单元

为了避免单一FCU失效造成严重后果,一种常用的方法是将几个FCU组合在一起,形成一个容错单元(Fault Tolerant Unit, FTU)。经过精心设计的FTU能够屏蔽FTU内的单个FCU失效。

若每个FCU都是故障静默的,则FTU可由两个FCU组合而成。如果所有FCU具有容错全局时间(fault tolerant global time),并且通信网络包含了FCU的时间失效,即在FCU的通信网络接口上,FCU可能呈现的错误只是数值方面的,那么通过三个FCU组成的三模冗余FTU可以屏蔽单个非故障静默FCU失效。目前,三模冗余仍然是最重要的故障屏蔽方法。如果不能对FCU的失效行为做出任何假设,即FCU可能呈现拜占庭失效,那么每个FTU要由4个FCU组成,并且要用两个独立的通信通道链接起来。

当通过容错机制将单个FCU失效屏蔽后,从用户接口处观察不到该FCU失效,然而FCU的永久性失效会削弱或消除进一步进行故障屏蔽的能力,因此需要将被屏蔽的失效报告给诊断系统,以便及时修复故障单元。此外需要提供专用的测试技术,以便定期检查所有FCU和容错机制是否正常运行。

5.4.1　故障静默 FCU

一个故障静默FCU包括一个计算子系统和一个错误检测器,如图5-7所示。故障静默FCU要么产生正确的结果,要么不产生任何结果。

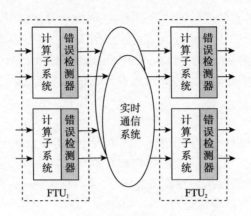

图 5-7　两个故障静默 FCU 组成的 FTU

在时间触发架构中,一个FTU由两个确定性故障静默FCU组成(如图5-7所示)。在大约同一时刻,FTU产生0、1或2个正确的结果报文。产生正确报文的数量为0,说明FTU失效了;产生正确报文的数量为1或2个,表示FTU处于运行状态,接收方必须丢弃多余的结果报文。既然FTU中的两个FCU是确定性的,那么在有两个正确结果的情况下,采用哪个结果无关紧要。如果结果报文是幂等的,那么两个复制报文的效果与单个报文相同。

在总线型系统中,一个FTU除了包括两个活动的FCU,也可以增加一个"影子" FCU[1]。影子FCU充当热备份,它从总线上读取所有报文,并与活动的FCU保持同步,但只要其处于"影子"状态,不会产生任何输出报文。一旦某个活动的FCU失效,"影子" FCU就获得该失效FCU的输出总线时隙,从而上升为活动的FCU。当失效的FCU被修复后,"影子" FCU从活动状态自动恢复到原有状态。带有"影子" FCU的FTU具有以下优点。

(1)每当一个活动的FCU失效时,FTU的内部冗余可在较短的时间内重新建立起来。

(2)在正常运行期间,影子FCU不占用通信系统带宽。

(3)在失效FCU的修复期间,FTU的内部冗余仍然得以维持。

5.4.2　三模冗余

如果FCU可能在其链接接口(LIF)上呈现数值失效,而给定的应用领域不能容忍这种可能性,那么通过三模冗余(TMR)配置可以检测和屏蔽这些数值失效。在三模冗余配置中,一个FTU由三个同步的确定性FCU组成,每个FCU包括一个计算子系统和一个表决器。任意两个连续的FTU必须通过两个独立的实时通信系统连接起来,这有助于容忍任一通信系统内的某个失效,如图5-8所示。图中所有FCU

和通信系统有权访问容错全局时基,通信系统必须了解FCU的合法时间行为。如果一个FCU违背了自身的时间规范,那么通信系统将放弃从这个FCU收到的所有报文,以防止过载情况发生。在没有故障的情况下,每个发送FCU通过两个独立的通信系统各发送1个报文,因此每个接收FCU将收到来自3个发送FCU的 6 个报文。

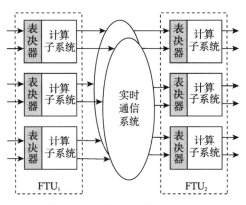

图 5-8 三个 FCU 组成的 FTU

既然所有FCU是确定性的,正确的FCU将产生相同的报文。首先表决器比较三个独立的计算结果,然后选择大多数FCU的计算结果,即三个FCU中的两个所得的计算结果,在一步之内检测发现错误报文,并屏蔽该错误。

只要容错全局时基是可用的,那么根据上述特定规则形成的三模冗余配置,能够容忍任一FCU和任一通信系统的某个随机失效。

表决器的表决策略分为两种:精确表决和不精确表决。

(1)精确表决。形成FTU的三个FCU都会产生结果报文,在精确表决中,要对这三个结果报文的数据字段进行逐位比较。如果三个可用报文中的两个有完全相同的位模式,那么选取这两个报文中的一个作为三元组的输出。精确表决基于这样一个假设:正确运行的复制确定性FCU产生完全相同的结果,形成FTU的三个FCU的输入报文和基态(G-state)是位相同的。若输入来源于物理环境中的冗余传感器,则必须执行一个约定协议,强制形成位相同的输入报文。

(2)不精确表决。如果复制FCU的复制确定性得不到保证,就要使用不精确表决策略。在不精确表决中,若两个报文所包含的结果处在某个应用指定的区间内,则假定两个报文包含了相同的结果。为不精确表决器选取合适的区间是一项十分微妙的工作。如果区间选的过大,错误值会被认为是正确值;如果区间选的过小,正确值会被作为错误值放弃。实践表明,不精确表决策略常常令人失望[79],不对判定两个结果"相同"的准则做出定义,看起来是个问题[80]。

5.4.3　拜占庭弹性容错单元

如果不能对FCU的失效模式做出任何假设,也没有全局时基,那么为了能够容忍单个拜占庭故障,形成1个FTU需要4个FCU。这4个FCU必须执行拜占庭弹性(Byzantine resilient)约定协议,才能确定一个FCU的恶意失效。理论研究表明[52],要想容忍x个FCU的拜占庭失效,拜占庭约定协议有以下要求。

(1)1个FTU至少由$3x+1$个FCU组成。例如,容忍1个FCU的拜占庭失效,FTU至少包括4个FCU。

(2)每个FCU必须通过$x+1$个分隔开的通信路径与FTU的所有其他FCU相连。例如,为了容忍1个FCU的拜占庭失效,FTU的各个FCU之间通过2个独立通道相连。

(3)为了检测恶意的FCU,FCU之间需要进行$x+1$轮通信,一轮通信要求每个FCU发送一个报文到所有其他FCU。

目前人们已经提出了多种容忍FCU拜占庭失效的架构,下面将以德雷珀实验室(Draper Labs)研发的容错并行处理器(Fault Tolerant Parallel Processor, FTPP)架构为例[81],解释拜占庭约定协议的上述要求。在未对FCU的失效模式进行任何假设的情况下,这个架构能够容忍拜占庭失效。

FTPP是德雷珀实验室设计的实时计算机,它不仅具有较高的可靠性和吞吐量,而且能够容忍拜占庭失效。架构的构建模块是处理单元(Processing Element, PE)和网络单元(network element)。PE和网络单元按照图5-9所示的方式互相连接,互连结构遵守上述拜占庭约定协议的要求。一个网络单元和四个相关的PE结合在一起形成一个主要故障抑制区。主要故障抑制区通过专用的点对点通信链路相互通信,实现同步信息和报文的交换。PE通过单一专用通信通道与网络单元连接,每个PE和其通信通道一起形成一个次要故障抑制区。

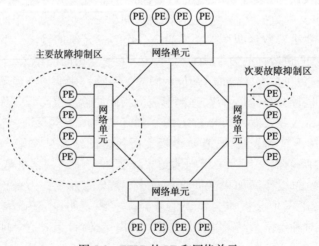

图 5-9　FTPP 的 PE 和网络单元

　　弹性拜占庭FTU（在FTPP中，FTU称为运算组）必须包括来自分离网络单元的PE。既然一个系统中的所有功能并不都是安全关键性的，它们又必须容忍拜占庭失效，那么可以通过形成不同复制程度（replication degree）的FTU达到增加吞吐量的目的。如果一个PE失效，来自同一主要故障抑制区的另一个PE可作为替换单元。

　　FTPP不提供全局时间，但可以实现应用任务的功能同步。组成FTU的冗余PE，通过在应用的经常性互动点交换报文，可以实现相互之间的同步。由于一定要在这些互动点上执行拜占庭约定协议，所以能够检测发现有故障的PE。一个PE偏离多数PE，并且超过一个事先定义的时限，即被作为故障的PE从集合中排除。

5.4.4　成员资格服务

　　当发现一个FTU失效时，必须在短时间内以一致的方式向所有运行中的FTU报告这一情况，这是成员资格服务的任务。建立节点成员资格的时间点称为节点的成员点（membership point）。节点的成员点以及将该节点的当前成员资格以一致的方式告知集合中其他节点的时刻之间存在时间延迟，对于许多与安全有关的应用，这个延迟至关重要，越小越好。在故障假设被违背的情况下，激活永不放弃（NGU）策略是成员资格服务的另一个重要功能。

　　例如，在四轮汽车智能防抱死制动系统（Antilock Braking System，ABS）中，分布式计算机系统的节点被放置在各个车轮上，如图5-10所示。每个节点都有一个分布式算法，这些算法根据制动踏板的位置计算车轮上的制动力分配（distribution）。如果一个车轮节点失效或对一个车轮计算机的通信丢失，这个车轮上的液压制动执行器自主地过渡到规定状态（如使车轮自由运行）。如果其他节点在短时间内（如在一个约2ms的控制循环内）得知这个车轮上的计算机已经失效，那么三个运转的车轮重新分配制动力，仍然可以控制汽车。然而，如果没有在短时间内发现节点丢失，那么车轮的制动力仍然按照四个车轮计算机都在运行进行分配，这显然是错误的，汽车可能失控。

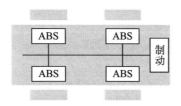

图 5-10　汽车上的智能 ABS

　　在事件触发架构中，节点只在发生重要事件时发送报文。因此节点静默意味着节点没有重要事件发生，或者发生了故障静默失效。后者可能源自两种情况：通信丢失或故障静默节点停机。即使假定通信系统是完全可靠的，要想把节点不活动和静默节点失效两种情况区分开来,也是不可能的。为了解决成员资格问题,在事件触发架构中必须实现额外的时间触发服务(如周期性的看门狗服务)。

在时间触发架构中,周期性的报文发送时间是发送方成员点。每个接收方预先知道发送方报文应该到达的时间,并把报文到达看成发送方在成员点的存续标志[82]。假设失效节点的不服务时间大于两个成员点之间的最大时间间隔。在两个连续的成员点上都有期望的报文到达,可以断定在这两个成员点所限定的整个时间间隔里,节点是活动的。因此在任何时间点都可确立簇内FTU的成员资格,时间延迟为一轮信息交换的时间。在时间触发架构中,一轮信息交换的时间延迟是预先知道的,导出成员资格服务的时间准确性范围是可能的。

5.4.5 鲁棒系统结构

在嵌入式系统领域,如果故障后果的严重程度与故障发生的概率成反比,即预计将经常发生的故障对系统的服务质量只有很小的影响,那么该系统被认为是鲁棒性的(robust)。无论故障的类型和来源是什么,为了减少故障对用户的影响,鲁棒性嵌入式系统都将设法尽快从故障的影响中恢复过来。如5.1节所述,故障的直接后果是错误,即意想不到的状态。如果在错误对服务质量产生严重影响之前发现并纠正了错误,那么已经增加了系统的鲁棒性(robustness)。寻找引起失效的详细原因是诊断子系统的任务,鲁棒性设计并不关心这个问题,而是关心如何在故障发生后快速恢复正常的系统服务。

周期性是许多实时控制系统和多媒体系统的固有特性,这种特性有助于系统的鲁棒性设计。由于大多数执行器存在功率方面的约束,在很多情况下一个控制循环中的单个不正确输出,不会导致物理设定点的突然变化。如果能在下一个控制循环内检测和纠正错误,故障对控制应用的影响会很小。这个结论同样适用于多媒体系统。假如单个图像帧内包含了一些不正确的像素,或者一个完整的帧被丢失,但序列中的下一个帧仍然是正确的,那么故障对多媒体体验的影响是有限的。

一个鲁棒系统至少包括两个子系统(如图5-11所示),每个子系统都是独立的FCU,一个FCU是运行节点,负责执行规定操作和控制物理环境,另一个FCU是监视节点,负责反映运行节点的结果和基态是否与用户的意图保持一致[83]。

图 5-11 鲁棒性系统的结构

在周期性应用(如控制应用)中,每个控制循环首先读取基态和输入数据,然后执行控制算法,最终产生新的设定点和基态。一个控制循环内的瞬间故障,即使已经破坏了基态,也只是传播到下一个控制循环。在鲁棒性系统中,运行节点必须在每个控制循环中外部化其基态,这样监视节点可以检查基态的合理性,并在基态严重异常的情况下采取纠正措施。纠正措施包括重置运行节点,以及用修复的基态重启运行节点等。

在安全关键性应用中,一个通道用于产生结果,另一个通道作为安全监视器,负责监视该结果是否合理,这种双通道法是绝对必要的。即便软件已被证明是正确的,也不能假定硬件执行期间不存在瞬间故障。功能安全标准IEC 61508要求的双通道法为[84]:一个通道用于正常功能,而另一个独立通道用于保证控制系统的功能安全(见9.3.4节)。

在故障安全应用中,安全监视器除了使应用进入安全状态,没有其他权限。安全监视器的故障静默失效将导致安全监视功能丧失,而安全监视器的非故障静默失效会降低安全监视功能的有效性,但不会影响安全性。

在故障运行应用中,安全监视器的非故障静默失效会影响应用的安全性,因此为了消除非故障静默失效,安全监视器本身必须是容错的或至少是自检的。

5.5 设计多样性

从大型计算机系统现场观察到的可靠性数据表明:越来越多的计算机系统重大失效是由软件设计错误引起的,而不是硬件的物理故障。冗余技术可以解决物理硬件的随机故障问题,但是至今没有一种被普遍接受的设计(软件)错误问题处理技术。物理过程不会导致软件老化,因此现有的硬件故障处理技术不能直接应用于软件领域。

软件错误是设计错误,其根源在于难以掌握设计的复杂性。Boehm 等分析了最常见的软件错误[85]。复杂VLSI芯片的许多硬件功能是由存储在ROM中的微代码实现的,当将芯片用于安全关键性系统时,必须考虑出现硬件设计错误的可能性。分布式系统包括多个节点,单个设计错误会被多个节点的软件所复制,有必要进行深入研究。可以想象,若构成FTU的节点使用相同的硬件和系统软件,则FTU很可能出现由软件或硬件(微程序)设计错误引起的共模失效。

5.5.1 软件版本多样化

解决软件不可靠问题的主要策略有三个[86]。

(1)通过引入概念完整的结构和简化的编程范式,提高软件系统的可理解性。迄今为止这是解决软件不可靠问题的最重要策略,已经得到广泛的支持。如结构化编程技术、面向对象的设计技术等。

(2)在软件开发过程中运用正式方法(formal method),以便以严谨的形式表达规范。高级规范是用正式的规范语言表示的,这一策略使正式验证实现与规范之间的一致性成为可能[80]。

(3)设计和实现多种软件版本,这样一来,即使存在设计缺陷,也可以提供一个安全的服务水平。

在过去的几年里,人们不断尝试上述策略,希望其中一种可以被广泛遵循。事实上这三个策略并不矛盾,而是相辅相成。在安全关键性实时系统中,为了使设计错误的数量减少到与超高可依赖性要求相适应,软件系统应该遵循上述所有策略。

设计多样性基于这样的假设:使用不同编程语言和不同开发工具的不同程序员,他们不会犯同样的编程错误。大量的实验结果表明,这个假设只是部分正确[87],绝对不是完全正确。

设计多样性增加了系统的整体可靠性。然而如果不同的软件版本是根据同一个规范开发的,那么假设这些软件版本中的错误没有相关性并不合理[88]。通过详细分析大型软件系统的现场数据,人们发现相当数量的系统失效可以追溯到系统规范方面的缺陷。为了使不同的软件版本更加有效,这些软件版本应该基于不同的规范。当然这会使表决算法(voting algorithm)的设计更加复杂。

接下来将以容错铁路信号系统为例,说明软件多样性在安全关键性实时系统中的实用性。

铁路系统的安全运行颇受关注。为了提高铁路服务的安全性和可靠性,阿尔卡特(Alcatel)公司开发了VOTRICS铁路信号系统[89],该系统从多个方面体现了设计多样性在安全关键性实时环境中的实际效用。

研制铁路信号系统的目的有两个。

(1)收集铁路站点的轨道状态数据,即火车的当前位置、火车的运行情况、道岔的位置。

(2)设置信号并移动道岔,以使火车根据操作员输入的特定时刻表安全地通过车站。

VOTRICS系统分成两个相互独立的子系统。一个子系统负责从车站操作员那里接收命令,从轨道上收集数据,计算道岔和信号的预期位置,以使火车按照预定的计划通过车站。这个子系统利用三模冗余架构达到容忍单一硬件故障的目的。

第二个子系统负责监视车站状态的安全性,因此也称为安全囊(safety bag),它有权访问第一个子系统的实时数据库和预期的输出命令,动态地评估系统的安全属性,这些属性通常源自铁路管理部门的"规则手册"。当第二个子系统不能动态地验证预期输出状态的安全性时,有权阻止输出道岔信号,有时甚至激活整个车站的紧急关闭操作,将所有信号设置为红色,让所有列车停止运行。安全囊也是利用三模冗余硬件架构实现的。

这个架构有一个令人感兴趣的方面,它的两个软件版本是极其独立的。这两个软件版本源自完全不同的规范。第一个子系统将运行要求作为软件规范的出发点,而第二个子系统将已建立的安全规则作为它的出发点,排除了产生共模规范错误(common mode specification error)的可能性。两者的实现方式也显著不同,第一个子系统是根据标准编程范式建立的,而第二个子系统是以专家系统为基础的。如果基于规则的专家系统不能在规定时间内提供肯定的答案,那么认为它已经违背了安全性条件,因此没有必要为专家系统确立WCET的解析值(事实上很难确立)。

VOTRICS系统已在很多铁路车站中运行了多年,没有案例表明系统存在未被发现的不安全状态。由于第二个子系统能够立即发现第一个子系统的失效,安全囊进行的独立安全验证在试运行阶段也具有积极作用。

根据这个实例和其他经验可以得出一个一般性原则:在安全关键性系统中,每个安全关键性功能的执行必须由另一个独立的通道进行监视,并且这个监视通道是以不同的设计为基础的。任何安全关键性功能不应该只建立在单通道系统上。

5.5.2 系统层次化

前面所描述的技术同样适合于由两层计算机系统控制的故障运行应用,如图5-12所示。较高层次计算机系统提供全部的功能,并且具有高错误检测覆盖率。低层计算机系统的功能是有限的,但它是独立的,而且设计方式也不同于高层系统。若高层计算机系统失效,则可由低层计算机系统接替。值得注意的是,低层计算机系统的有限功能必须足以确保安全性。

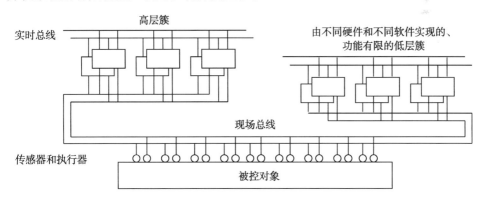

图 5-12 拥有不同软件的多层计算机系统

这种架构已经应用于航天飞机的计算机系统[90]。三模冗余系统通常使用相同的软件,在设计错误导致三模冗余系统发生相关失效的情况下,需要另外提供拥有不同软件的第四个计算机。现有的很多安全关键性实时系统(例如,铁路信号系统[89]、核应用系统[91]和空客飞机的线控飞行系统[92]等)利用了多样性。

5.6　修复节点的恢复

大多数计算机系统故障属于瞬间故障,即它们是零星发生的,且持续时间很短。这类故障破坏状态,但不会永久损坏硬件。在一个瞬间故障发生后,如果系统服务能够很快地重新建立起来,那么在大多数情况下用户不会受到故障后果的严重影响。在许多嵌入式应用中,快速恢复失效的节点极为重要,必须通过适当的架构机制予以支持。

5.6.1　恢复点

失效可能在任意时刻发生,不受系统设计者控制,但系统设计者可以安排修复节点的恢复点。

节点恢复期间的关键问题是找到一个未来的时间点,在该时刻节点的状态与其环境(即簇内其他节点和物理设备)同步。

在非实时数据密集型系统中,检查点恢复(checkpoint recovery)被用于建立失效之后的一致状态[90]。然而在实时系统中,随着时间的进展,检查点的信息已经变得无效,回退到(rolling back)过去的检查点可能没有意义。

2.3.2节用基态表示恢复时刻的状态。基态恢复不同于检查点恢复,两者之间的比较如表5-4所示。

表 5-4　基态恢复与检查点恢复

	基态恢复	检查点恢复
数据选择	未来运行所必需的、应用特定的小数据集	计算开始以来,已被修改的所有数据元素
数据修改	修改基态数据,在未来的恢复时刻建立基态和环境状态之间的一致性。在实时系统中,实现环境复原是不可能的	不修改检查点数据。通过将(数据)环境复原到获取检查点数据时的环境,从而建立一致性

若必须重新加载到被恢复节点的状态具有较小的规模,适合放入单个报文,则可简化节点的恢复。相对来说,原子操作刚刚结束时的状态规模最小,是进行节点恢复的理想时刻。

许多嵌入式控制系统和多媒体系统是循环操作的,在这类循环系统中,新循环的起点是节点的理想恢复时刻,连续两个恢复时刻之间的时间长度等于一个控制循环的持续时间。如果恢复时刻的基态是空的,那么此时修复节点的恢复就成为一件微不足道的事。然而在大多数情况下,节点的生命周期里不存在这样一个基态完全为空的时刻。

5.6.2 基态最小化

当确定了循环性恢复时刻之后,接下来的工作是分析已选择时刻的基态,力争使基态最小化,从而简化恢复操作。基态最小化可分成下列两个阶段。

(1)研究节点内的所有数据结构,找出任何隐藏的状态。这一阶段必须确定需要初始化的所有变量,检查信号量(semaphore)的状态和恢复时刻的操作系统队列。当检测到拥有基态的任务时,以特殊的输出报文输出任务的基态,该任务被重新激活后,重新读取任务的基态,这是一个很好的编程习惯。这样做不仅确定了基态,也使一个节点内所有任务的基态集成到一个特有的基态报文成为可能。

(2)分析已确定的基态,并使其最小化。基态信息一般划分为以下三个部分。

① 可从环境检测仪表恢复出来的输入数据。如果检测仪表是以状态为基础的,并且发送实时实体的绝对值(状态报文),而不是实时实体的相对值(事件报文),那么对环境中的所有传感器进行一次完整扫描,就能在重新融入系统的节点中建立一组当前映像,从而使该节点与外部世界重新同步。

② 处于计算机控制之下的、可施加到环境的输出数据。这种输出数据的集称为重启矢量(restart vector)。大量应用的重启矢量是在系统开发阶段定义的,当节点需要恢复时,将这个重启矢量强加到环境,从而使节点与外部世界保持一致。如果不同的处理模式所需要的重启矢量不一样,那么在开发阶段可以定义一组重启矢量,每种模式对应一个。

例如,当重启一个交通控制系统时,需要将重启矢量强加到交通信号灯。首先要把十字路口的信号灯设置为黄色,然后再到红色,最后将主街道的信号灯转换为绿色。对于实现外部环境与计算机系统的同步,这是一个相对简单的方法。此外,鉴于日志文件记录了直到失效点的输出命令,也可以使用另一种重启方法,即根据这个日志文件重建所有信号灯的当前状态,显然这个方法更加复杂。

③ 不属于上述①和②两部分的基态数据。这部分基态信息要从节点之外的一些资源恢复出来,这些资源包括监视节点、操作员或容错系统的复制节点等。在某些情况下,可考虑通过重新设计过程仪器仪表,把第③部分基态信息转换成第①部分的基态信息。

在拥有复制节点的系统中,复制节点包括在FTU内,不能直接从环境中恢复出来的基态数据需要借助于基态报文,将它们从FTU的一个节点传送到FTU的其他节点。在时间触发系统中,发送这样的基态报文应该是标准节点循环的一部分。

5.6.3 节点重启

当一个监视节点检测发现一个失效节点后,该节点的重启可按下列顺序进行,如图5-11所示。

(1)监视节点将一个可信赖的复位报文发送到运行节点的技术独立接口(TII),强制执行硬件复位。

(2)硬件复位之后,运行节点进行自我测试,并通过核心映像的数据结构所提供的特征(signature),验证其核心映像的正确性。如果核心映像是错误的,那么要从稳定存储器中重新加载核心映像的复制。

(3)运行节点扫描所有的传感器,等待一个簇循环,获取所有可用的最新环境信息,然后对信息进行分析,确定被控对象的模式,选择重启矢量,并将该矢量强加到环境。

(4)当运行节点从监视节点收到与下一个恢复时刻有关的基态信息后,运行节点以与其物理环境和簇内其余节点同步的方式启动其任务。

复位报文到达与基态信息报文到达之间存在时间间隔,这个间隔的大小取决于硬件的性能和实时操作系统的特点,可能明显大于一个恢复循环的持续时间。在这种情况下,监视节点必须执行状态估计,以便在合适的恢复点建立相关的基态。

习　　题

1.试写出故障、错误、失效和异常4个术语的确切含义。

2.FCU的特点是什么?

3.Heisenbug和Bohrbug之间的差异是什么?

4.描述拜占庭失效的特点。

5.画出VLSI芯片的失效率曲线。

6.VLSI芯片的典型永久失效率和瞬间失效率是多少?

7.在安装一批单片微控制器到工业现场之前,每个微控制器已经通过了正常运行测试,测试温度为常用的温度值:−20℃、0℃、+20℃、+40℃、+60℃和+80℃。在现场运行期间,出现了下列故障:尽管芯片在−20℃和0℃时工作正常,但在−12℃左右时,有1/5的芯片失效。这个故障属于哪一类? 若这个芯片是大型分布式系统的一部分,怎样检测这个故障? 3个这样的微控制器构成的三模冗余系统,在−12℃发生失效的概率是多少?

8.为什么说瞬间故障恢复时间越短越好?

9.错误检测的基本技术是什么? 从错误检测角度,对比事件触发系统和时间触发系统。

10.对于拥有共享通信信道的分布式控制系统,最严重的错误是什么? 为什么?

11.说明故障假设文件的内容。什么是NGU策略？

12.鲁棒性和容错性之间的差异是什么？描述鲁棒系统的结构。

13.什么是成员资格服务？给出一个成员资格服务实例。成员资格服务的质量参数是什么？如何在事件触发架构中实现成员资格服务？

14.哪些类型的故障可能通过复制组件屏蔽，哪些故障不能通过复制组件屏蔽？

15.通过三模冗余实现容错的要求是什么？

16.假设三列火车同时运行在一条模型铁路轨道上，由一个计算机系统进行控制，总共采用10个道岔和15个信号。试找出恢复点的状态，哪些信息可在恢复点强加到环境？恢复点可保留的最小状态是什么？

17.设计多样性的优点和限制是什么？ 为什么说故障安全应用比故障运行应用更易采用设计多样性？

18.什么是重启矢量？举例说明。

第 6 章　实时通信

实时通信的基本服务是：在给定的延迟时间内以一定的可靠性将报文从发送方传输到一个或多个接收方。从前面几章的讨论中，我们已经了解了实时通信在分布式实时系统中的部分作用。本章将从通信要求、通信设计模型、通信协议等方面集中描述强实时系统的实时通信。

6.1　实时通信的要求

前面几章里已经讨论了实时数据的特性，在分布式实时系统中，通信基础设施在架构层面的要求是根据前面的那些讨论结果得出的。这些要求与非实时通信服务的要求之间存在重大区别。

6.1.1　时效性

实时通信系统在短报文传输延迟和最小抖动方面的要求，明显不同于非实时通信系统。

（1）短报文传输延迟

分布式实时处理的持续时间是从读取传感器开始，到输出结果至执行器结束，时间长度取决于节点内部的计算时间和相关节点之间的报文传输时间。这个时间应尽可能小，以使控制回路的死区时间最小化。由此可见，实时通信协议的最坏情况报文传输延迟应该很小。

（2）最小抖动

实时通信的抖动是最坏和最好两种情况下的报文传输延迟之差。抖动太大会对动作延迟时间和时钟同步精度造成负面影响。

实时映像在其被使用的时刻必须是时间上准确的。在分布式系统中，传感器节点观测实体，执行器节点使用观测值，只有在两者之间的持续时间可测的情况下，才可以检查时间准确性。这就要求所有的相关节点之间有一个适当精度的全局时基。建立全局时基并使节点同步是通信系统的责任，如按照IEEE1588标准实现时钟同步。在需要容错时，终端系统必须通过两个相互独立的自检通道实现与容错通信基础设施的链接。对于在两个通道上传输的时钟同步的报文，丢失其中一个是可以容忍的。

6.1.2 通信可依赖性

实时通信的可依赖性(dependability)要求高于非实时通信。下面将从通信可靠性、节点的时间故障抑制、通信错误检测、端到端确认、通信确定性等几个方面描述这个问题。

(1)通信可靠性

在实时通信中,用于提高通信可靠性的技术包括:鲁棒性信道编码、正向纠错码(error correcting code)或扩散算法(diffusion based algorithm)。其中,扩散算法是把报文的复制副本发送到不同通道上(如无线系统的跳频技术),发送时间可以不同。然而在许多非实时通信系统中,可靠性是通过时间冗余来实现的,即通过重传丢失的报文实现可靠性。时间和可靠性之间的这种折中显著增加了抖动。这种折中不应该是基本报文传输服务(BMTS)的一部分,是否需要这种折中是由应用决定的。

例如,某传感器节点每毫秒发送一个报文到控制节点,报文内包含一个实时实体的观测。在报文被损坏或丢失的情况下,接收方等待下一个包含最新观测的报文,而不是要求重发丢失的报文,因为重发报文中包含的是较旧的观测。

(2)节点的时间故障抑制

在使用同一通信通道的正确节点之间,如果不能遏制故障节点引起的时间错误,那么保持正常通信是不可能的。在通信通道上建立时间防火墙,有助于遏制节点的时间故障(混串音),从而使故障节点不直接影响通道上的其他节点,也不破坏节点之间的通信。这就要求通信系统拥有可预期(允许)的节点时间行为信息,并能断开违背时间规定的节点。这一要求若得不到满足,那么出现故障的节点会阻塞正确节点之间的通信。

例如,在CAN总线上,某个故障节点不间断地发送高优先级报文,必然阻碍所有其他正确节点之间的通信,从而导致正确节点之间的通信完全丧失。

(3)通信错误检测

一个报文就是一个原子单元,要么正确到达,要么根本没有到达。为了检测报文是否在传输期间被破坏,每个报文须包含CRC字段,接收方可以据此检验数据字段正确与否。实时系统特别关注接收方对报文丢失或损坏的检测。

例如,一个控制阀节点接收来自控制器节点的输出命令,假如通信因导线被切断而中断,那么控制阀(接收方)应该进入一个安全状态(如自主关闭控制阀)。接收方(控制阀)需要自己检测发现通信的丧失,以便自主地进入安全状态。

分布式系统中的失效节点应由通信协议进行检测,通信协议还应把失效情况报告给余下的正确节点。成员资格服务能够及时且一致地检测发现失效节点。

(4)端到端确认

在只有通过多个节点的合作才能达到预期效果的任何情形下,分布于各处的动作成功与否,需要有端到端确认[7]。在实时系统中,通信动作最终成功与否的端到端确认,可以来自输出报文接收方之外的节点。执行器通常置身于物理环境中,发送给执行器的输出报文会对环境产生物理影响,另外的传感器节点可以监视这种物理影响。这个传感器节点的观测结果就是输出报文和预期物理动作的一个端到端确认。

图6-1给出了一个输出报文端到端确认的实例。在这个例子中,A表示流量测量值,B表示期望阀门位置,输出报文通过实时网络被传送到被控对象中的控制阀,被控对象中的流量传感器连接到与控制阀不同的节点,通过它可以确认发送给控制阀门的输出报文。

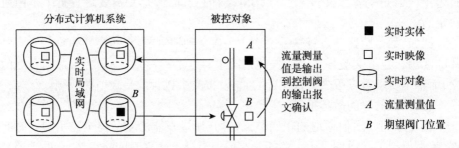

图 6-1　实时系统的端到端确认

错误的端到端协议可能导致严重后果。为了有力地说明这一点,可以参考关于1979年3月28日三里岛核反应堆2号机组事故的情况[93]。

事故的失效链虽然很长,但是最重要的且破坏性最强的单个失效,也许是增压器压力溢流阀的失效。这个压力溢流阀当时没有关闭,然而它的监视灯却显示绿色信号,即关闭信号。

这个系统的设计违背了"不要相信执行器"这个基本原则。设计者认为"命令阀门关闭的控制输出信号到达了"就意味着阀门关闭了。由于这个阀门存在机电故障,所以这个暗示是不成立的。合适的端到端协议能够机械地检测阀门的闭合位置,从而避免这种灾难性的虚假信息。

(5)通信确定性

基本报文传输服务的行为应当是确定性的,那么在所有通道上,报文的顺序是相同的,在冗余独立通道上输送的复制报文,其到达时刻彼此接近。4.4节已经讨论了这个期望属性,为了通过主动冗余来实现容错,这个属性是必需的。例如,在容错配置中,如果两个独立通信通道上的报文顺序不一致,那么故障屏蔽能力可能由于缺少复制确定性而丢失。

6.1.3 灵活性

系统配置可能随时间而改变,在大多数情况下,实时通信系统需要支持这种变化。要想在不修改软件、不重新测试未受影响节点的情况下,适应配置的变化,实时通信协议应该具有灵活性。

通信通道的带宽是有限的,在给定的时间范围内,任何通道能处理的通信量存在一个上限,这给灵活性的实现带来一定困难。实时通信协议的灵活性一般包括如下两个方面。

(1)多播结构

分布式实时系统的标准通信拓扑结构是多播的(multicast),而非点对点的(point to point)。大量不同的节点使用实时实体的同一个映像,这些节点可能是人机接口(MMI)、过程模型节点和报警监视节点。报文应当在较短的已知时间间隔内传递到所有的接收方。

(2)动态添加通信伙伴

实时通信系统应当可以动态地增加新的通信伙伴。如果新增的通信伙伴是被动的,即只能接收报文不能发送报文,那么多播拓扑结构可以通过添加新的通信伙伴支持这项要求。如果新增的通信伙伴是主动的,即其能够发送报文,那么通信基础设施应当提供必要的带宽,而且不违背已经给予现有合作伙伴的时间保证。

例如,汽车的通信系统需要根据买主的要求支持不同的节点配置。一个买主要求汽车有天窗、计算机控制的收音机、具有记忆能力的自动座位;而另一个买主则可能选择空调系统、复杂的防盗系统。通信系统必须支持所有可能的节点组合,且不需要重新测试已存在的节点。

6.1.4 实时通信系统的物理结构

实时通信系统的物理结构是由技术和经济两个方面的因素决定的。

点对点连接的通信结构提供单跳传播(single hop broadcasting),在n个节点组成的集合中,每个节点需要拥有$n-1$个通信端口。从应用角度看,每个节点包括多个通信端口和物理驱动器以及较多的电缆,成本很高,经济方面的因素限制了点对点网络的发展。因此,实时通信系统建议物理层支持多播通信结构(如总线型结构或环型结构)。

物理网络应该采用总线型还是环型结构并没有一个清晰的判断方法。在汽车应用中,物理连接是通过双绞线实现的,总线型结构比环型结构更具吸引力。总线型结构的接口比较简单,报文能够同时到达所有节点,在故障静默节点失效方面具有更强的应变能力。此外,如果使用光纤作为物理媒体,那么环形结构比总线型结构优越,因为光纤的点对点连接比构造基于光纤的总线更简单。

(1) 物理故障隔离

实时系统中的节点被放置在不同的位置,通信系统应当提供节点之间的物理隔离,这样才不会发生共模节点失效(如那些由雷击引起的失效)。连接导线和节点的转换器电路一定要能抵抗指定的高压干扰。光纤传输通道提供了最好的物理隔离。

例如,在采用线控飞行系统的飞机中,为了实现线控飞行这个关键功能,需要用到容错单元(FTU)。形成FTU的各个节点放在飞机的不同位置上,由隔离良好的通道连接起来,这样在发生事故(如雷击)期间,高压干扰或飞机某一部分的物理损坏不会导致所有复制节点的安全关键性系统功能产生相关性损失。

(2) 低成本接线

在许多嵌入式系统中,线束的重量很大,成本较高,如汽车或飞机中的嵌入式系统。通信协议尤其是物理传输层的选择,受到布线重量和成本最小化的影响。

6.2 实时通信设计问题

许多通信系统的实现采用了国际标准化组织(International Standard Organization, ISO)制订的开放式系统互连(Open System Interconnection, OSI)参考模型,如图6-2所示。该模型共分7层,从高到低依次为应用层、表示层、会话层、运输层、网络层、数据链路层和物理层。各层都有自身的协议,用于解决特定方面的通信问题。每层利用下一层的服务,为其上一层提供更强大的服务。

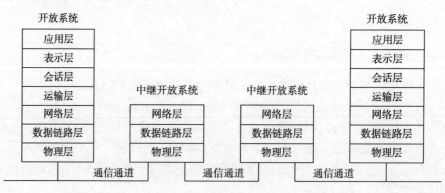

图 6-2　含有中继开放系统的 ISO/OSI 参考模型

建立OSI模型的目的是使位于世界任何地方的两台计算机都能通过相互连接的不同计算机网络实现通信。该模型最初是作为概念性的参考模型,但现在常被用做实现模型。多数符合OSI协议的实现是以下述假设作为基础的,由此形成的实现具有执行时间长、抖动大、数据效率低的特点:

(1)两个通信伙伴之间维持点对点连接;

(2)报文是事件触发的;

(3)通信协议是肯定应答与重传(Positive Acknowledgment or Retransmission, PAR)型的,接收方和发送方之间实行显式流量控制,发生错误时重传;

(4)实时性不是主要问题,即执行时间和执行时间抖动可忽略。

很显然,这些假设与强实时系统的要求不匹配。然而,节点之间的通信是分布式实时系统不可分割的行为,设计一个通用的通信模型是十分必要的。

实时系统包括大量的任务,科学家研究了各种任务的特征[94],从中不难体会到,要用一个架构层面上的简单模型来描述实时通信系统的行为,该模型既要注重系统的实时报文传输,又不能被传输通道或高层协议的详细实现机制和复杂性所拖累。

6.2.1 细腰通信模型

图6-3所示为一个架构层面的简单通信模型[1],该模型通常称为细腰通信模型(waistline communication model),比较适合于描述实时系统的通信。

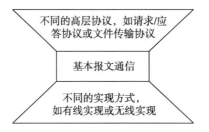

图 6-3 报文传输的细腰通信模型

在给定的延迟时间之内,以一定的可靠性将报文从发送方传输到一组接收方,属于实时通信系统的基本报文传输服务。细腰通信模型的中心部分是细腰,基本报文传输服务就位于细腰的中心。在实时系统中,如何权衡可靠性和时效性之间的关系主要取决于实际应用,而不应该是基本报文传输服务。高于基本报文传输服务的协议称为高层协议,用于实现需要双向报文交换的服务(如简单的请求–应答服务)。低于基本报文传输服务的协议称为低层协议,用于实现基本报文传输服务。

在基本报文传输服务中,接收方失效不可直接影响报文发送方,因此基本报文传输服务的报文流必须是单向的。在计算机文献中,数据报服务(datagram service)的含义非常接近基本报文传输服务的语义,但数据报没有时间方面的要求(如传输延迟短、抖动最小等)。

对于事件触发报文和时间触发报文(见2.4节),基本报文传输服务的时间属性是不同的。

(1)事件触发报文。

事件触发报文之间不存在最短时间。发送和接收报文之间的时间延迟没有长度方面的保证。当发送方产生的报文超出基本报文传输服务的处理能力时,要么对发送方施加反压(back-pressure),要么丢弃报文。

如果事件触发报文的发送方确保报文发送速率不超过某个设定值,那么在给定的故障假设范围内,基本报文传输服务保证报文传输延迟不超过最坏情况下的传输延迟。抖动的大小取决于网络负载,最坏情况传输延迟与最小传输延迟之差形成对抖动的限制。

(2)时间触发报文

时间触发报文的发送方和接收方事先商定报文发送和接收时刻。在给定的故障假设范围内,基本报文传输服务保证在指定的时刻传递报文,抖动的大小取决于全局时间的精度。

在有线或无线通道上,通过低层协议实施基本报文传输服务的手段有许多,但基本报文传输服务的特性是预先设定的,其中包括传输延迟、抖动,以及将单一报文从发送方单向传输到一组预定接收方的可靠性。

基本报文传输服务为建立高层协议(如请求/应答协议、文件传输协议等)奠定了基础。例如,基本报文传输服务给请求/应答协议提供了两个基本报文传输服务报文,一个是从发送方到接收方的报文,另一个是从接收方返回发送方的相关基本报文传输服务报文。

6.2.2 物理性能限制

物理通信通道的描述参数直接影响媒体访问协议的最大数据效率,如传输速度、传播延迟等。

(1)传输速度

传输速度表示单位时间内可以通过一个通道的数据位数,用 R 表示,其大小由通道的物理特性决定。例如,在汽车一类的恶劣环境中,由于电磁干扰的限制,双绞线通道的传输速度较低,而光纤通道的传输速度较高。

(2)传播延迟

传播延迟表示将一个数据位从通道的一端传播到另一端所需要的时间,其大小由通道的长度和通道内电磁波的传播速度决定。光在真空中的传播速度约为 3×10^5 km/s,而电磁波在电缆中的传播速度接近光速的2/3。一个信号穿越1km长的电缆,大约需要5 μs的时间。

(3)通道位长

在一个传播延迟内,穿越一个通道的数据位数称为通道位长,用 b_l 表示。例如,如果通道的传输速度为100Mbit/s,通道长度 L 为200m,那么这个通道的传播延迟为1μs,通道位长b_l=100bit。表6-1给出了通道位长与通道长度、传输速度之间的函数关系。

表 6-1 通道位长与通道长度、传输速度之间的函数关系

通道长度-传播延迟	传输速度-码元长度						
	10kbit/s -100μs	100kbit/s -10μs	1Mbit/s -1μs	10Mbit/s -100ns	100Mbit/s -10ns	1Gbit/s -1ns	10Gbit/s -100ps
1cm-50ps	<1bit	<1 bit	<1 bit	<1 bit	<1 bit	<1 bit	<1 bit
10cm-500ps	<1 bit	<1 bit	<1 bit	<1 bit	<1 bit	<1 bit	5 bit
1m-5ns	<1 bit	<1 bit	<1 bit	<1 bit	<1 bit	5 bit	50 bit
10m-50ns	<1 bit	<1 bit	<1 bit	<1 bit	5 bit	50 bit	500 bit
100m-500ns	<1 bit	<1 bit	<1 bit	5 bit	50 bit	500 bit	5000 bit
1km-5μs	<1 bit	<1 bit	5 bit	50 bit	500 bit	5k bit	50000 bit
10km-50μs	<1 bit	5 bit	50 bit	500 bit	5k bit	50k bit	500000 bit

(4)媒体访问协议的数据效率限制

在总线系统的共享通道上,两个连续报文之间要保持一定的时间间隔,这个间隔的最小值为一个传播延迟。因此,任何媒体访问协议的数据效率是有限的。设m表示报文长度,则任何媒体访问协议的数据效率E_d受到如下限制:

$$E_d < m / (m + b_l) \tag{6-1}$$

【例6-1】某总线的长度为1km,传输速度为100Mbit/s,通过这个通道传输的报文长度是100bit。试计算通道位长和数据效率上限。

解 已知传播延迟为5μs/km,$L = 1$km,$R = 100$Mbit/s,$m = 100$bit,由此可得通道位长为

$$b_l = 5 \times 10^{-6} \times L \times R = 5 \times 10^{-6} \times 1 \times 100 \times 10^6 = 500 \ (\text{bit})$$

根据式(6-1)可知,总线能够实现的最佳数据效率上限为

$$E_d < m / (m + b_l) = 100 / (100 + 500) \approx 16.6\%$$

任何媒体访问协议,如果其报文长度小于通道位长,那么可以实现的最佳通道利用率(utilization)不到50%。这个物理限制必然影响媒体访问协议的设计。在通道较长、带宽较高的情况下,发送短报文是一种浪费。例如,在长度为100m、传输速度为1Gbit/s的通道上,如果想获得超过50%的通道利用率,那么从表6-1可知,最小报文长度必须大于500bit。在这种情形下,发送基本报文传输服务报文必然浪费带宽,因为基本报文传输服务报文的长度很短,有时只有几位。

6.2.3　流量控制

流量控制涉及发送方和接收方(或通信系统)之间的信息流的速度控制,接收方和通信系统可以利用这种方式跟上发送方。在任何通信情形中,最大通信速度取决于接收方或通信系统的有限容量,而不是发送方。流量控制分为以下几种类型。

1)反压流量控制(back-pressure flow control)

当通信系统或接收方不能接纳任何其他报文时,发送方被迫推迟报文发送,直到超载情况消失为止。由此可知,反压是指对发送方施加压力。

例如,在CAN总线系统中,如果一个发送方正在进行传送,那么另一个节点无法向总线发送报文,即CAN总线的媒体访问协议对打算发送报文的节点施加了反压。

2)显式流量控制(explicit flow control)

在显式流量控制中,接收方向发送方发送显式确认报文,通知发送方其上一个报文已经正确到达,并且准备接收下一个报文。

反压流量控制和显式流量控制都基于这样一个假设:发送方在接收方的控制范围(SoC)内,即接收方能够控制发送方的传送速度。然而许多实时应用的情形不属于这种情况,因为物理过程的进展可能不受通信协议的影响。

显式流量控制的最重要协议是著名的肯定应答与重传(PAR)协议,这个协议被广泛应用于事件触发的非实时通信。

假定发送方、接收方、通信媒体、超时计时间隔和重试次数计数器是已知的,PAR协议的基本运行方式如下。

当发送方的客户要求发送方发送一个新报文时,发送方将重试次数计数器初始化为零,启动本地超时计时,然后利用通信媒体向接收方发送报文。若发送方在规定的超时计时间隔内收到接收方的确认报文,则通知它的客户传送已经成功,并及时终止传送。如果发送方在规定的超时计时间隔内没有收到接收方的确认报文,那么发送方首先检查重试次数计数器,确定是否已经达到给定的最大重试次数。若是则发送方退出通信,并通知它的客户发送已经失败;若不是则发送方将重试次数计数器加1,重新发送报文,并再次启动本地超时计时,等待接收方的确认报文。当一个新的报文到达接收方,接收方要检查这个报文是否已被接收过。若接收方没有收到过该报文,则向发送方发送一个确认报文,并将收到的新报文传递给它的客户;若接收方已经收到过该报文,则只需要将另一个确认报文发回接收方。

在PAR协议中,通知发送方客户报文传送已经成功的时刻和接收方客户收到报文的时刻,两者存在很大的不同。

PAR协议的版本很多,但都遵循下述原则。

(1)发送方一端的客户启动通信。

(2)接收方有权通过双向通信通道延迟发送方。

(3)发送方检测通信错误,而不是接收方。当检测发现通信错误时,不通知接收方。

(4)利用时间冗余修正通信错误。在出现错误时,协议执行时间一定会被延长。

当最大重试次数的设定值n为2时,典型PAR协议对应的协议执行时间密度分布(P_{dens})如图6-4所示。在大多数情况下,第一次报文传送是成功的,因此在协议执行时间的密度分布图上,紧随最小协议执行时间(d_{min})出现一个峰值。在第二次尝试后,可以看到另一次成功概率的增加,在最终放弃传输尝试(d_{max})之前的第三次尝试也有类似的情况产生。

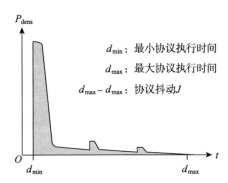

图6-4　典型 PAR 协议的执行时间密度分布

在发送方对其客户报告通信永久失效之前,报文传送过程已经重试n次(协议特定的),因此PAR 协议的抖动是巨大的。在大多数情况下,第一次尝试是成功的,而在少数情况下,报文需经过n倍的超时值加上最坏情况报文传输延迟之后到达。由于超时值一定大于两个最坏情况报文传输延迟(一个用于原始报文,另一个用于确认报文),所以PAR 协议的抖动为

$$J = d_{\text{max}} - d_{\text{min}} > 2nT_{\text{WCMTL}} \tag{6-2}$$

式中,J为PAR协议的抖动,T_{WCMTL}为最坏情况报文传输延迟。如$T_{\text{WCMTL}} = 11\text{ms}$,$n = 2$,则$J$大于44ms。

3)尽力流量控制(best-effort flow control)

在尽力流量控制中,当将报文进一步传送到最终接收方的连接无法使用时,通信系统为报文提供中间缓冲存储(buffer storage)。如果缓冲器溢出,那么信息将被丢弃。例如在交换式以太网中,以太网交换机含有连接到最终接收方的缓冲存储器,当缓冲器发生溢出时,行使反压或丢弃后来的报文。报文驻留在缓冲器中的时间难以预料。

无法控制延迟或丢弃报文都是强实时系统不能接受的行为,因此尽力流量控制不适合于强实时系统。

4)限速流量控制(rate-constrained flow control)

在限速流量控制中,发送方、通信系统和接收方在最大报文传送速率方面事先(即通信开始之前)达成了一致。只要发送方发出报文的速率保持在约定的最大值之下,通信系统和接收方将接收所有的报文。

5)隐式流量控制(implicit flow control)

在隐式流量控制中,发送方和接收方在通信开始之前约定报文的发送和接收时刻。这种流量控制需要一个可用的全局时基。发送方只在约定的时刻发送报文,只要发送方在履行其责任,那么接收方将接收发送方发出的所有报文。运行期间不使用确认报文,错误检测由接收方负责,接收方依据本地的全局时钟可以发现没有到达的预期报文。错误检测的执行时间取决于时钟同步精度,这个时间通常很短。对于实时数据交换,隐式流量控制是最合适的流量控制策略。

通过主动冗余可以实现隐式流量控制的容错,即针对每个报文发送k个物理复制(如果可能,通过不同的通道)。k个复制中只要有一个到达了接收方,通信就成功了。在隐式流量控制中,通信系统必须传递的报文数量是不变的,通信是单向的,不需要从接收方到发送方的回传通道,非常适合于多播通信。

6.2.4　猛烈摆动

随着负载的增加,系统的吞吐量会突然降低,这种现象称为猛烈摆动(thrashing)。猛烈摆动不仅在计算机系统中存在,在其他系统中也会发生。例如,某大城市的交通系统,道路系统的吞吐量随着流量的增加而增加,当达到某一关键值时,流量的进一步增加可能导致吞吐量降低,即"交通堵塞"。

很多系统采用吞吐量表示已处理的负载,吞吐量(S)与负载(G)之间的依赖关系如图6-5所示。图中理想曲线表示理想系统的吞吐量-负载关系,在饱和点之前,吞吐量随着负载的增加而增加,在饱和点之后,吞吐量保持不变。如果吞吐量随负载单调增加,并逐渐接近最大吞吐量,那么系统具有被控的吞吐量-负载特征,见图中的被控曲线。如果系统的吞吐量增加到某一值后突然降低,那么这个系统是猛烈摆动的。

实时系统必须避免猛烈摆动现象。如果实时系统包含了可能引起猛烈摆动的机制,那么当出现类似"报警雨"的稀有事件时,系统容易失效。

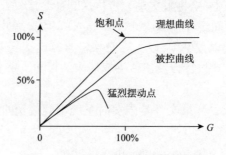

图6-5　吞吐量 - 负载依赖关系曲线

如果某个机制对资源的需求随负载的增加而不成比例地增加,那么这个机制容易导致猛烈摆动。下面给出引起猛烈摆动的两个机制。

(1) PAR协议的重试机制:如果通信系统因不能处理已有负载而使速度减慢下来,那么位于高层的PAR协议会达到其超时值,产生额外的负载。

(2)操作系统服务:在动态调度环境中,当负载到达容量限制时,寻找可行调度所需的时间非线性增加,从而导致调度方面的开销明显增多,执行应用任务可用的计算资源进一步减少。这个问题在队列管理中同样存在。

在各种显式流量控制方案中,成功避免猛烈摆动的技术很少。其中之一是不间断地监视系统的资源需求,并在发现吞吐量降低时实施严格的反压流量控制。例如,当尝试建立电话连接的用户太多而造成交换机超载时,交换机通过呈现忙音信号对用户行使反压。然而在实时系统中,被控对象中发生的所有事件不可能都在计算机系统的控制范围之内,这样的反压流量控制机制有时难以实施。

例如,某电网的监视和控制系统包含10万个不同的报警信号,所有这些信号都需要进行不间断监视。按照设计要求,计算机系统必须能够处理10万个同时发生的报警。对于该系统来说,严重的雷雨天气是稀有事件,一旦遇到这种情况,大量雷电可能在短时间内击中电力线,引发许多相关的报警。当计算机系统进入猛烈摆动区时,难以对这些报警施加显式流量控制。

6.3　事件触发通信

通信服务的类型很多,从时间的角度看,通信服务可分成三类,分别为事件触发通信、速率受限通信(rate-constrained communication)和时间触发通信。

图6-6从架构层面描述了事件触发通信。当发送方有重要事件发生时,其将发送报文。此刻这个报文被放置在发送方端口的队列中,直到基本报文传输服务准备将报文传输到接收方。报文的传输由通信通道来实现。报文到达接收方之后,将其放置在接收方队列中,直到接收方使用了该报文。每个报文都包含CRC字段,在接收方端口,基本报文传输服务根据这个字段检查该报文是否已在传输过程中被破坏,并丢弃已破坏的报文。从架构角度看,基本报文传输服务是以基本报文传输服务报文传输的最大带宽、传输延迟、抖动和可靠性等参数为特征的。

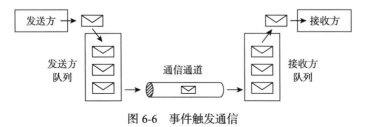

图 6-6　事件触发通信

　　每当涉及队列时,就要考虑产生队列溢出的可能性。发送方的传送速率大于网络容量,必然导致发送方队列溢出;网络传送速率大于接收方接收速率,必然导致接收方队列溢出。不同的事件触发通信协议,其处理队列溢出的方式有所不同。

　　在开放式(不受限制的)事件触发通信中,提供时间保证是不可能的。开放式通信中的每个发送节点是自主的,允许在任何时刻发送报文,可能产生这样的情况:在同一时刻,所有发送节点向同一接收方发送报文,使得通向接收方的通道超载。在现有的通信系统中,处理这种情况的策略有三种:

　　(1)通信系统将报文存储于接收方之前的中间缓冲器;

　　(2)通信系统对发送方施加反压;

　　(3)通信系统丢弃一些报文。

　　上述策略都不适合于实时数据。

　　尽管基本报文传输服务的特征反映了低层协议(如链路层协议)的作用,但在基本报文传输服务层,低层协议不是直接可视的。例如,通过因特网发送基本报文传输服务报文时,并不知道激活了何种类型的低层协议,也不知道激活了多少种低层协议。

　　从2.4.4节已经了解到,事件信息的传输要有"恰好一次"语义。"恰好一次"语义的实施,要求发送方和接收方之间有双向信息流动。然而在细腰模型的基本报文传输服务层不提供这种流动,"恰好一次"语义必须由更高层的协议来实现,这种高层协议需要使用多个基本报文传输服务报文。

　　事件触发通信主要包括以太网协议、CAN协议和因特网协议簇中的用户数据报协议(User Datagram Protocol, UDP)。由于这类通信对事件触发报文的发送方没有时间限制,在通信系统的带宽有限的情况下,对延迟和抖动设置界限是不可能的。

6.3.1　以太网

　　以太网是非实时领域应用最广泛的一种协议。原始的以太网是以总线型拓扑结构为基础的,采用CSMA/CD(载波监听多路访问/冲突检测)和二进制指数冲突退避算法[95]作为媒体访问控制策略。经过多年的发展,现在已经演变出了具有星型拓扑结构的交换式以太网,并形成了IEEE 802.3标准。

　　以太网报文格式如图6-7所示,图中字段下方括号中的数据是相应字段的字节数。从图中可以看到,报文共包括7个字段,前面两个字段是物理层添加的字段,前同步码是7字节的1、0交叉序列,即101010……,供接收方进行比特位同步之用。紧随其后的是报文起始定界符,占1字节,为10101011,接收方一旦接收到两个连续的1后,后面的数据即是目的地址、源地址、数据长度、数据[逻辑链路控制(Logical Link Control, LLC)帧]、必要的填充字节(当数据字段长度小于最小长度限制时,需要填充字节以达到最小长度)和CRC校验字段。

						数据字段	
前同步码 (7)	起始定界符 (1)	目的地址 (6)	源地址 (6)	数据长度 (2)	LLC帧 (0~1500)	[填充字节] (46~0)	CRC校验 (4)

图 6-7　IEEE 802.3 以太网报文格式

以太网所采用的媒体访问控制策略是影响其在工业控制领域广泛应用的重要原因之一。在下面的以太网工作原理描述中,可以了解产生争议的问题所在。

1. CSMA/CD 协议

在IEEE 802.3 标准中,以太网采用CSMA/CD协议解决通信媒体的竞争,不需要中央控制点。CSMA/CD的主要思想可以形象地表示为"先听后说,边说边听"。

"先听后说"是指在发送数据之前先监听总线的状态。在以太网上,每个节点可以在任何时候发送数据。发送节点在发送数据之前先要检测通信通道中的载波信号,如果没有检测到载波信号,则说明没有其他节点在发送数据,或者说通道上没有数据,该节点可以发送。否则,说明信道上有数据,需要等待一段随机时间后再重复检测,直到能够发送数据为止。当信号在传送时,每个节点均检查数据报文中的目的地址字段,并据此判定接收该报文或忽略该报文。

由于数据的传播有一定的时延,总线上可能会出现两个或两个以上的节点监听到总线上没有数据而发送数据报文,因而发生冲突。"边说边听"是指在发送数据过程中同时检测总线上的冲突。冲突检测最基本的思想是一边将信息输送到传输媒体上,一边从传输媒体上接收信息,然后将发送出去的信息和接收到的信息按位进行比较。如果两者一致,则说明没有冲突;如果两者不一致,则说明总线上发生了冲突。一旦检测出冲突,则不必把数据报文全部发完,而立即停止数据报文的发送,并向总线发送一串阻塞信号,使总线上的其他各节点均能感知冲突已经发生。总线上各个节点"听"到阻塞信号以后,均等待一段随机时间,然后再重发受冲突影响的数据报文。这一段随机时间的长度通常由冲突退避算法来决定。

CSMA/CD的优势就在于节点不需要依靠集中控制就能进行数据发送。当网络通信量较小的时候,冲突很少发生,这种媒体访问控制方式是快速而有效的。当网络负载较重的时候,就容易出现冲突,网络性能也相应降低。

2. 冲突退避算法

在IEEE 802.3 以太网中,当检测出冲突后,就要重发原来的数据报文。重发发生过冲突的报文可能再次引起冲突。为避免这种情况的发生,经常采用错开各节点重发时间的办法来解决,重发时间的控制问题就是冲突退避算法问题。

最常用的计算重发时间间隔的算法是二进制指数退避算法。这种算法本质上是根据冲突的历史估计网上的信息量,从而决定本次应等待的时间。重发时间间隔的计算公式为

$$T_k = D \times T_s (2^k - 1) \tag{6-3}$$

式中,k 为连续冲突的次数,T_k 为第 k 次冲突时的退避时间,D 为 0~1 的随机数,T_s 为时隙(可选为总线上最大的端到端单程传播延迟时间 τ 的 2 倍)。

在这个算法中,等待时间的长短与冲突的历史有关,一个数据报文遭遇的冲突次数越多,等待时间越长,说明网络上传输的数据量越大。

3. 以太网性能分析

在正常状态下,网络中任意两个节点之间的最大端到端单程传播延迟为 τ,为了简化推导,选择时隙的长度为 2τ,这是竞争时间的最小值。这样一个报文从开始发送,经冲突重传数次,直到发送成功且信道转为无信号时为止,如图 6-8 所示。

设网络中总是有 n 个节点准备发送报文,每个节点在竞争时隙内发送报文的概率为 p。若 A 代表某个节点在该时隙内获得信道(即发送成功)的概率,即该时隙内 $n-1$ 个节点不发送,而仅有某一个节点发送的概率,则

$$A = np(1-p)^{n-1} \tag{6-4}$$

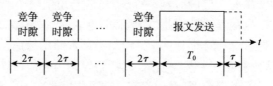

图 6-8　发送一个报文所需的时间

以太网上的节点以时隙为单位争夺信道使用权。显然,在一个时隙内出现冲突而必须重传报文的概率为 $1-A$。由于二进制指数退避算法十分复杂,这里假定每个时隙内的重传概率 $1-A$ 为一个常数。那么竞争时间为 1 个时隙的概率为 A,竞争时间为 2 个时隙的概率为 $(1-A)A$,$\cdots$,竞争时间为 i 个时隙的概率为 $(1-A)^{i-1}A$。因此,竞争时间的平均时隙数 L_R 为

$$L_R = \sum_{i=1}^{\infty} i(1-A)^{i-1} A = 1/A \tag{6-5}$$

在第 L_R 个时隙,报文传送已经成功开始了,那么在竞争过程中,发现需要进行报文重传的时隙数为 L_R-1。因此,真正用于竞争的平均竞争时间 W 为

$$W = 2\tau(L_R - 1) = 2\tau(1/A - 1) \tag{6-6}$$

设数据报文的平均长度为 $\overline{X}$ ，信道的传输速率为 R ，平均报文传送时间为 $T_0 = \overline{X}/R$ 。另外，一个报文在传送结束后，仍需要长度为 τ 的传播延迟，报文传送对信道的影响才能结束。那么网络的归一化吞吐量 S 为

$$S = \frac{T_0}{W + T_0 + \tau} = \frac{T_0}{2\tau(1/A-1) + T_0 + \tau} = \frac{1}{1 + (\tau/T_0)(2A^{-1}-1)} \tag{6-7}$$

从式(6-7)可看出，若设法使 A 为最大，则可获得最大吞吐量。将式(6-4)对 p 求极大值，可得当 $p=1/n$ 时，可使 A 等于其极大值 A_{max} 为

$$A_{max} = (1-1/n)^{n-1} \tag{6-8}$$

当节点数 $n \to \infty$ 时， $A_{max} = e^{-1} \approx 0.368$ 。实际只要有十几个节点， A_{max} 就接近于 0.368 这个极限值了。

将式(6-8)中的 A_{max} 代入式(6-7)中的 A ，即得出 S_{max} 为

$$S_{max} = \frac{1}{1 + (\tau/T_0)[2(1-1/n)^{1-n}-1]} \tag{6-9}$$

在非饱和状态下，信道利用率等于信道吞吐量，因此 S_{max} 也就是信道的利用率或信道的效率。若总线长度为 1km，数据传输速率 $R=5\text{Mbit/s}$ ，则单程端到端延迟 $\tau = 5\mu s$ ，时隙 2τ 为 $10\mu s$ 。取报文平均长度 $\overline{X}$ 分别为 1024、512、256 和 128bit，根据 $T_0 = \overline{X}/R$ 和式(6-9)，可以画出在不同的报文长度下 S_{max} 与总线上的节点数 n 之间的关系曲线，如图 6-9 所示。 $n=1$ 未画出，因为一个节点无法进行通信。从图中可以看出，只要节点数 n 不是太小， S_{max} 就与 n 关系不大。但报文越短，发送时间 T_0 也相应减小， τ/T_0 会相应增大，则信道利用率或网络的吞吐量 S_{max} 就越小。

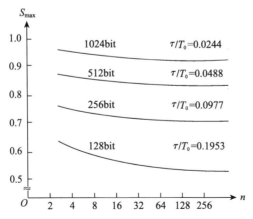

图 6-9　报文长度和节点数对信道利用率的影响

这里要特别强调的是：图 6-9 所示的 S_{max} 曲线是假定了各节点发送报文的概

率均为理想的最佳值$p=1/n$时(因而使$A=A_{max}$)而推导出来的。若不是这样,则$A<A_{max}$,因而相应的S值也必然小于图中所示的S_{max}。所以图6-9所示的S_{max}是实际上所能达到的一个理想化的极限值。

从前面的分析中已经知道,当$n\to\infty$时,$A_{max}\approx0.368$,式(6-7)可简化为

$$S_{max}=1/(1+4.44\tau/T_0)\tag{6-10}$$

由式(6-10)可更清楚地看出τ/T_0对S_{max}的影响。信道电缆越长,传播延迟τ越大,以太网的平均竞争时间也越长,由此产生的开销也越大,以太网的性能会下降。式(6-10)直接体现了通信性能随电缆长度增长而下降的关系。

传输延迟是网络性能的另一指标,但是要推导出CSMA/CD的延迟表达式比较困难,它取决于协议的本质(如持续类型、冲突报文的重发策略等)。一般来说,随着系统变为饱和,延迟会无限增大。随着n的增大,冲突增多,竞争时间增长,各个报文必须重发更多次才能成功。

为了确定准备发送报文的平均节点数n,可采用如下这种粗略的观察方法。每个报文占用信道的一个竞争期和一个报文发送时间,总计$W+T_0$,因此每秒发送的报文数为$1/(W+T_0)$。如果每个节点以每秒λ个报文(λ msg/s)的平均速度产生报文,当系统处于状态n时,所有未封锁节点的总输入率为$n\lambda$ msg/s。为了保持平衡,输入输出率必须相等,即可求出n(注意W是n的函数)。有关该问题更详尽的分析请参阅Bertsekas等[96]的研究成果。

还有许多有关IEEE 802.3性能的理论分析,几乎所有分析都假定通信服从泊松分布。但研究人员在实际研究中发现,网络通信很少服从泊松分布,而是自相似的(Paxson等[97])。也就是说,长时间上的平均并不能使通信量平滑,一小时内每分钟的平均报文数与一分钟内每秒钟的平均报文数的差别很大。这个发现说明,大多数的网络通信量模型与实际并不相符,其结果的可信程度令人怀疑。

4. 交换机

以太网交换机是多端口设备,可级联成分散的星型拓扑结构。交换机符合网络中继单元的要求,即生成前同步码、对信号进行对称和幅度补偿。另外,它们还拥有信号再定时功能,这样通信收发器和电缆引起的信号抖动不会在多个网段传播时产生积累。这种设备能够侦测出不完整的数据包和碰撞冲突,并产生相应的阻塞信号。它们还会自动隔离存在问题的端口以维持以太网正常工作,改善网络的性能。

交换机实际上是连接两个数据链路的网桥,也就是说碰撞冲突域在每个交换机端口进行了终结,因此通过增加交换机可以实现网络的扩展。

现有的交换机十分复杂,其双绞线端口不仅能够自动完成速率协商(10Mbit/s、

100Mbit/s或1000Mbit/s），而且能够进行流量控制功能协商。交换机在读取一个完整的报文后，就能根据报文中的源地址查出所连接以太网设备的端口位置，随即产生一张端口地址表和维护表的内容。这样网络通信可仅限于与本次传送有关的端口，表的内容会根据连接信息的变化自动刷新。

在图6-10所示的以太网网络中，交换机的每个端口就是一个冲突域，在每个冲突域中，所有节点共享同一个带宽，因此需要通过CSMA/CD协议解决网络碰撞问题。冲突域之间通过交换机进行隔离，实现了系统冲突域之间的连接和数据报文的交换。这样交换机各端口可以同时形成多个数据通道，正在工作的端口上的信息流不会在其他端口上广播，端口之间报文的输入和输出已不再受到CSMA/CD协议的约束。

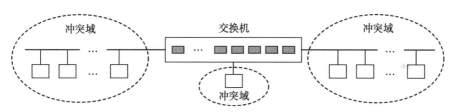

图6-10　共享式以太网与交换式以太网

值得注意的是，交换机作为网桥，在存储、转发整个数据报文的过程中，会产生时间延迟，而网络中继单元在处理网络信号时不会导致延迟。因此，交换机和网络中继单元在以太网中都有应用。

以太网交换机采用尽力流量控制策略，它在连接到最终接收方之前提供了缓冲器。当此缓冲器溢出时，后来发往这个接收方的报文将被丢弃。若以太网系统必须实现"恰好一次"语义，则需要提供使用两个或两个以上以太网报文的更高层协议。

以太网的媒体访问控制策略使其通信具有"不确定性"。这一致命弱点一直是困扰以太网在工业现场设备中应用的主要障碍之一。但是众多研究表明，在网络负荷较小的情况下，冲突概率很小。另外，随着以太网带宽的不断提高（10/100/1000Mbit/s），数据传输的实时性和确定性逐渐得以改善，经过精心设计，工业以太网的响应时间能够小于4ms，几乎可以满足所有工业过程控制的时间要求。

6.3.2　控制器局域网

控制器局域网（Controller Area Network，CAN）是德国Bosch公司开发的一种现场总线，采用总线型拓扑结构，其媒体访问控制策略与以太网略有不同，它使用了载波监听多路访问/冲突避免（Carrier Sense Multiple Access with Collision

Avoidance，CSMA/CA）协议。与CSMA/CD相比，CSMA/CA的最大特点是能够利用位仲裁避免冲突[16]，并对报文发送方施加反压流量控制。CAN主要用于解决汽车内部大量测量与控制设备之间的数据交换，目前已经广泛应用于车体控制系统。由于CAN总线的可靠性高、设计独特，尤其适合于工业监控设备的互连，其在工业界越来越受重视，被认为是最有前途的现场总线之一。

CAN报文由7个部分组成，如图6-11所示。第一部分是帧起始。第二部分是仲裁场，其中包括长度为29位的帧标识符（标准CAN只有11位），以及1个远程发送请求位RTR（Remote Transmission Request）。接下来的6位是控制场，然后是长度在0~64位的数据场。前四个场的数据由16位的CRC场保护，确保汉明码间距为6。CRC之后的场用于直接确认报文。最后一个场表示帧结束。

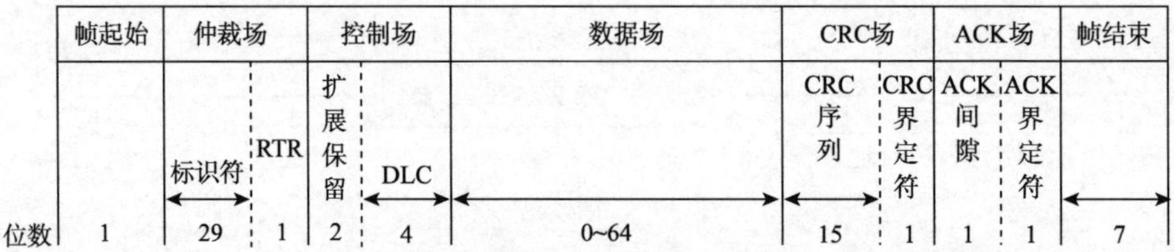

帧起始	仲裁场		控制场		数据场	CRC场		ACK场		帧结束
	标识符	RTR	扩展保留	DLC		CRC序列	CRC界定符	ACK间隙	ACK界定符	
位数 1	29	1	2	4	0~64	15	1	1	1	7

图 6-11　CAN 报文格式

在CAN总线通信系统中，总线上具有两种互补的逻辑数值0和1，0呈显性状态，1呈隐性状态。当总线上同时存在显性和隐性状态时，CAN总线的仲裁逻辑假定显性状态能够覆盖隐性状态，即0覆盖1。当通道的传播延迟小于码元长度时，如表6-1所示，这种仲裁是可以做到的。根据CSMA/CA协议，每个总线使用者都要对总线状态进行检测（载波监听），只要一定时间内总线未被占用，就可以发送报文。当多个节点一起发送报文时，会将报文标识符的第一位放入通道，并对总线状态进行检测（载波监听）。在发生冲突（自身发送的状态与从总线检测到的状态不一致）的情况下，第一个标识位是0的节点获胜，第一个标识位是1的节点必须退出。余下的节点继续进行第二个标识位的比较，同样只保留获胜的节点，直到标识符全部对比完毕。不难看出，发送最高优先级报文的节点最终将获得总线使用权，继续其报文发送，且数据不被损坏（冲突避免）。报文标识符决定了CAN报文的优先级，如果报文的标识符全为0，那么发送该报文的节点总是获胜。

图6-12给出了一个CAN总线仲裁过程实例。图中有3个节点要求发送标准数据报文（标识符长度为11位），节点1、2和3所发送报文的标识符分别为1100 1011 101、1100 1101 111和1100 1011 001。3个节点在①点同时开始仲裁过程；节点2在②点失去总线访问权，而节点1在③点失去总线访问权，失去访问权的节点自动转成接收模式；在仲裁阶段结束点④，只有节点3拥有总线访问权，并仍在进行报文发送。

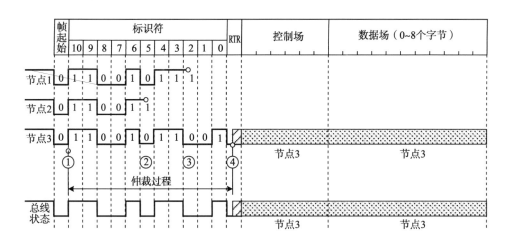

图 6-12　CAN 总线仲裁过程实例

CAN的理念非常完美并被广泛采纳,但其固有的局限性限制了它在强实时系统中的应用,如在传输速率(最高 1Mbit/s)、距离和拓扑的灵活性、拓扑冗余的可能性、实时媒体访问(事件导向)等方面的限制都显而易见。

6.3.3　用户数据报协议

用户数据报协议(User Datagram Protocol, UDP)是因特网协议族中的无状态数据报协议。它是一个高效的单向报文协议,不需要设置传输通道,并采用尽力流量控制策略支持局域网多播通信。本质上UDP所提供的是无连接服务,这种服务是不可靠的。数据是否被接收,数据的完整性是否受到丢失报文、错误顺序报文和重复接收报文的影响,所有这些情况发送方都无法知晓。很多实时应用之所以重视UDP,主要因为其延迟小(相对于因特网协议族中的传输控制协议(Transmission Control Protocol, TCP))、成本低,并且可以依据应用的语义,通过应用层保证服务的可靠性。另外, UDP报文中包含端口号,这对应用层来说是极其有用的。

1. UDP 报文格式

UDP是无连接的,基本上不需要做什么事情,但增加了端口寻址能力(在因特网协议簇中, UDP位于IP层之上),下面将参照图6-13所示的UDP报文格式进行说明。UDP报文由UDP报文头和数据组成。报文头共有四个字段,分别为源端口、目的端口、长度与检验和,每个字段的长度都为16位。长度字段的值是指整个UDP报文的长度,包括UDP报文头和数据。检验和字段用来检验报文头和数据的有效性。

图 6-13　UDP 报文格式

UDP引入了端口号的概念,对于应用层所要求的行为,端口号是很重要的,它要求接收端要有一个特殊的响应。当一端接收到UDP数据时,它就将端口号提供给应用层,应用层会为收到的数据分配一个缓冲区。一个端口号可以标识一个特殊的应用,如果有多个端口号,那么同一个节点就能同时支持几种不同的应用。

端口号分成分配端口号、注册端口号和动态端口号三种类型。0~1023为分配端口号,其中一些端口号已经用于TELNET(虚拟终端协议)、FTP(文件传输协议)等,这些应用是由IANA(the Internet Assignable Numbers Authority)定义的,已被认为是因特网协议族的一部分。这些端口号被看成是"众所周知"的,不能在其他应用中使用。除此之外,余下的端口号被定义为注册的或动态的。注册是指当一个组织想要定义一个功能模块时,必须向IANA注册一个端口号,其他组织要遵循这些分配,不使用已分配的和已注册的端口号。动态端口可以由一个节点随机定义,用来表示应用需要的源端口。

例如,如果节点A要求节点B转送一个简单文件传输协议(Trivial File Transfer Protocol, TFTP)服务(TFTP使用UDP将一台设备上的数据移到另一台设备),那么A将在报文的目的端口中插入69(TFTP的分配端口号),在源端口中置入一个动态端口号(随机但不冲突),并将报文传送到节点B。节点B接收到请求,并能理解它是一个TFTP请求,然后开始执行。B将69放入报文源端口,将A产生的动态端口号放入目的端口,然后将报文作为响应发送给节点A。节点B了解源端口号和目的端口号的含义,知道如何处理这个特殊的应用。

2. UDP 主要应用场合

UDP可为应用层提供无连接服务,在某些场合下可以应用这种无连接服务。

(1)内部的数据采集:主要是指对数据源定期采样,如传感器数据、来自安全设备或网络部件的自检报告。事实上在实时监控状态下,一个数据单元的偶然丢失不一定会导致灾难性后果,因为在很短的时间内就会有下一个报告到达。

(2)向外的数据分发:主要是指向网络广播消息,宣布一个新节点的加入或一个服务地址的改变,以及发布实时时钟值等。

(3)请求与响应:由公共服务器向多个用户提供事务服务的应用程序,这种情况通常只有一个请求-响应序列。该服务的使用由应用层来协调,而低层的连接通常是不需要的,甚至是个累赘。

(4)实时应用:涉及某种程度的冗余和(或)实时传输要求的应用(如重传等),不一定需要面向连接的功能。

6.4 速率受限通信

在速率受限通信中,每个通道都有一个最小可用带宽,这个最小带宽要确保最大传输延迟和最大抖动小于其上限。如果发送方(终端系统)发送的报文数超过最小可用带宽,通信系统将尝试根据尽力流量控制策略传送报文。如果系统不能处理这个流量,将对发送方实施反压流量控制,以便保护通信系统,避免行为失常的发送方造成通信系统过载。

速率受限通信系统必须包含确保每个发送方的带宽信息。此信息可作为静态协议参数,预先配置到通信控制器,也可在运行期间动态地加载到通信控制器。速率受限通信协议提供时间错误检测,保护通信系统免受混串音影响。

速率受限协议确保了最大传输延迟。在正常条件下,总体流量形态远低于假设的峰值,实际传输延迟一般明显好于预期[98]。根据4.4节关于确定性的定义,既然无法预测报文传递的时刻,速率受限通信系统不具备确定性。

速率受限通信的代表性协议是令牌总线、ARINC 629和AFDX,它们都提供了延迟和抖动的界限。

6.4.1 令牌总线协议

令牌总线是早期的速率受限通信技术之一,它是现今最流行的令牌协议,IEEE已将其作为局域网媒体访问控制技术的一个国际标准,即IEEE 802.4标准。

令牌总线的基本工作原理与令牌环(IEEE 802.5标准)技术大致相同。物理上令牌总线是一根电缆,电缆上连接着各个节点;逻辑上工作节点构成一个逻辑环网,而不是物理上的环型网,并且逻辑环的次序与节点的物理位置无关。令牌总线保留了令牌环技术的优点,例如在令牌环中,各节点按照其在物理环中的排列顺序依次发送数据报文,其最长等待时间是可知的;同时又克服了令牌环的许多问题,例如复杂得多令牌和令牌丢失检测技术、点对点连接,以及物理环一旦断开,整个网络就会陷入瘫痪等。

令牌总线的基本思想为:将一个特定的报文作为令牌,令牌总是沿着逻辑环单向地逐节点传递,任何欲发送报文的节点必须等待令牌,只有持有令牌者才能发送报文,任何时候只有一个节点可以发送令牌,因此不会产生冲突。例如,在图6-14所示的令牌总线中,节点的组织方式使令牌可按序传送。令牌由节点A开始,沿A→B→C→D→E依次传递,然后再返回节点A,进入下一个传递循环。

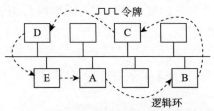

图 6-14   令牌总线的逻辑环工作过程

当令牌工作在正常状态时,逻辑环在网络初始化时已经建立起来,它确立了令牌传递次序。令牌的传递是根据地址进行的,参与传送的节点都必须知道三个地址:本节点地址(TS)、下一节点地址(NS)和上一节点地址(PS),令牌的传递规定由高编号(地址)的节点按逻辑环的次序传递给低编号的节点。因此,编号最大的节点可以发送第一个报文,各节点总是把令牌传递给自己的下一节点,但最后则由最低编号的节点传递给最高编号的节点。在每个循环中,加入逻辑环中的各节点依次获得一次发送机会,并在数据发送完后把令牌传递给它的下一节点。由此可见,信道交替地传送数据与令牌,从而使各节点得到公平的信道访问权。

一个节点一旦获得令牌,便可向令牌总线发送数据报文。任何一个节点保持令牌的时间是有限的,由网络系统规定每个节点保留令牌的最长时间,在这段时间之后,令牌必须传给下一节点。令牌总线上的所有节点都可以收到所有的报文,但需要滤除并非发给自己的报文。当节点传递令牌或数据报文时,不需要考虑节点实际位于电缆的位置。也就是说,总线上的节点也可以不参加逻辑环(见图6-14),但它们可以响应来自拥有令牌节点的查询。

一个节点的最大信道访问延迟可假定如下:当所有节点都有数据报文发送时,逻辑环循环一周所需令牌传递时间和数据报文传输时间之和等于最大信道访问延迟。由于规定了各个节点发送数据报文的长度和最大数量(由所允许发送时间控制),所以令牌总线的最大媒体访问时间是有确定值的。这一性质为其用于实时响应环境提供了可能性。

但是为了保证令牌总线的正常工作,必须对其逻辑环及时加以维护,而维护工作比较复杂,其中包括各种例外事件的处理,如逻辑环初始化、节点入环与退出、令牌丢失和节点故障等,这些问题的解决方法请参考文献[99]。

1. 报文格式与类型

IEEE 802.4 的媒体访问控制(Medium Access Control, MAC)子层定义的基本报文格式,如图6-15所示(括号中的数字表示字节数)。其中前导码的作用是建立总线同步和对接收报文的第一位进行定位,其长度必须为字节的整数倍,可取一个或多个字节。前导码也让一个报文的结束定界符(ED)至下一个报文的起始定界符(SD)之间有足够的时间间隔,以保证在下一个报文到达之前,接收节点能处理好前一个已接收的报文,规定该间隔最短为 2μs。

前导码 (≥1)	SD (1)	FC (1)	DA (6)	SA (6)	DATA (≥0)	FCS (4)	ED (1)

图 6-15 令牌总线的基本报文格式

SD– 起始定界符;FC– 帧控制;DA– 目的地址;SA– 源地址;

DATA –LLC 层提供的信息;FCS– 帧检验序列;ED– 结束定界符

数据(DATA)字段的内容由 LLC(逻辑链路控制)子层提供,它含有主机或高层的数据,用户可在该字段中定义所需的结构和有关含义,如定义主机级协议。由 SD 到 ED 的最大报文长度为 8192 字节。

帧控制(FC)字段为 1 字节,其第 1、2 位指出报文的类型,如表 6-2 所示。若这两位都为 0 时,则该报文是控制报文,此时这个字节的第 3~8 位用于指示控制报文类型与协议操作。已定义的 7 种控制报文如表 6-3 所示,下面给出它们的简要说明。

表 6-2 报文类型

FC 的第 1、2 位		报文类型
第 1 位	第 2 位	
0	0	控制报文
0	1	数据报文
1	0	节点管理数据报文
1	1	特殊用途数据报文

(1)申请令牌(Claim-token):在令牌丢失时,产生一个新令牌。

(2)征求后继-1(Solicit-successor-1):寻找下一节点,有 1 个响应窗口跟随。

(3)征求后继-2(Solicit-successor-2):寻找下一节点,有 2 个响应窗口跟随。

(4)询问谁跟随(Who-follows):询问谁是某给定节点的下一节点,有 3 个响应窗口跟随。

(5)分解竞争(Resolve-contention):在响应窗口中分解冲突,有 4 个响应窗口跟随。

(6)令牌(Token):给出访问权。

(7)设定后继(Set-successor):建立与上一节点的逻辑链接。

表 6-3 令牌总线的 7 种控制报文

控制报文类型	FC 的第 1~8 位	字段的使用
	1 2 3 4 5 6 7 8	
Claim-token	0 0 0 0 0 0 0 0	DATA 字段长度 = 0、2、4 或 6 个时间片字节，其可为任意值；DA = × ×，SA = TS
Solicit-successor-1	0 0 0 0 0 0 0 1	DA = NS，SA = TS，DATA =空，1 个响应窗口
Solicit-successor-2	0 0 0 0 0 0 1 0	DA = NS 或 TS，SA = TS，DATA =空，2 个响应窗口
Who-follows	0 0 0 0 0 0 1 1	DA = × ×，SA = TS，DATA = NS，3 个响应窗口
Resolve-contention	0 0 0 0 0 1 0 0	DA = × ×，SA = TS，DATA =空，4 个响应窗口
Token	0 0 0 0 1 0 0 0	DA = NS，SA = TS，DATA =空
Set-successor	0 0 0 0 1 1 0 0	DA = PS，SA = TS，DATA = NS 或 TS

注：DA– 目的地址；SA– 源地址；PS–上一节点地址；NS–下一节点地址；TS–本节点地址；DATA–数据字段；× ×–待定

当 FC 字段的第 1、2 位不全为 0 时，指出该报文为数据报文。这时该字段的第 3~5 位用于定义媒体访问控制操作，当这 3 位全部为 0 时，表示无响应请求；第 6~8 位用于定义数据报文的优先级。

2. 令牌总线性能分析

设令牌总线的逻辑环中包含 n 个节点；信道的传输速率为 R，单位为 bit/s；数据报文到达每个节点的过程为泊松过程，平均到达率为 λ，即每秒 λ 个数据报文，用 msg/s 表示；每个节点的服务均为穷举服务，即当一个节点得到令牌后，在其缓冲器中排队的所有报文要发送完毕，否则不会释放令牌，这样节点的令牌等待时间没有上限。令牌总线网络中几个基本变量的特性如图 6-16 所示[100]。图中给出了存储在两个典型节点内的数据报文数（稳态时为时间的函数）的基本模式。若数据报文的平均长度为 $\bar{X}$，单位为 bit，则一个准备就绪的报文通过信道传输的时间为 $\bar{X}/R$。

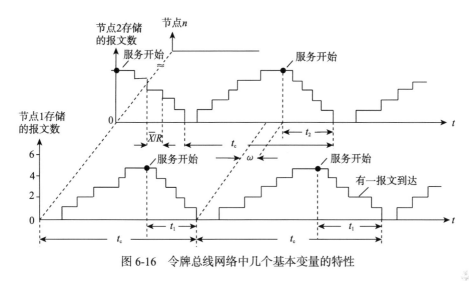

图 6-16 令牌总线网络中几个基本变量的特性

下面首先讨论节点 1。当节点正在等待使用信道时,每到达一个数据报文,存储的数据报文数会增加 1。当节点最后收到令牌时,在图 6-16 中的"服务开始"标志点时刻,该节点以恒定的速率 $R/\overline{X}$ (msg/s)开始向总线传送由缓冲器输出的数据报文。在先前存入的那些数据报文正在传送的过程中,新的数据报文仍继续到达,且存储在缓冲器中。当节点 1 中的缓冲器变为空时,则发送令牌到节点 2。经遍历时间 ω 后,节点 2 开始发送,并持续上述这一过程。这里所讲的遍历时间 ω 是指传输令牌所必需的所有步骤要求的全部时间,包括令牌传输时间、信道传播延迟和响应报文的时间等。

1)平均循环时间

设 m 为令牌到达一典型节点时存储在该节点的平均数据报文数,那么该节点就可使用一个容量为 R 的信道发送数据,且清空(发送完存储的数据)节点的缓冲器需要 $m\overline{X}/R$ 秒的时间。清空该节点缓冲器的时间表达式中的 m,不仅应包括服务开始时所存储的数据报文,而且应包括该节点正在服务期间所到达的那些数据报文。

当该节点缓冲器被清空时,信道的访问权就会在与遍历时间 ω 相等的时间内传送到另一个节点。另外,在 n 个节点组成的逻辑环中,对于每一个节点,清空一个节点缓冲器和数据报文传送到下一个节点的平均时间是相同的。因此,平均循环时间 T_c 的长度可表示为

$$T_c = n(m\overline{X}/R + \omega) \tag{6-11}$$

在正常状态下,清空一个节点缓冲器的数据报文平均数 m 是由平均到达率 λ 和平均循环时间 T_c 确定的,因此

$$m = \lambda T_c \tag{6-12}$$

从而,将式(6-12)代入式(6-11),可化简得

$$T_c = n\omega / (1 - n\lambda \overline{X} / R) \tag{6-13}$$

式中, $n\lambda\overline{X}/R$ 为网络的总平均到达率与总容量之比(两者的单位均为bit/s),其为网络的吞吐量 S,即

$$S = n\lambda \overline{X} / R \tag{6-14}$$

故平均循环时间的最终表达式为

$$T_c = n\omega / (1 - S) \tag{6-15}$$

若要式(6-13)和式(6-14)成立,则网络必须处于正常工作状态。这反过来又会使所提供的网络负载 $n\lambda$(msg/s)必须少于信道服务速率 $R/\overline{X}$ (msg/s)。还有一个同样的要求条件,即吞吐量 S 必须小于1。

2)延迟分析

除上述平均循环时间 T_c,令牌总线的另一个性能指标是平均等待时间 W。平均等待时间是一个数据报文从到达节点起到该节点开始发送这一报文时必须经历的平均时间。这个平均等待时间可以进一步分为两部分,如图6-17所示。

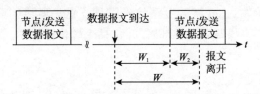

图 6-17　一个数据报文的等待时间

(1)从报文到达节点,到该节点开始发送报文队列的时间,用 W_1 表示。

(2)从节点开始发送报文队列,到该报文移动到发送队列的最前面所需的时间,用 W_2 表示。

显然

$$W = W_1 + W_2 \tag{6-16}$$

式(6-16)中的所有三个变量都为随机变量。一般来说, W_1 和 W_2 并不是相互无关的。本书使用一种启发式推理方式,在一定程度上对性能特征进行了研究,而不必用非常严格的数学表达式。此处使用了几种假设条件和启发式推理依据。试分别估计 W_1 和 W_2 的值, W_1 可通过考虑一个循环的平均参数值得到,而不是使用考虑该随机循环的全部参数的严格方法得到;用一种启发式推理依据来估计 W_2 的值。

令牌总线网络的一个循环的工作情况如图6-18所示。t_i、ω_i分别表示节点i的服务时间和遍历时间。从节点i的角度看，一个循环的时间包括节点i的服务时间t_i和其余空闲时间(等待令牌的时间)。下述计算方法说明了W_1、W_2两种时间的平均值的相对大小。

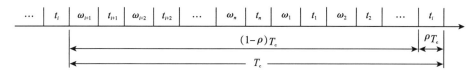

图 6-18　令牌总线网络的一个循环

当一个特殊节点正在服务时，由该节点在信道上必须发送的数据报文平均数可由式(6-12)算出，即$m=\lambda T_c$。该节点的相应平均服务时间为m除以信道服务速率$R/\bar{X}$(msg/s)，即$\lambda T_c \bar{X}/R$。参数ρ可定义为

$$\rho = \lambda \bar{X}/R \tag{6-17}$$

如图6-18所示，每个节点的平均服务时间可表示为ρT_c。然而节点处于空闲状态时的平均循环时间的其余时间则为$(1-\rho)T_c$。

下面讨论$(1-\rho)T_c$这一期间随机到达的数据报文，该期间就是节点i等待服务的平均时间长度。数据报文到达的过程为一泊松过程。可以看出，对于这种随机到达的数据报文，当数据报文数量较大时，这些报文必须等待服务的平均时间W_1可表示为

$$W_1 = (1-\rho)T_c/2 \tag{6-18}$$

显然，W_1等于空闲时间间隔的一半。

实际上，在时间间隔$[0, (1-\rho)T_c]$内，到达时间是独立的、均匀分布的，因此根据常量ρ和平均循环时间T_c，由式(6-18)可以得到W_1的确切结果，它与一个平均循环时间的确切结果情况类似。当确定在固定长度的间隔内仅到达一个数据报文时，到达时间也具有均匀分布特性。利用式(6-13)和式(6-17)可求出基本延迟参数W_1为

$$W_1 = \frac{n\omega(1-\rho)}{2(1-n\rho)} \tag{6-19}$$

到达数据报文经历的总平均延迟的第二个分量为W_2，它是在节点开始发送后数据报文还需要在缓冲器队列中等待的平均时间。由图6-17和启发式推理方法可以得到W_2的表达式。对于任一节点的数据报文，第二个延迟分量为该节点正在服务时所经历的延迟时间。为求出该延迟的表达式，可讨论一个不存在遍历时间的等效网络，即若网络中存在数据报文，则节点就一直服务。因此，可把整个等效网

络看成一个分布式M/G/1排队模型,该队列共有n个节点,总到达率为$n\lambda$,即n个独立的队列可看成一个到达率集合在一起的集总队列。显然,W_2就是一个报文进入这样的排队系统的平均等待时间。

对于M/G/1排队模型,报文经网络所产生的平均延迟为

$$T = \frac{1}{\mu C} + \frac{\rho + \lambda \mu C \sigma_r^2}{2\mu C(1-\rho)}$$

该公式的右端第2项即排队等待时间。但是在将该公式应用于前面讨论的情况时,尚需指出公式中的平均服务时间是由$1/(\mu C)$给出的,此处的表示符号为$\bar{X}/R$。这里把整个令牌总线系统看成一个排队系统,没有原系统的遍历时间,只有一个队列,其报文到达率是原系统的总到达率,即$n\lambda$。以上公式中的λ应换为$n\lambda$,ρ应换为$n\rho$。为方便起见,服务时间的方差σ_r^2需要进行变换,用服务时间的矩量代替其方差。因此,如果X为表示数据报文比特长度的随机变量,那么其一阶矩和二阶矩可分别用$\bar{X}$和$\overline{X^2}$表示。由此可见,一个数据报文的服务时间为X/R,其方差为$\sigma_r^2 = \overline{X^2}/R^2 - (\bar{X}/R)^2$,代入上式右端第2项可得

$$W_2 = \frac{n\rho\bar{X}/R + n\lambda[\overline{X^2/R^2} - (\bar{X}/R)^2]}{2(1-n\rho)} = \frac{n\lambda\overline{X^2}/R^2}{2(1-n\rho)} \tag{6-20}$$

在这种情况下,分布式网络的吞吐量可由式(6-14)给出,故W_2可表示为

$$W_2 = \frac{S\overline{X^2}}{2\bar{X}R(1-S)} \tag{6-21}$$

这样,W_1与W_2相加,即可求出总延迟时间W,即数据报文在一个节点的平均等待时间。利用式(6-19)和式(6-21),W可表示为

$$W = \frac{n\omega(1-S/n)}{2(1-S)} + \frac{S\overline{X^2}}{2\bar{X}R(1-S)} \tag{6-22}$$

遍历时间ω取决于节点之间的平均传播延迟。该延迟值是根据网络中任何两个节点之间的传输时间大致相同的假设确定的。因此可用概率方法解决这一问题,但前提条件是假设节点的数量较大,选择约三分之一总线长度作为任意两个节点之间的平均间隔(或者说平均传播延迟时间为$\tau/3$秒,τ为端到端传播延迟)。使用$\tau/3$秒作为平均传播延迟值,遍历时间可表示为

$$\omega = X_t/R + \tau/3 \tag{6-23}$$

式中,X_t为令牌的长度。

把数据报文传输时间和平均传播延迟时间与式(6-22)相加,即可得到平均传输延迟时间 T 为

$$T = \frac{\overline{X}}{R} + \frac{\tau}{3} + \frac{n\omega(1-S/n)}{2(1-S)} + \frac{S\overline{X^2}}{2\overline{X}R(1-S)} \tag{6-24}$$

通常研究的数据报文长度的分布情况有两种,即恒定分布和指数分布。接下来将分析在这两种情况下的平均传输延迟时间 T。

在数据报文长度为恒定分布情况下,数据报文的长度是固定的,数据报文长度的二阶矩 $\overline{X^2} = \overline{X}^2$,将其和式(6-23)一起代入式(6-24),则 T 变为

$$T = \frac{\overline{X}}{R} + \frac{\tau}{3} + \frac{X_t(n-S)}{2R(1-S)} + \frac{\tau(n-S)}{6(1-S)} + \frac{S\overline{X}}{2R(1-S)} \tag{6-25}$$

简化后可得

$$T = \frac{\overline{X}(2-S)}{2R(1-S)} + \frac{X_t(n-S)}{2R(1-S)} + \frac{\tau(n+2-3S)}{6(1-S)} \tag{6-26}$$

在数据报文长度为指数分布的情况下,数据报文长度的二阶矩 $\overline{X^2} = 2\overline{X}^2$,同理可得

$$T = \frac{\overline{X}}{R(1-S)} + \frac{X_t(n-S)}{2R(1-S)} + \frac{\tau(n+2-3S)}{6(1-S)} \tag{6-27}$$

因此,可根据式(6-26)或式(6-27)画出 T 与 S 的关系曲线。然而特殊结果则取决于参数 n、X_t、τ、$\overline{X}$ 和 R 的选择。

前面建立的令牌总线模型假设逻辑环中的节点数是不变的,即无节点加入或退出逻辑环。建立考虑了节点加入或退出逻辑环情况的令牌总线模型超出了本书的范围。

若数据报文长度为任意分布,在吞吐量 S 设定为 0 的情况下,则由式(6-24)可得出最小平均传输延迟时间的表达式为

$$T = \frac{\overline{X}}{R} + \frac{nX_t}{2R} + \frac{\tau(n+2)}{6} \tag{6-28}$$

如前所述,假设该模型各节点中的服务是穷举服务。由于在节点缓冲器中排队的报文数是不固定的,而持有令牌的节点要将自己缓冲器中的所有报文发送完毕,所以节点占用总线的时间没有上限,然而 IEEE 802.4 标准允许网络系统为每个节点分配一个最大令牌保持时间。若每个节点的保持时间都为 T_{TH},则最大吞吐量 S_{max} 可表示为

$$S_{max} = \frac{T_{TH}}{T_{TH} + T_t + \tau/3} \tag{6-29}$$

式中，T_t为传输令牌的平均时间(X_t/R)，$\tau/3$为逻辑环中两个相邻节点之间的平均传播延迟时间。

【例6-2】总线长度为1km（$\tau=5\mu s$），令牌长度为12B，传输速率为10Mbit/s，试确定最大吞吐量与每个节点的保持时间之间的关系。

解　已知$X_t=12\times8=96(bit)$，$R=10Mbit/s$，$\tau=5\mu s$，由式(6-29)可得

$$S_{max} = \frac{T_{TH}}{T_{TH} + T_t + \tau/3} = \frac{T_{TH}}{T_{TH} + 96/(10\times10^6) + 5\times10^{-6}/3} = \frac{T_{TH}}{T_{TH} + 11.27\times10^{-6}}$$

若令牌保持时间分别为100μs、1ms和10ms，则最大吞吐量分别为0.898、0.988和0.998。在穷举服务情况下，即$T_{TH}\to\infty$，显然$S_{max}\approx1$。同样，最大总线利用率与数据报文的长度无关，而是在一定程度上取决于总线的长度。

虽然尚未提出一个包括节点访问逻辑环的竞争阶段详细模型，但仍可以看出若该阶段包含在模型中，则可能的最小平均延迟值也许还是较大的，而且若包括竞争阶段，则也可能是引起最大吞吐量小于1的另一因素。

6.4.2　微时隙协议 ARINC 629

微时隙(minislot)协议利用时间来控制媒体访问，这种媒体访问控制策略将时间划分成一系列的微时隙，每个微时隙的长度大于通道的传播延迟。每个节点被分配了特定数量的微时隙，在节点被允许传送数据之前，这些微时隙逐渐消逝且对通道保持静默。ARINC 629是微时隙协议的实例之一，主要用于航空工业的实时通信[101]，现已经成功应用在波音777客机上。

ARINC 629又称为"候车室协议"(waiting room protocol)，非常类似于Lamport提出的面包店算法(bakery algorithm) [102]。ARINC 629协议使用三个超时参数控制媒体访问，分别为：同步间隙(Synchronization Gap, SG)，用于控制分布式候车室的入口；终端间隙(Terminal Gap, TG)，用于控制从候车室到总线的访问；传送间隔(Time Interval, TI)，用于防止节点独占总线。所有节点的SG、TI都相同，但各个节点的TG存在差别，并且必须是传播延迟(微时隙)的倍数。设n表示节点数，则存在：$SG > max\{TG_1, TG_2, \cdots, TG_n\}$，并且$TI > SG$。

ARINC 629的运行方法为：在第一阶段，如果总线的静默时间比SG长，要求传送报文的一系列节点被准许进入一个"分布式候车室"。接下来，已经进入候车室的节点侦听总线静默情况，若总线静默时间超过自己的TG，则开始传输它们的报文。在新一轮节点进入候车室的过程开始之前，候车室内的所有节点都可以传送它们的报文。

图6-19给出了一个协议运行实例。其中N_1和N_2是两个要求传送报文的节点，N_1的TG_1比N_2的TG_2短，即$TG_1 < TG_2$。第一阶段，N_1和N_2等待一段总线空闲时间，如果总线空闲时间比允许进入候车室的SG长，N_1和N_2进入候车室。进入候车室之后，两个节点继续等待另一段总线空闲时间，长度为各个节点的TG。由于各个节点的TG是不同的，节点N_1的TG_1较短，在TG_1消逝的时刻，若总线是空闲的，则可开始传送。在开始传送时，N_1设置TI，阻止节点N_1在这个时间内进行另一次传送活动。这个协议逻辑可以防止单个节点独占网络。N_1一旦开始传输，N_2就要退避，直到N_1传送结束。在N_1传送结束后，N_2要再次等待TG_2时间，在TG_2消逝的时刻，假如总线空闲，则开始发送它的报文。因为$SG > \max\{TG_1, TG_2\}$，$TI > SG$，所以在下一轮节点进入候车室的过程之前，所有要求发送报文的节点都能完成它们的发送活动。

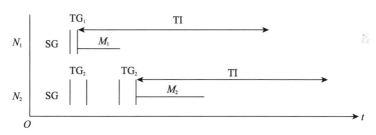

图 6-19 ARINC 629 的定时图

2Mbit/s通道的典型超时参数值如下：TG为4~128μs，由传播延迟决定；SG比最长的TG长；TI为0.5~64ms。ARINC 629协议的超时参数将规则性信息传达给协议机，由协议机约束节点主机的运行。若协议运行正确，则可以避免恶意节点独占网络。

6.4.3 航空电子全双工交换式以太网

全双工通信有单独的发送通路和接收通路，支持端对端之间的同步发送和接收。全双工链路是扩展以太网的关键，全双工链接网段上的设备数量不能超过两个，可以是网卡或交换机端口(注意：不是中继型集线器端口)。集线器没有全双工模式，它是冲突域的一部分。只有两块网卡时，可以实施全双工通信，多于两块网卡时的全双工方式必须考虑使用交换机。

10Base-T双绞线、10Base-FL光纤有单独的发送和接收通路，可以根据网卡或交换机端口的复杂程度实现全双工。由于全双工通信并不遵循共享式CSMA/CD协议，所以不存在冲突问题。由于设备可在发送的同时接收数据报文，不需要等待，从而极大地提高了传输的实时性。另外，数据传输延迟主要取决于交换机的软硬件性能,基本上是一个常量。理论上全双工通信技术可以使网络带宽增加一倍(如10Mbit/s的以太网带宽可增加到20Mbit/s)。

航空电子全双工交换式以太网(Avionics Full DupleX switched ethernet, AFDX)是基于交换式以太网的速率受限协议。AFDX的报文格式和物理层与以太网标准IEEE 802.3一致,该协议以虚拟链路为基础,为每个发送方分配一个静态定义的带宽,虚拟链路把发送方与指定数量的接收方连接起来,AFDX交换机可以保证做到以下几个方面。

(1)在虚拟链路上行进的报文,其传递顺序与发送顺序相同。

(2)在虚拟链路基础上,确保最小带宽、最大传输延迟和抖动。

(3)数据不会因交换机内的缓冲器溢出(over-subscription)而丢失。

交换机的配置表包含每个虚拟链路的状态信息,这使得交换机能够保护网络,以免节点造成网络超载。系统集成商(integrator)负责建立虚拟链路,设置连接参数。AFDX已由ARINC组织标准化,代码为ARINC 664,并被应用于空客A380和梦幻客机波音787。

对于配置了AFDX的A380客机,表6-4给出了虚拟链路延迟分布(抖动)的典型值,这些典型值是实际上的传输延迟[98]。这种抖动会造成严重的动作延迟。

表6-4 A380 配置上的 AFDX 传输延迟

流量百分比 /%	2	7	12	16	18	38	7
传输延迟 /ms	0~0.5	0.5~1	1~2	2~3	3~4	4~8	8~13

6.4.4 音频 / 视频总线

多媒体系统的物理连接以单向、点对点为主,需要大量线束。为了简化线束,人们已开发出多种专用多媒体协议。其中一些专用多媒体协议不符合标准IT协议(如以太网)。此外,标准交换式以太网并不提供多媒体应用所需要的时间服务质量。

音频/视频流的通信系统必须支持以下的时间服务质量要求。

(1)在不同物理位置上生成的多个音频/视频流,能够实现精确的同步,同步精度要在微秒级,如口型与语音同步。

(2)在最坏情况下,多媒体数据流的传输延迟包括了源和目的地的缓冲延迟,这个最坏情况传输延迟必须是有界的。从一个视频流切换到另一个视频流的时间要在毫秒级。

(3)分配给多媒体流的通信资源要留有用于会话的时间(duration of session),这就需要一个动态资源预约方案。

IEEE 802.1音频/视频桥接(Audio/Video Bridging, AVB)专责小组根据以太网

标准,开发了一套符合上述要求的协议[103]。

6.5　时间触发通信

在时间触发通信(Time Triggered Communication, TTC)系统中,发送方和接收方为各个时间触发报文的发送事先商定一个通信调度表,这个通信调度表由时间来控制,不存在冲突并且循环运行。3.3.4节描述了一个时间循环模型,这里所讲的循环通信调度表可用这种模型来表示,其中相位表示报文的发送和接收时刻,周期表示报文循环。一个报文在每个周期里的发送相位是完全相同的。既然通信系统预先了解调度表,它可以通过资源分配使时间触发报文的传输没有任何中间延迟或缓冲。

从某种意义上讲,时间触发通信与时控线路交换非常类似,它们都是通过在发送方和接收方之间确立时控专用通道,缩短报文传输时间。时间触发通信的一个很好比喻是道路信号灯组,一条道路的信号灯组总是周期性地产生绿色信号。

时间触发通信分为以下三种模式[1]。

(1)冲突避免时间触发通信(Collision Avoidance TTC, CA-TTC)

冲突避免时间触发通信将报文假定为两类:预定的时间触发报文和零星的事件触发报文。通信系统事先知道时间触发报文的无冲突调度表,它可通过移动事件触发报文,避免事件触发报文和时间触发报文之间的冲突。

(2)抢占式时间触发通信(Preemptive TTC, P-TTC)

抢占式时间触发通信的报文类型与冲突避免时间触发通信相同,在事件触发报文与时间触发报文发生冲突的情况下,通信系统抢先占有事件触发报文,并以较小的延迟和最小的抖动发送时间触发报文。

(3)冲突容忍时间触发通信(Collision Tolerant TTC, CT-TTC)

冲突容忍时间触发通信将报文假定为两类:预定的时间触发报文和其他无法控制的报文或干扰信号。时间触发的通信控制器会在预先设计好的不同时刻,向不同频率的通道发送同一时间触发报文的多个副本,目的是希望副本之一无损坏地到达接收方。

根据4.4.1节关于确定性的定义,在故障假设所给定的范围内,时间触发通信是确定性的。对于通过独立的(复制的)通道在同一活动间隔内发送的报文,稀疏时间模型确保它们在未来的同一活动间隔内到达接收方。因此抖动是有界的,其大小与时钟同步的精度有关,通常是亚微秒级的。

时间触发控制要求域内的时间控制信号源于单一时间源。这个时间源可以是同步的全局时间,也可以是单一主导进程的周期,即由进程自主地建立基本周期。在时间是由主导进程建立的情况下,所有其他循环的时间控制信号必须来自这个主导进程的周期。若所有循环的周期之间存在谐波关系,则可以很简单地生成调度表。

时间触发通信的精确相位控制有助于紧密地排列分布式事务中的处理动作和通信动作,从而最大限度地减少控制回路的时间(死区时间),如图3-9所示。如果时间触发报文必须穿越级联的通信系统,也可以进行这种紧密的相位控制。例如,智能电网必须在整个电网上提供及时的端到端传输保障[104],时间触发通信最大限度地减少了传输延误,并且支持容错,从而可以在广大的区域里实现紧密的直接数字控制回路。

时间触发通信的代表性协议包括FlexRay、时间触发协议和时间触发以太网等。这些协议要求在所有通信节点之间建立全局时基,并为每个时间触发报文指定一个循环。当全局时基到达循环的开始处,将准确地触发报文传输。时间触发通信的确定性适合于通过复制节点实现容错。

6.5.1　FlexRay

FlexRay是汽车中应用的一种高速通信协议,主要遵循冲突避免时间触发通信模式,采用的媒体访问技术有两种:时分多路访问(Time Division Multiple Access,TDMA)和动态最小时隙。FlexRay将3.6节讲述的时钟同步机制用于全局时基的建立,兼顾了时间触发报文和事件触发报文的传输,具有总线访问确定性和容错能力。该协议是由2000年成立的FlexRay联盟开发的,采用这一技术的汽车在2006年就已开始进入市场,如部分奥迪、宝马车型[105]。

1. FlexRay 帧格式

FlexRay帧格式如图6-20所示,它由三个字段组成:头段、负载段和尾段。节点按从左到右的顺序传送帧。

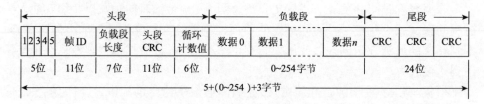

图 6-20　FlexRay 帧格式

1)头段

头段包含5字节,前5位依次为保留位、负载段前沿指示位、空帧指示位、同步帧指示位和启动帧指示位,接下来是11位的帧ID、7位的负载段长度、11位的头段CRC和6位的循环计数值。

(1)保留位：用于将来的协议扩展。发送节点将该位设为逻辑0,接收节点忽略该位。

(2)负载段前导指示位：表明帧的负载段是否包含一个可选向量。在通信循环的静态段发送的帧(静态帧),1表示负载段包含网络管理向量,0表示负载段不包含该向量;在动态段发送的帧(动态帧),1表示负载段包含报文ID,0表示负载段不包含报文ID。

(3)空帧指示位：表明帧是否为空帧。1表示不是空帧;0表示空帧,此时负载段中的所有数据均为0,即无有效数据。

(4)同步帧指示位：表明帧是否为同步帧,即帧是否用于系统的通信同步(注：同步帧仅在静态段发送)。1表示同步帧,所有接收节点应将该帧用于同步;0表示非同步帧,所有接收节点不要将该帧用于同步或与同步相关的任务。

(5)启动帧指示位：表明帧是否为启动帧。1表示启动帧,0表示非启动帧。由于启动帧指示位只能在冷启动节点的同步帧中设置为1,所以启动帧指示位为1时,同步帧指示位也为1,即所有有效的启动帧同时也是同步帧。每个冷启动节点在一个通信循环里只能发送一个启动和同步帧。

(6)帧ID：用于定义帧的发送时隙,范围为1~2047。若帧ID的值为0,表明该帧为无效帧。在每个通信循环里,一个帧ID在每个通道上的使用次数不能超过一次。

(7)负载段长度：负载段长度值等于负载段的字节数除以2。例如,若负载段的字节数为72字节,则负载段长度值为36(72/2)。在静态段中,所有帧的负载段长度都是固定的、相同的,均为gPayloadLengthStatic。在动态段中,帧的负载段长度可以不同,且同一个帧在不同循环中的负载段长度可以变化。

(8)头段CRC：头段CRC的计算包含同步帧指示位、启动帧指示位、帧ID和负载段长度。帧的头段CRC是离线计算的,并通过组态提供给发送节点的通信控制器。接收节点的通信控制器会计算接收帧的头段CRC,以检测其正确性。

(9)循环计数值：帧的发送节点在发送帧时的循环计数器值,范围为0~63。

2)负载段

负载段包含0~254个字节,负载段的字节数总为偶数,并且可能大于实际应用的字节数。当负载段的长度小于等于248字节时,帧CRC(即尾段中的CRC)的汉明间距为6;当负载段的长度大于248字节时,帧CRC的汉明间距为4。

静态帧负载段的前面12个字节,即数据0~数据11,可作为网络管理向量NM_0~NM_{11}。网络管理向量的长度是可配置的,范围为0~12字节,配置完成之后,不允许再进行改变,剩余字节用于发送其他数据,如图6-21所示。网络管理向量的具体规定如下。

(1)同一个簇内的所有节点所配置的网络管理向量长度必须一致,如都为4字节。

(2)网络管理向量仅用于静态帧。

(3)发送节点的主机将网络管理向量作为应用数据写入通信控制器。

(4)头段的"负载段前导指示位"表明负载段是否包含网络管理向量。

图 6-21　静态帧负载段

动态帧负载段的前面两个字节,即数据0和数据1可作为报文ID,该标识符用于接收节点过滤数据,如图6-22所示。报文ID的具体规定如下。

(1)报文ID定义了数据段的内容。

(2)报文ID仅用于动态帧,长度为16位。

(3)发送节点的主机将报文ID作为应用数据写入通信控制器,接收节点通过判断报文ID决定是否存储该帧。

(4)由头段的"负载段前导指示位"表明负载段是否包含报文ID。

图 6-22　动态帧负载段

3) 尾段

尾段CRC(即帧CRC)的计算包括头段和负载段,即从保留位开始至负载段最后一个字节结束。

头段CRC与帧CRC共同保证了帧传输的容错能力,但两者的计算方法不同。为了避免出错的通信控制器对同步帧指示位或启动帧指示位做出不适当的修改,头段CRC不由发送节点的通信控制器计算,而由主机将头段CRC写入通信控制器。接收节点的通信控制器则根据接收帧的头段相关位来计算头段CRC,并比较计算所得结果是否与接收帧中的头段CRC相同。帧CRC由发送节点的通信控制器在帧发送前计算。接收节点则根据接收帧的头段和负载段来计算帧CRC,并比较计算所得结果是否与接收帧尾段中的CRC相同。

2. 通信循环

FlexRay通信网络支持单总线和双总线拓扑结构。例如,在图6-23所示的双总线拓扑结构中,节点K、L与通道A、B相连,而M、N只与通道A相连、O只与通道B相连。

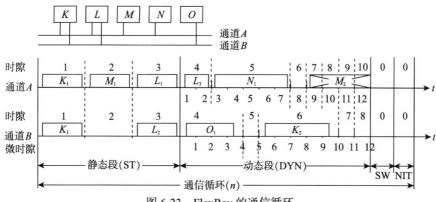

图 6-23 FlexRay 的通信循环

FlexRay协议的媒体访问控制是以反复出现的通信循环为基础的,循环的编号为0~63,以循环计数器计数。每个通信循环分成静态段(ST)、动态段(DYN)、符号窗(SW)和网络空闲时间(NIT),如图6-23和图3-17所示。静态段和动态段的仲裁都以节点的帧ID配置和产生发送时隙的计数方案为基础。

1)静态段

静态段由若干个长度固定的时隙组成,对于给定的节点簇,静态段时隙的个数是一个全局常数,在各个时隙内传送的所有静态帧的长度相同。图6-23所示的通信循环中,静态段包括3个静态时隙。静态段通信需要满足以下要求。

(1) 同步帧必须发送到所有相接的通道上。

(2)非同步帧可以发送到任意一条或两条通道上。

(3)任意一个静态时隙中,仅允许一个节点在通道上发送帧。

为了实现静态段通信,节点的每个通道上均有一个时隙计数器(slot counter)。在一个新的循环开始时,节点将每个时隙计数器的初始值设置为1,并在每个时隙的结束处递增。如图6-23所示,静态时隙1中,节点K分别在通道A和B上发送帧K_1;静态时隙2中,节点M仅在通道A上发送帧M_1;静态时隙3中,节点C在通道A和B上发送帧L_1、L_2。

2)动态段

动态段同样是由时隙组成的,但时隙长度可根据帧的长度而改变,需要用微时隙进行计量。对于给定的节点簇,动态段所用的微时隙总数、单个微时隙长度都是全局常数。在一个微时隙内,节点可以独占总线。为了记录动态段微时隙个数,FlexRay专门设计了一个微时隙计数器(minislot counter),在一个通信循环开始时初始化为1,动态段每增加一个微时隙,计数值加1。动态段时隙的计数方法如下。

(1)如果通道上没有通信发生,节点处于空闲状态,则动态段时隙由一个微时隙组成。在每个时隙结束时,节点的时隙计数器加1。

(2)如果通道上有通信发生,则动态段时隙由多个微时隙组成,占用微时隙的个数取决于报文的发送或接收时间。当报文发送或接收完毕时,该时隙结束,节点的时隙计数器加1。

图6-23所示的通道A,报文L_3在微时隙1开始发送,所需时间长度为两个微时隙(微时隙1和2),则时隙4的长度为两个微时隙;当微时隙中没有报文发送时,如微时隙8,对应的时隙为6,其长度等于一个微时隙。

3)符号窗

符号窗中仅允许发送一个特征符,该段的仲裁由更高层的协议来解决,其媒体访问机制与静态段相似。

4)网络空闲时间

网络空闲时间用于计算和提供时钟修正,或用于与特定通信循环有关的任务。

3. FlexRay 媒体访问控制过程

在FlexRay总线中,每个节点包括两个时隙计数器和一个微时隙计数器。在一个新的通信循环开始时,三个计数器的值都初始化为1。总线仲裁机制判断帧标识符(FrameID)是否等于当前时隙计数器的值,若相等,则帧标识符所对应的节点可以在这个时隙发送报文。每个时隙只有一个节点可以在总线上发送报文。每个帧标识符对应一个时隙,帧标识符在系统设计阶段配置。

(1)静态段媒体访问控制

FlexRay静态段的媒体访问控制建立在时分多路访问基础上,采用表调度算法,因此该段的优化调度可离线生成,可以根据实际情况选择最佳静态段参数值和节点发送序列,使所有的静态报文均满足截止时间要求,且总响应时间为最小。每个节点的主机都有一个调度表,表中存放所有待发送报文的时间信息(循环编号,CycleNo)、时隙编号(帧标识符,FrameID)和通道号。当发送时间到达时,主机将报文放入通信控制器主机接口(Controller Host Interface,CHI)的缓存中。表6-5为图6-23所示通信系统的调度表,该表仅给出了一个循环的调度情况。

表 6-5　循环调度表

	时隙	节点	通道	帧	循环
静态段	1	K	A	K_1	n
			B	K_1	n
	2	M	A	M_1	n
			B	—	n
	3	L	A	L_1	n
			B	L_2	n

续表

	时隙	节点	通道	帧	循环
动态段	4	L	A	L_3	n
		O	B	O_1	n
	5	N	A	N_1	n
			B	—	n
	6		A	—	n
		K	B	K_2	n
	7	M	A	M_2	n
			B	—	n

为了增加每次调度的信号种类,既能传送快变信号,又能传送慢变信号,FlexRay采用了循环复用技术(cycle multiplexing),允许每个循环使用的调度表存在差异,但一个调度周期中包括的循环数不能超过64个。例如,如果总线的循环时间为2ms,而某过程仅需要8ms发送一次数据,那么可以通过循环复用,每4个循环传送一次过程数据。

FlexRay协议规定被传送帧的周期可以是循环时间的2^x倍。在不同的循环里,编号相等的时隙可以传送不同的帧。不同帧的发送方在静态段是固定不变的,但在动态段可以不同。

(2)动态段媒体访问控制

FlexRay协议规定在同一时刻仅允许一个动态报文被发送,每个动态报文仅分配一个帧ID,设计者必须根据需要指定报文的帧ID,如在调度表6-5中,动态报文N_1的帧标识符为5,则在位于动态段的第5个时隙发送。一个节点使用相同的帧标识符可以发送不同的报文,帧标识符相同的报文放到一个优先级队列中,主机根据优先级机制决定发送顺序,如报文I和J使用相同的帧标识符,而报文I的优先级高于J,主机首先发送报文I。另外,只有在动态段结束之前有足够的传输时间时,才允许报文封装成动态帧在动态段传输。为此在系统设计阶段,需要根据最大动态帧设定启动帧传输的最后一个微时隙(pLatestTx),通过判断当前微时隙计数器的值是否小于pLatestTx决定是否进行报文传输。例如,图6-23中设节点M的pLatestTx等于8,则报文M_2的启动发送时间是在pLatestTx之后(在第9个微时隙),动态段没有足够的空间,只能延迟到下一个循环发送。

【例6-3】如图6-24(a)所示,FlexRay系统有三个节点K、L、M,仅应用通信通道A,静态段时隙的个数为4,动态段微时隙的个数为12。通信系统发送静态报文K_1、K_2、L_1、L_2、M_1,发送动态报文K_3、K_4、L_3、L_4、L_5。静态报文的发送时隙用"循环编号/静态时隙编号"表示,如"0/2"表示报文被安排在第0号循环的静态时隙2中发送。动态报文的发送时隙用"动态时隙编号/优先级/报文长度"表示,如"8/2/2"表示报文被安排在动态时隙8中发送,优先级为2,报文长度为2个微时隙。设启动帧传输的pLatestTx=9,画出报文发送示意图。

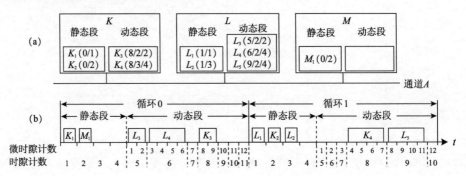

图 6-24 报文发送示意图实例

解 FlexRay系统的报文发送时序如图6-24(b)所示。在循环0中,静态段发送报文K_1、M_1,动态段发送动态报文L_3、L_4、K_3;而在循环1中,静态段发送报文L_1、K_2、L_2,动态段发送报文K_4、L_5。虽然节点K中的报文K_3、K_4都在动态时隙8中发送,但K_3的优先级高于K_4,首先发送K_3。报文L_5的发送时隙为9,而启动帧传输的最后一个微时隙pLatestTx=9,报文K_3传送结束后,微时隙计数器的值为10,大于pLatestTx,L_5推迟到循环1发送(注:图中忽略了符号窗和网络空间时间)。

6.5.2 时间触发协议

时间触发协议(Time Triggered Protocol, TTP)是一种时分多路访问协议,遵循冲突避免时间触发通信模式,它将时间触发通信、时间错误检测、容错时钟同步服务和成员资格服务集于一身[106],并使协议开销最小化。系统集成商必须预先设置终端系统的传输时隙参数。通过在时间触发协议上叠加协议可以实现事件触发通信。时间触发协议在机载系统中的应用已经得到正式认证[35]。现在已经配置在A380和波音787客机上,其他航空航天和工业控制应用也在采用这一协议。2011年汽车工程师学会(SAE)已将时间触发协议标准化,ARINC也在推进该协议的标准化。

（1）时间触发协议报文

时间触发协议报文由三个字段组成,即报文头、数据和CRC,如图6-25所示。报文头的长度为4位,第1位用于区分一个报文是初始化报文(I-报文)还是正常报文(N-报文), I-报文用于系统初始化,其数据字段是报文发送方的控制器状态(C-状态)。报文头的后面3位是模式位,用于改变簇内所有节点的操作模式。操作模式是依据实时应用的需要制定的,最多为7种。数据字段的长度是可变的,最多为16个字节。CRC字段的长度为2个字节,用于检测通信错误。

报文头		数据	CRC
I/N	模式位	(≤16字节)	(2字节)

图 6-25 TTP 报文格式

(2)成员资格服务

在时间触发协议网络中,每个节点作为通信系统的一个成员,所有成员组合在一起形成一个成员向量(membership vector)。每个成员占用成员向量的一个二进制位,所在位置是指定的,此位为TRUE表示节点运行正常,此位为FALSE表示节点运行异常。另外,时间触发协议用成员时刻(membership instant)表示节点周期性地发送报文的时刻。时间触发协议控制器的状态(C-状态)由当前时间和节点成员向量组成,为了使集合内所有节点的C-状态保持一致,发送方根据发送报文的内容和发送方的C-状态计算CRC,而接收方根据收到报文的内容和接收方C-状态计算CRC。如果接收方的CRC校验结果出现异常,则或者报文在传输过程中被破坏了,或者发送方和接收方的C-状态不一致。不管属于哪种情况,接收节点假设发送方已经发生故障,舍弃收到的这个报文,成员服务把簇内每个节点的状态和故障情况通知所有节点,迅速激活一个NGU策略。接收节点所做假设基于这样一个自信原则(self-confidence principle):如果系统中最多包含一个故障节点,那么单一故障节点不会毁掉系统中的正常节点。

在上述情形下,如果发送方是正确的,即所有其他工作节点收到了正确的报文,那么上述接收节点一定发生了故障。故障节点做出错误决策是不可避免的,这样的接收节点会发出带有错误成员向量的报文,其他工作节点将去除其成员资格。如果接收节点是正确的,那么它所做的决策是正确的,原始报文的发送方会被去除成员资格。

(3)时钟同步

每个报文的实测到达时间和指定到达时间之间存在偏差,时间触发协议将这些偏差作为发送方和接收方时钟之差,利用这些偏差,根据容错平均算法(见3.4.3节)计算每个本地时钟的校正因子,实现容错时钟同步。

时间触发协议运行在两个物理通道上,并有相互独立的总线监控器(Bus Guardian,BG)。BG被包含在每个节点内,用于保护总线免受混串音干扰。即使节点发生了故障,它也只能在其被分配的时隙内发送一个报文,此时隙之外,它是故障静默的。

从时间触发协议提供的服务看,它是一个数据效率很高的协议,对于需要频繁更新短实时数据的应用,非常合适采用这个协议。这样的应用包括工业控制、机器人运动控制等。

6.5.3　时间触发以太网

时间触发以太网(TTEthernet)扩展了交换式以太网标准IEEE 802.3,它既拥有标准以太网的流量,又提供确定性报文传输[107]。时间触发以太网交换机支持100Mbit/s和1Gbit/s的传输速度,部分时间触发以太网交换机已被证实可以用于灾难性情况。ARINC正在进行时间触发以太网标准化,NASA的Orion项目已选定时间触发以太网为主干通信系统[108]。

在时间触发以太网中,终端系统的协议控制器可以是标准的以太网控制器。时间触发以太网交换机将报文分成两类:标准以太网报文(事件触发报文)和确定性时间触发报文(时间触发报文)。事件触发报文和时间触发报文的格式完全符合以太网标准。根据标准以太网类型字段的内容或标准以太网报头(如地址字段)中的其他信息,可以区分事件触发报文和时间触发报文。时间触发以太网交换机以恒定且较小的延迟传输时间触发报文,没有采用缓冲器进行中间存储的过程。在没有时间触发报文传输发生的时间间隔内,时间触发以太网交换机传输事件触发报文。事件触发报文和时间触发报文之间发生冲突时,需要应用冲突解决策略[108-110]。

初级时间触发以太网系统的传输速率为100Mbit/s,它以标准以太网类型字段的内容为基础识别时间触发报文,根据抢占式时间触发通信模式安排抢占式事件触发报文。当完成某个时间触发报文的传输之后,初级时间触发以太网交换机自主地重发抢占的事件触发报文。初级时间触发以太网交换机是无状态的,启动时不需要任何参数设置。终端系统负责所有时间触发报文的无冲突调度。初级时间触发以太网系统不能保护通信系统免受混串音终端系统的影响,因为它是无状态的,不确定终端系统预定的正确时间行为是什么。

标准时间触发以太网交换机需要用状态信息进行参数化,状态信息可使交换机了解所有时间触发报文的周期、相位、循环和长度。标准时间触发以太网保护通信系统免受混串音终端系统的影响。由于交换机知道所有时间触发报文的循环,所以它可以采用冲突避免时间触发通信模式,将事件触发报文移动到它的最终目的地,以避免与时间触发报文发生冲突。在系统运行期间,一些时间触发以太网交换机可以动态地改变报文调度表。

容错时间触发以太网交换机为容错系统的实现提供冗余通道。容错时钟同步建立亚微秒精度的全局时间。容错时间触发以太网的确定性,使其可以成为容错系统的通信系统选择之一。

6.6　物　理　层

物理层规定了传输编码、传输媒体、传输速度、码元的物理形状等。在某种程度上,协议设计受到物理层决策的影响[111-114],反之亦然。

例如,CAN总线假设通道上的码元是稳定的,只有这样总线上的节点才能进行总线仲裁。这个假设使网络速度受到码元大小的限制,而且码元的长度要大于传播延迟[115-116]。

6.6.1　异步 / 同步通信的特征

在计算机科学领域和数据通信领域,同步/异步所代表的含义是不同的。下面介绍它们在数据通信领域的意义。

在异步通信中,接收方仅在新报文开始传送时,使自己的接收逻辑与发送方的逻辑同步。接收方和发送方的时钟在报文接收期间会逐渐漂移开来,从而使异步通信的报文长度受到限制。例如,如果异步通信采用了通用异步收发器(Universal Asynchronous Receiver Transmitter,UART)器件,谐振器的漂移率为每秒10^{-2}s,那么报文长度一般小于10位。

在同步通信中,接收方在报文接收期间重新同步它的接收逻辑,以使其与发送方的时钟节拍保持一致。要做到这一点,需要选择确保位流频繁地跳变的数据编码技术[117-120]。支持接收方逻辑与发送方时钟在传输期间重同步的编码称为同步码(synchronizing code)。

6.6.2　数字数据的传输编码

在利用数字信号传输数字数据时,通信源端所发出的信号、目的端接收的信号,以及中间媒体所传输的信号都是跳变的数字信号。具体用何种数字信号表示0和用何种数字信号表示1就是这里所谓的编码。编码的规则有多种,原则上只要能把0和1有效地区分开来即可。

(1) NRZ码。不归零(Non-Return to Zero,NRZ)码是最常用、最简单的编码技术,它用高电平代表1,低电平代表0,如图6-26(a)所示。当数据流只包含1或只包含0时,这种编码不能在传输通道上产生任何信号跳变,接收方不可能从单调传输的信号中恢复出发送方的时钟节拍,因此NRZ码是非同步码。NRZ码可以应用于异步通信环境,在没有人为添加的电平跳变时,不能应用于同步通信环境。通过在传输序列中插入附加位(位填充),NRZ码也支持接收方同步。然而位填充使得报文长度与数据相关,数据效率被降低了。

(2)曼彻斯特码。采用曼彻斯特码进行编码的位流,其传输信号的每个码元中间有一个同步跳变,由高到低的跳变表示1,由低到高的跳变表示0,如图6-26(b)所示。码元中间位置的跳变不仅表示了数据,而且信号接收端利用这个跳变很容易分离出同步时钟信号,即发送端发出的数据编码隐含了同步时钟,因此不必另外设置同步信号。

从重同步的角度看,这是一种理想的编码技术,但是这种编码也有缺陷。在传输信号序列中,最小几何单元(即特征元)的大小只是码元的一半。

(3) MFM码。改进频率调制(Modified Frequency Modulation, MFM)码具有同步功能,其编码方案要求区分时钟点和数据点。如图6-26(c)所示,C表示时钟点,D表示数据点。在数据点,没有信号跳变表示0,有跳变表示1。如果在数据序列里有两个以上连着的0,则编码规则要求在时钟点有信号跳变。

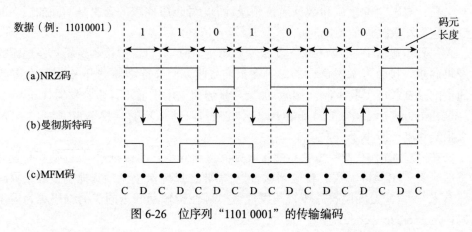

图 6-26　位序列"1101 0001"的传输编码

6.6.3　特征元形状

特征元的物理形状决定了编码的电磁辐射(电磁干扰)。图6-27给出了一个典型特征元的形状,其中纵坐标表示传输线上的电压。一个特征元由三部分组成:第一部分,电压不断上升,直到最高值;这个最高值一直持续到第二部分结束;第三部分,电压从最高值向下运行,直至最低值为止。

图 6-27　降低电磁干扰的特征元形状

陡峭上升或下降沿会导致高频电磁干扰,电压信号要尽量避免出现陡峭边沿。编码的特征元越小,在传输速率较高时使用这种编码越困难。

6.6.4　网络拓扑

网络拓扑是指通信网络中通信模块的互连方法,其是影响网络性能的主要因素之一。在分布式实时系统中,理论上可行的网络拓扑结构有九种[17],分别为点对点连接、总线型拓扑、星型拓扑(无源星型和有源星型)、环形拓扑、树型拓扑、菊花链型拓扑、网状拓扑、双通道拓扑和混合型拓扑。其中总线型和星型拓扑的应用最为广泛。双通道拓扑可用于增大带宽和引入冗余通道,有助于提高通信网络的容错能力。

每种拓扑结构都有其独特的端接方式,通信网络无论选用哪种拓扑/端接组合都必须保证物理层的信号完整性。

通过网络实现相互连接的节点模块都要用到发送器电路和接收器电路,把这两种电路整合在一起形成的组件称为总线驱动器(Bus Driver, BD)。BD是节点模块和通道之间的物理层接口,图6-28以两个节点之间的通信为例描绘了BD在通信网络中所处的位置。其中CC(Communication Controller)为节点的通信控制器,Host是节点的主处理器。

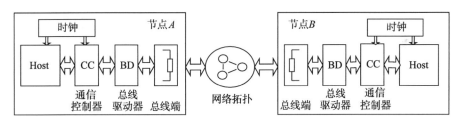

图 6-28　总线驱动器与拓扑结构

习　题

1.比较实时和非实时通信系统的要求,找出其最大不同之处。

2.试写出几种流量控制策略。如果采用显式流量控制策略,哪个子系统控制通信速度?

3.一个高层PAR协议允许进行3次重试,计算该协议的执行时间抖动。假设用于此实现的低层协议具有$d_{min}=2ms$和$d_{max}=20ms$。试计算发送方错误检测延迟。

4.针对低负载和峰值负载两种情况,比较事件触发通信和时间触发通信协议的效率。

5.什么机制可能导致猛烈摆动? 如果发现猛烈摆动,该怎样做?

6.设传输速率为500Mbit/s,通道长度为100m,报文长度为80bit,总线系统的媒体访问层可以达到的协议效率上限是什么?

7.设双绞线的传播延迟为5μs/km,某CAN总线段使用的双绞线长度为2km,该CAN总线的理论最大传输速率是多少?

8.CAN系统中怎样确定哪个节点访问总线？

9.某报警系统的组成如图6-29所示，其中包括10个与被控对象相连的节点和1个报警监视节点，基础通信协议为CAN总线。报警监视节点负责处理和显示报警。通信通道的传输速度为100kbit/s，每个节点必须观测被控对象的40个二进制报警信号，在报警信号为TRUE，即报警发生时，必须在100ms内显示报警。试分析：

(1)事件触发解决方案能否满足上述要求？

(2)时间触发解决方案能否满足上述要求？

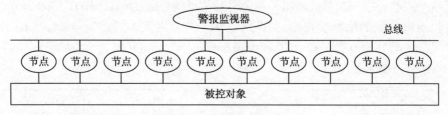

图 6-29　警报监视系统

10.什么情况可能导致令牌总线协议的实时性下降？

11.解释ARINC 629协议中超时器的作用。在ARINC 629总线上可能发生冲突吗？

12.设图4-9所示系统的节点是根据AFDX连接的，时间参数见表6-4，试计算动作延迟。

13.试说明时间触发通信与交通灯组的相似之处。

14.设例6-3所示FlexRay系统的一个调度周期包括两个循环，试设计系统的周期调度表。

15. 时间触发协议提供的服务中，哪种服务最具特色？

16.什么是一个时间触发协议的C-状态？时间触发协议怎样使得一个节点簇的C-状态保持一致？

17.比较初级时间触发以太网交换机和标准时间触发以太网交换机的主要区别。

第7章 实时操作系统

操作系统是位于应用软件和计算机硬件之间的软件。采用操作系统是为了有效地管理和分配计算机资源(CPU、内存、设备等),控制应用程序的执行和I/O设备的操作[121]。现有的操作系统按响应的及时性可分为两类:分时操作系统(time sharing operating system)和实时操作系统(Real Time Operating System, RTOS),两者之间的区别如表7-1所示。

表7-1 分时操作系统与实时操作系统的区别

指标	分时操作系统	实时操作系统
容量	吞吐量高: 有效利用资源	即使在资源利用率很高的情况下, 系统中的任务也能满足截止时间要求(调度)
响应	平均响应时间短	紧急事件的快速响应时间是可预见的: 事件的最差情况响应时间是已知的(延迟)
超载	公平分享超载资源	当事件导致系统超载、难以满足所有截止时间要求时, 被选定的关键截止时间仍然可以得到满足(稳定性)

分时操作系统通常是面向单一用户的,其基本设计原则为:尽量缩短系统的平均响应时间,提高系统的吞吐率,在单位时间内为尽可能多的用户请求提供服务。因此分时操作系统注重所有任务的平均响应时间,而不关心单个任务的响应时间。

实时操作系统主要针对分布式实时系统,它必须满足"强"定时要求(及时且正确地完成任务)或"弱"定时要求(尽可能快地完成任务,但不一定是在特定的时间内完成)。实时操作系统注重的不是系统的平均表现,而是要求每一个实时任务无论是否在最坏情况下都要满足其实时性要求。表7-2给出了一些常用操作系统实例。

表7-2 操作系统实例

分时操作系统	实时操作系统
OS/360 MVS、MS-DOS、MS-Windows、MaxOS-X、UNIX、Linux、VAX/VMS	ITRON、LynxOS、OS-9、QNX、VxWorks、VTRX、MicroC/OS-II、OSEK/VDX

在以节点为基础的分布式实时系统中,系统管理被分成两个层次: 在节点之间,协调基于报文的通信与资源分配; 在节点内部,建立、协调和控制并发任务。本章着重讲述节点内部的实时操作系统和中间件(middleware)功能。

节点内部的实时操作系统必须是时间上可预测的,与用于个人计算机的分时操作系统相比,实时操作系统应该是确定性的,并且支持容错机制的实施。在安全关键性应用中,操作系统必须经过认证,但是认证动态控制结构的行为非常困难,应尽量避免在安全关键性系统中采用动态机制(如动态任务创建、虚拟内存管理等)。

本章首先描述循环调度程序与抢占式多任务操作系统的不同。然后引入实时操作系统的一些基本概念,着重讲述任务管理、任务间相互作用、节点间通信、时间管理等。最后通过一个实时操作系统实例——OSEK OS,进一步阐述实时操作系统提供的多种服务。

7.1　循环调度程序与抢占式多任务操作系统的差异

有些系统仅采用简单的循环调度,并不使用实时操作系统。这种调度以无限循环的形式执行需要完成的功能,并通过对循环时间的适当设计,满足各个功能的定时要求。

7.1.1　简单循环调度及其特点

为了说明这个问题,先看一个简单的例子。

假设某系统包括3个功能,各个功能的处理时间和最大周期如表7-3所示。

表 7-3　系统功能表

功能	处理时间 /ms	周期（最大）/ms
F_1	1.0	5
F_2	1.2	10
F_3	1.8	14

若选择循环周期为5ms,则系统的调度时序如图7-1所示,对应的循环调度程序为

```
void main(void)
{
  Initialize();                        // 初始化子程序
  for (;;)
  {
```

```
        Function1();                        // 执行功能 F₁
        Function2();                        // 执行功能 F₂
        Function3();                        // 执行功能 F₃
        DelayUntilNextCycle();              // 等待下一个循环开始
    }
}
```

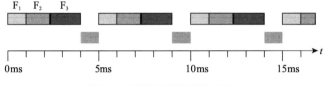

图 7-1　简单循环调度的时序

　　在理想情况下,一个周期性功能的处理时间除以循环周期可以得到该功能的处理器利用率。例如,功能F_1的执行时间为1ms,每隔5ms运行一次,消耗了处理器吞吐量的20%。

　　在实际情况中,为了简化调度程序,简单循环调度需要频繁地运行某些任务,有时甚至超出了对这些任务的实际需要(如上例中的F_2、F_3)。由此一来,这些任务将比理想情况消耗更多的吞吐量。

　　表7-4给出了表7-3所列功能在上述两种情况下的处理器利用率。

表 7-4　功能的实际和理想处理器利用率对比

功能	处理时间 / ms	周期(最大)/ms	利用率(理想)/%	周期(实际)/ms	利用率(实际)/%
F_1	1.0	5	20	5	20
F_2	1.2	10	12	5	24
F_3	1.8	14	13	5	36
合计	–	–	45	–	80

　　采用循环调度的系统虽然简单,但可能浪费大量的资源。从表7-4可以看出以下三点。

　　(1)功能F_2的执行次数比需要的多,使用了吞吐量的24%,而不是12%。

　　(2)功能F_3的执行次数比需要的多,使用了吞吐量的36%,而不是13%。

　　(3)系统的三个功能总计使用了吞吐量的80%,而不是45%。

　　另外,为了满足添加功能或中断的需要,该系统还在每个循环内预留了1ms的处理时间,使得系统满载。由于中断是异步的,即使每10ms发生一次,也必须在每个循环中为中断服务程序(Interrupt Service Routine, ISR)预留空间。

　　从上面的分析可以看出,简单循环调度的额外开销(overhead)很大。若把单循环变成两个(或更多)循环,则可使这种情况有所改善。设上例所讲系统中存在中断情况,其功能如表7-5所示,其中I_1表示中断。这里将采用主循环和微循环的方式提高系统效率,主循环的周期为10ms,微循环的周期为5ms,每个主循环内包括2个微循环,则系统的调度时序如图7-2所示。功能F_1每个微循环运行一次;功能F_2、F_3每个主循环运行一次;每个微循环为中断I_1分配了时间。

表 7-5　中断和功能表

功能	处理时间 /ms	周期（最大）/ms
I_1	0.5	10（最小）
F_1	1.0	5
F_2	1.2	10
F_3	1.8	14

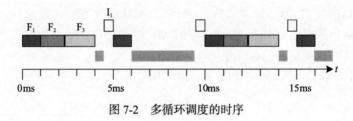

图 7-2　多循环调度的时序

多循环调度程序为

```
void main(void)
{
  int cycle;
  Initialize();                          // 初始化子程序
  for (cycle = 0; ; cycle++)
  {
    Function1();                         // 执行功能 F₁
    if (0 == (cycle & 0x1))
    {
      Function2();                       // 执行功能 F₂
      Function3();                       // 执行功能 F₃
    }
    DelayUntilNextCycle();
  }
}
```

在这种情况下,功能F_2、F_3的效率得到提高。然而由于功能F_3的周期不是主循环或微循环周期的偶数倍,执行次数仍然比需要的多,依然存在浪费。实际上它使用了吞吐量的18%,而不是13%。还需要注意,由于ISR可以在任何时候发生,这需要在每个微循环里安排时间,同样造成了浪费。

循环调度不太灵活,添加新功能或扩充某个功能需要对调度进行人工更新。在某些情况下,一个功能的执行只有经过分拆后(尤其是处理时间较长的功能)才能放进多个时隙。

设表7-5所示功能F_2、F_3的处理时间分别降为0.8ms、1.2ms,并添加新功能F_4,如表7-6所示。

表 7-6 中断和功能表

功能	处理时间 /ms	周期（最大）/ms
I_1	0.5	10（最小）
F_1	1.0	5
F_2	0.8	10
F_3	1.2	14
F_4	6.0	20

图7-3给出了这个系统的调度时序,吞吐量足以满足应用需要(如表7-7所示),但是为了使功能F_4可以在不同的时隙中运行,必须将其人为地分拆为F_{41}、F_{42}和F_{43}。

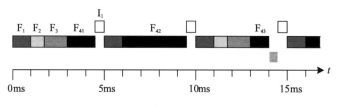

图 7-3 功能分拆多循环调度的时序

表 7-7 功能的实际和理想处理器利用率对比

功能	处理时间 /ms	周期（最大）/ms	利用率（理想）/%	周期（实际）/ms	利用率（实际）/%
I_1	0.5	10（最小）	5	5	10
F_1	1.0	5	20	5	20
F_2	0.8	10	8	10	8

续表

功能	处理时间 /ms	周期（最大）/ms	利用率（理想）/%	周期（实际）/ms	利用率（实际）/%
F$_3$	1.2	14	8.6	10	12
F$_4$	6.0	20	30	15	40
合计	–	–	71.6		90

通过以上的实例分析，我们可以发现循环调度具有概念简单、行为可预测、额外处理开销极小等特点(注：功能调用需要一些额外开销，如寄存器保存与恢复、状态保存等)，但是循环调度的缺点也很明显。

(1)定时行为的设计非常复杂。

(2)灵活性差，不易维护。

(3)不能有效地利用处理器时间。

如果要处理更加复杂的定时行为，提高CPU的利用率，并将时间设计和功能设计分离开来，那么采用循环调度显然很难实现，一个可行的替代方案是采用抢占式多任务实时操作系统。

7.1.2　抢占式调度的概念及其特点

在抢占式调度中，功能被分配给了任务，每个任务(或ISR)有指定的优先级，优先级的高低取决于任务在功能上的紧迫性，而任务的执行由实时操作系统负责管理。引入了抢占式调度的多任务操作系统总是执行处于准备运行状态且优先级最高的任务。在某些情况下为了执行优先级更高的任务，实时操作系统会抢占优先级较低的任务，在优先级更高的任务运行结束之前，优先级较低的任务一直处于挂起状态。当优先级更高的任务运行结束后，若没有任何优先级更高的任务处于准备运行状态，则被挂起的低优先级任务将恢复运行，如图7-4所示。

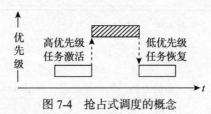

图 7-4　抢占式调度的概念

对于表7-6所示的功能，其抢占式调度的时序如图7-5所示。为了便于比较，图中同时画出了该表所对应的循环调度时序。

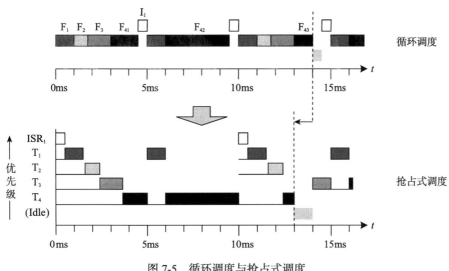

图 7-5　循环调度与抢占式调度

在应用抢占式调度的系统中,功能被分配给任务: $I_1 \rightarrow ISR_1$、$F_1 \rightarrow T_1$、$F_2 \rightarrow T_2$、$F_3 \rightarrow T_3$、$F_4 \rightarrow T_4$。任务(或ISR)的指定优先级由高到低依次为: ISR_1、T_1、T_2、T_3、T_4。实时操作系统调度器负责处理抢占,它依据每个任务的优先级,按正确的顺序执行任务或恢复被抢占的低优先级任务。

图7-5中采用抢占式调度的实时操作系统对任务T_4的执行自动"切片",但仍然保证T_4在其截止时间之前完成。

一般情况下,任务(功能)可能并不知道自己抢占了低优先级任务或者自身已被更高优先级的任务抢占,这就意味着任务的代码必须设计成可重入的(reentrant)。软件开发人员可将精力集中于功能设计方面,在一定程度上忽略时间设计。实时操作系统调度器能够更加有效地使用处理器。

7.1.3　使用实时操作系统的原因

之所以要使用实时操作系统,主要出于以下几个原因。

(1) CPU利用率最大化。

(2)提供明确定义的功能和行为。

(3)封装调度不受应用程序制约,允许将应用程序的时间方面与功能方面分离开来。

(4)从硬件和软件两个方面,对应用程序开发人员隐藏实现问题。

(5)简化软件系统设计。

(6)操作系统成为应用程序接口(Application Program Interface, API)而不是硬件。

(7)支持潜在的代码生成。

(8)具有软件重用/移植能力。

实时操作系统的优点很多,但采用抢占式调度的实时操作系统面临的挑战也不少。

(1)实时操作系统内核增加了处理开销(<1%),这些开销主要用于任务之间的切换。

(2)抢占式调度需要额外的堆栈空间。被抢占任务的数据必须保存在某个位置,以便该任务恢复执行时使用。通过优化可以减少所需要的堆栈空间。若每个可能的任务(优先级最高的任务除外)都已经开始运行并且被抢占了,则此时的情况最坏,所需的堆栈空间最大。由于规定某些任务不可抢占其他任务是可能的,所以真正的最坏情况可能不那么糟糕。

(3)必须解决关键区的任务同步和数据一致性。当多个任务共享数据时,存在数据不正确的可能性。

(4)抢占式调度造成定时行为复杂化。任务可以在任意时间开始或被抢占,低优先级任务可能永远得不到执行。

7.2　实时操作系统的基本概念

实时操作系统是一种能够支持实时控制系统运行的操作系统。它的首要任务是调度一切可利用的资源完成实时控制任务,然后才着眼于提高计算机系统的使用效率。其重要特征是满足外部环境和事件对时间的限制和要求。这一节将首先给出实时操作系统的定义,然后讲述与其相关的一些基本概念。

7.2.1　实时操作系统的定义

对于实时操作系统至今也没有一个精确的定义。可以简单地认为实时操作系统是一种能够根据外部时间要求对输入信号和过程数据及时提供响应的操作系统。它可为实时程序正确地完成其工作提供某些方便。

下面将从实时操作系统的功能和构成两个方面加深对这个概念的理解。

从功能角度看,实时操作系统是一个程序,它按时序调度、执行和管理系统资源,并为应用代码提供运行环境。

从构成角度看,每个实时操作系统通常都有一个内核。在某些应用中实时操作系统可能仅是一个内核,它只提供逻辑简单的核心控制软件以及调度管理和资源管理算法。在其他一些应用中,实时操作系统也可能是各种模块的组合,除了拥有一个内核,还包括文件系统、网络协议栈以及与应用相关的其他组件。

一般情况下,实时操作系统的内核应该包括以下基本功能。

(1)任务管理(任务调度)。

(2)任务间同步和通信。

(3)存储器优化管理(含ROM的管理)。

(4)实时时钟服务。

(5)中断管理服务。

相应地,实时操作系统需要设计的主要组件如下。

(1)任务:并发或独立执行的线程或进程,它们可以竞争CPU执行时间。

(2)调度器:每个实时操作系统中都有一组算法,能够决定何时执行何任务,这组算法称为调度器。常见的调度算法包括时间片(时隙)循环和基于优先级的抢占。

(3)信号量:任务所拥有的资源,用于任务间的同步与互斥。

(4)内存池:包含内存分配信息,规定内存使用方案。

(5)计时器/定时器:控制各种操作(事件)的时序。

(6)中断服务程序(ISR):完成中断前导与中断后继阶段的工作(如寄存器保存与恢复、堆栈的启用与复原等)。

(7)应用程序接口(API)调用集合:为操作系统层之上的程序开发提供的接口,能够提供实时操作系统服务(如时间管理服务、中断处理服务等)。

7.2.2　实时操作系统任务及其状态

每个操作系统都有最小的运行单位,系统为其分配资源、进行运行调度。有些系统的最小运行单位为进程(process),有些系统的最小运行单位为线程(thread)。在实时操作系统中,这个最小的运行单位就是任务,而任务通常为进程和线程的统称,是实时操作系统获取资源、进行调度的基本单位。运行一个程序,必须先创建一个任务,以便系统为它分配堆栈空间(包括用户堆栈和系统堆栈)。如果任务的优先级高于正在运行的任务或者当前没有正在运行的任务,系统可为它分配处理器,使其投入运行。当程序执行完毕时,要对任务执行删除操作,以释放该任务在执行过程中申请的全部资源。

一个任务只是组成应用系统软件的一个元素,它需要与承担其他功能的任务有机地结合起来,协作完成相关工作,这就构成了一个多任务系统。在整个系统中,不同的任务完成不同的功能。下面给出了一个数据获取和处理任务实例。

```
/* ioTask implements data obtaining & handling continuously */
void ioTask(void)
{
    int data;
    initial();
```

```
    /* The following sentences get data & handle data
continuously */
    while(TRUE)
        {
                data=getData();
                handleData(data);
        }
}
```

在多任务系统中,任务要参与资源竞争,只有在所需资源得到满足的情况下才能得到执行。因此任务拥有的资源是不断变化的,导致任务状态也表现出不断变化的特性。无论系统任务还是应用任务,实时操作系统都要为它们定义状态。每种实时操作系统都定义了其任务的状态模型,任务的典型有限状态机如图7-6所示,每个任务可能呈现的状态包括:就绪(ready)、运行(running)、等待(waiting)和挂起(suspended)。在任何时候,一个任务只能处于一种状态。在给定时间内,只可以有一个任务处于运行状态。

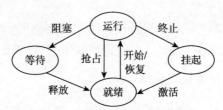

图 7-6　任务的典型有限状态机

(1)挂起:所有任务最初都处于挂起状态。

(2)就绪:任务准备运行,但是还不能运行,因为有更高优先级的任务正在执行。

(3)运行:任务被分配了CPU,并且正在执行。当像中断这样的没有上下文的任务取得执行权后,如果没有特别指定,那么之前处于运行状态的任务将仍然保持原有的状态。

(4)等待:已经请求了一个暂时不能使用的资源,或者已经请求等待某些事件的发生或自身要延迟一段时间。

当执行中的任务对内核进行调用时,内核调度器首先确定哪个任务必须改变状态,接着实施所需要的更改。在某些情况下,内核改变某些任务的状态,但不进行任务的上下文切换,因为最高优先级的状态未受影响。但在另外一些情况下,这些状态改变会导致上下文切换,因为前面的最高优先级任务要么被阻塞,要么不再是最高优先级任务了。当此过程发生时,前面运行着的任务进入等待或者就绪状态,新的最高优先级任务开始执行。

7.2.3　实时操作系统的任务控制块

任务控制块(Task Control Block，TCB)是用来描述任务的一种数据结构,实时操作系统利用任务控制块实现对每个任务的操作。每个任务都有唯一的任务控制块,实时操作系统内核根据任务控制块对任务进行控制和管理,而任务的各种动态特征也通过任务控制块表现出来。任务控制块是任务在系统中存在的唯一标志。

任务控制块存储任务的相关信息和任务执行过程中所需要的信息。不同实时内核的任务控制块包含的信息通常不一样,但大都包含任务名称、任务执行的起始地址、任务状态、任务优先级、任务的上下文(寄存器、堆栈指针、程序计数器等)和任务的队列指针等内容。任务的上下文为运行任务的CPU的上下文,通常为所有CPU寄存器和状态寄存器。实时操作系统配合任务的状态转换保存和恢复任务的上下文。

为了节约内存,实时内核所支持的任务数量通常需要进行预先配置,并在实时内核初始化的过程中,按照配置的任务数量初始化任务控制块。一个任务对应一个初始的任务控制块,形成一个空闲任务控制块链。在创建任务时,实时内核在空闲任务控制块链中为任务分配一个任务控制块。随后对任务的操作都以任务对应的任务控制块为基础。当任务被删除后,对应的任务控制块又被实时内核回收到空闲任务控制块链里。

任务控制块的内容可以通过实时内核提供的系统调用进行修改,也可以在系统运行过程中随着内部或者外部事件的发展而发生变化。

为了让读者形成对任务控制块的直观认识,下面给出了T-Kernel的任务控制块源码,列出了它所包含的主要数据项[122]。

```
struct task_control_block {
    QUEUE tskque;              //   任务控制块队列
    ID tskid;                  //   任务 ID
    VP exinf;                  //   扩展信息
    ATR tskatr;                //   任务属性
    FP task;                   //   任务的起始地址
    INT stksz;                 //   用户堆栈的大小
    INT sstksz;                //   系统堆栈的大小
    B isysmode;                //   任务的初始运行模式
    H sysmode;                 //   任务的当前运行模式
    UB ipriority;              //   任务初始化时的优先级
    UB bpriority;              //   基本优先级
    UB priority;               //   当前优先级
```

```
    UB state;                    //    任务当前的状态
    WSPEC *wspec;                //    等待属性
    ID wid;                      //    等待对象的 ID
    INT wupcnt;                  //    唤醒请求计数器
    INT suscnt;                  //    挂起请求计数器
    ER *wercd;                   //    等待错误码
    WINFO winfo;                 //    等待信息
    TMEB wtmeb;                  //    等待的定时器事件块
    RELTIM slicetime;            //    最大的连续运行时间
    RELTIM slicecnt;             //    当前连续运行时间
    VP istack;                   //    用户指针初始值
    VP isstack;                  //    系统堆栈指针初始值
    CTXB tskctxb;                //    上下文数据块
};
```

7.2.4　任务到任务的上下文切换

实时操作系统的任务调度方案分为两种：非抢占式调度和抢占式调度(参见8.1节)。通常抢占式调度的额外处理操作(如寄存器保存与恢复、状态保存等)比非抢占式调度多。造成这种情况的主要原因是抢占式调度中的上下文切换。

当较高优先级的任务抢占了当前运行的任务或被抢占的低优先级任务恢复运行时，就会发生一个任务到另一个任务的切换，这种切换称为上下文切换。上下文切换由实时操作系统来处理，对所涉及的任务是透明的。在上下文切换过程中，实时操作系统保存当前运行任务的上下文，初始化或恢复新运行任务的上下文。

下面将通过一个概念性CPU说明上下文切换过程。

设某简单CPU的堆栈指针为SP，程序计数器为PC，机器状态寄存器为MSR，四个通用寄存器为R0、R1、R2和R3，见图7-7中的CPU块。

任务T_1是当前正在运行的任务，CPU的SP指向任务堆栈T_1 Stack中的功能数据，PC指向任务代码的当前指令，见图7-7中标号为①的实线箭头。

任务T_2是优先级更高的任务，任务T_1运行之前，T_2处于挂起状态，T_2 TCB的SP指向任务堆栈T_2 Stack中的功能数据，见图7-7中标号为②的实线箭头。

当某一事件使任务T_2进入就绪状态时，实时操作系统将执行上下文切换。首先CPU的MSR和PC被保存到任务T_1的堆栈T_1 Stack，这个过程类似于中断处理开始时的操作。此后实时操作系统取得CPU的控制权，并将通用寄存器R0~R3也保存到T_1 Stack，将CPU的堆栈指针SP保存到T_1 TCB的SP中。在此过程中加入T_1 Stack的数据见图中虚线框。此时，CPU中SP和PC的指向已从①换到了③(见图中虚线箭头)。至此任务T_1的所有上下文都已保存。

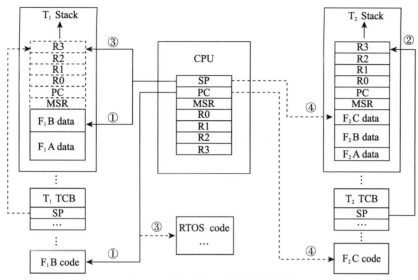

图 7-7　任务的上下文切换示意图

完成任务T_1的上下文保存后,实时操作系统将CPU的堆栈指针SP设置为先前在任务T_2 TCB中存储的SP值,从任务T_2的堆栈T_2 Stack中弹出通用寄存器值,然后实时操作系统执行中断服务程序返回(RETURN-FROM-ISR)操作,即从任务T_2的堆栈中弹出MSR和PC值,CPU中的SP和PC的指向从③换到了④,见图中双点划线箭头。注意此时标号为①、②和③的实线和虚线箭头已无意义。现在任务T_2成为当前运行的任务,拥有对CPU的控制权。

7.2.5　可重入代码

既然任务可以在任何时间被抢占,那么任务代码必须是可重入的。可重入代码为可以保持数据完整性的代码,这种代码即使在任意位置被中断,并且其并行实例被调用,也不影响数据完整性。为了做到这一点,任务代码必须以原子的或受保护的方式使用共享变量,以原子方式访问硬件资源,并且不调用任何不可重入函数。如果函数使用静态变量、全局变量或动态分配的对象,那么它是不可重入的,因为函数的任何两个调用可能相互影响。

满足下列条件的程序是可重入的。

(1)程序永远不会进行自身修改,也就是说在任何情况下程序指令维持不变。

(2)所有会被程序更改的变量必须指定到特定的函数调用"实例"。例如,如果FOO是一个可重入函数,它被三个不同的函数调用,那么FOO的数据需要存储在三个不同的RAM区。利用C语言实现这一点很容易,在代码中使用自动变量(automatic variable or local variable)即可。自动变量存储在堆栈中,可重入程序的每个化身带来了自己的堆栈帧(stack frame)和一组自动变量。

(3)可重入函数不调用任何不可重入函数。

假如主线程和ISR都采用C语言编码,那么为了支持浮点运算、I/O、字符串操作等,C语言编译器肯定会调用库函数。如果库函数软件包仅是部分可重入的,那么ISR很可能破坏主线程代码的执行。事实上这是一个常见的问题,由于其是偶尔产生的且没有规律性特征,所以几乎不可能进行故障排除。为了使函数是可重入的,当进行非自动变量写操作时,一定要禁止中断。

7.2.6 资源与任务同步

资源是任务中使用的任何实体,如I/O器件、寄存器、RAM变量等。那些可由多个任务使用的资源称为共享资源。对于共享资源,为了防止潜在的数据损坏,任务同步是必需的。在后面的章节中,将详细讨论任务同步技术。

7.3 任务管理

任务管理是实时操作系统的核心功能,主要关注任务的初始化、执行、终止、调度、监视、错误处理和相互作用等,它的设计和实现直接影响整个系统的性能。

单处理器上的多任务系统采用伪并发模式。从宏观上看,多任务系统是在一段时间内并发处理若干任务;但从微观上看,这些任务其实是串行执行的,其实现实际上是靠处理器在多个任务之间切换、调度。处理器只有一个,因此只能轮流地服务于一系列任务中的某一个。但是多任务系统可使处理器的利用率得到最大发挥,因为它能避免让速度较快的CPU等待速度较慢的I/O设备。另外,多任务系统可使应用程序的设计模块化,这便于开发人员将复杂的应用层次化,使得程序的开发和维护更加容易。

在一般的非实时系统中,各个任务是简单地在时间上分享微处理器的使用权;而在实时系统中,为了保证重要任务的"及时"性能,必须确保重要任务的微处理器占有权。

7.3.1 时间触发系统的任务管理

在一个完全采用时间触发的系统里,每个任务被分配了一个时间循环,当全局时间到达新循环的起点时,立即启动任务的执行。可以利用离线调度工具事先建立所有任务的时间控制结构,并在任务描述表(TAsk Descriptor List, TADL)里对该时间控制结构进行编码。任务描述表包含节点的一切活动所对应的循环调度表(cyclic schedule),这个调度表考虑了任务之间的优先和互斥关系。在运行过程中,操作系统没有必要通过显式协调来确保任务之间的互斥。图7-8给出了一个任务描述表实例[1]。

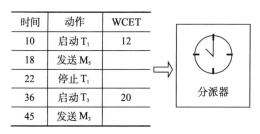

时间	动作	WCET
10	启动 T_1	12
18	发送 M_5	
22	停止 T_1	
36	启动 T_3	20
45	发送 M_3	

图 7-8　时间触发系统的任务描述表

当时间到达任务描述表的一个入口点时,分派器(dispatcher)被激活,并立即履行为此刻计划好的动作。例如,当时间为10时,分派器启动任务T_1。如果某个任务被启动了,那么操作系统会通知激活时间所对应的任务(注:这个激活时间是簇内同步的)。任务结束之后,操作系统会把任务的结果提供给其他任务。

在时间触发系统中,B-任务的应用程序接口(API)包括三个数据结构和两个操作系统调用。三个数据结构为任务的输入数据结构、输出数据结构和基态数据结构(详见2.3节);两个操作系统调用分别为结束任务(TerminateTask)和出错(ERROR)。当一个任务到达其正常结束点时,立即执行TerminateTask这个系统调用。当应用任务发生了难以处理的错误时,该任务将通过执行ERROR这个系统调用结束自己的运行。

时间触发系统的控制权始终保持在计算机系统内。为了识别计算机之外的重要状态变化,时间触发系统必须定期监测环境的状态。如果时间上准确的一组状态变量反映了环境的当前状态,那么一个时间触发的B-任务可以根据这些变量来估算触发条件(trigger condition),这种时间触发的B-任务称为触发任务(trigger task)。触发任务的结果可以是激活另一个应用任务的控制信号。由于外部或内部状态的采样频率为触发任务的频率,所以只有那些持续时间大于触发任务周期的状态才能确保被时间触发系统观测发现。持续时间短暂的状态(如按动按钮)必须保存在存储元件内(如在接口内),以使状态的持续时间大于触发任务的采样周期。触发任务是周期性的,必然产生额外的管理开销。如果与触发任务相关的开销变得不可容忍,这时就需要采用中断方式。

7.3.2　事件触发系统的任务管理

在采用事件触发的系统里,任务的执行是由重要事件启动的,不断变化的应用情形决定了任务的执行顺序。每当一个重要事件发生时,某个任务会被释放到"就绪"状态,并且动态任务调度器会被调用,调度器将在运行期间决定哪个处于"就绪"状态的任务占用CPU。调度器使用的动态调度算法不同,选出的任务也会存在差异。有关动态调度问题将在第 8 章进行详细讨论。不难想象,调度器的最坏情况执行时间(WCET)必定对操作系统的最坏情况管理开销(WCAO)产生影响。

导致任务激活的重要事件如下。

(1)来自节点环境的事件,即报文的到达或来自被控对象的中断。

(2)节点内部的重要事件,即某个任务已经运行结束或正在运行任务的其他一些状况。

(3)时钟运行到指定时刻。这个时刻既可以是静态指定的,也可以是动态指定的。

支持非抢占式 B-任务的事件触发操作系统,只有在当前运行的任务结束后才会进行新的调度决策。这种做法虽然简化了操作系统的任务管理,但却严重地限制了系统的响应速度。当一个最长的任务被调度之后,立刻有一个重要事件到达,那么只有在最长的任务完成后才能考虑后来的重要事件。

在抢占式实时操作系统中,每个重要事件的发生不仅可能激活一个新的任务,而且立即中断当前运行的任务。此时选择执行新的任务还是继续执行被中断的任务,完全取决于动态调度算法的运算结果。在进行任务调用时,如果操作系统把正在运行的 B-任务所需要的全部输入数据从全局数据区复制到这个任务的专用数据区,那么并发执行的 B-任务之间可以避免数据冲突。如果节点是复制的,则必须十分谨慎,所有副本的抢占点要在相同的语句上,否则复制确定性很可能丢失。

在事件触发操作系统中,B-任务的 API 除了包括前面针对时间触发系统所介绍的数据结构和系统调用,还需要增加两个系统调用:ActivateTask 和 DeactivateTask。ActivateTask 用于立即或在将来的某个时间点激活新任务,即使任务进入"就绪"状态,而 DeactivateTask 用于取消已经激活的任务。

E-任务的 API 比 B-任务更加复杂,操作系统必须另外增加一个全局数据结构和两个系统调用:WaitEvent 和 SignalEvent。全局数据结构用于阻塞点的访问操作,WaitEvent 用于等待事件发生,SignalEvent 表示信号事件发生。当一个任务执行了 WaitEvent 之后,该任务进入"等待"状态(被阻塞),如图 7-6 所示。在被等待的事件发生后,这个任务将从"等待"状态被释放出来。为了避免永久性等待,可用超时任务(time-out task)监视这一状态。若被等待的事件在规定的超时时间内发生了,则关闭超时任务,否则终止被阻塞的任务。

7.4　同步、互斥与通信

嵌入式实时多任务应用程序是由任务、中断处理进程和实时操作系统组成的有机整体。实时操作系统不仅为多任务应用提供系统管理和底层支持,而且可以协调任务和中断处理程序等。

在实时操作系统内核的功能描述中,某些概念所使用的名称可能与其他类型的系统相同,但其含义却存在较大差异,值得特别留意。下面列出了关于任务间关系的部分定义。

(1)相互独立:如果多个任务之间除了竞争CPU资源再无其他关联,那么这些任务之间是相互独立的。

(2)互斥:有些资源在某一时刻仅能被某一任务使用,并且在使用过程中不能被其他任务中断,在这种情况下使用这些资源的任务之间是互斥的。

(3)同步:协调彼此运行的步骤,保证协同运行的各个任务具有正确的执行次序。

(4)通信:彼此之间传递数据或信息,以协同完成某项工作。

通信可以在任务与任务之间,也可以在ISR与任务之间。

在嵌入式多任务应用程序中,一项工作的完成往往要通过多个任务或多个任务与多个ISR共同完成。它们之间必须协调动作,互相配合,甚至需要数据交换,也就是说一定要进行同步与通信。实现数据交换的主要方式有两种:通过共享数据区间接进行数据交换、通过报文交换直接进行数据交换。

7.4.1 任务间同步与通信

节点内部任务之间的数据交换广泛地采用数据共享结构(shared data structure),原因在于这种方式可以有效地实现任务之间的相互作用。然而必须注意,当多个任务并发地读取或写入数据时,一定要保持数据完整性。图7-9描述了这个问题,其中任务T_1和T_2访问相同的关键数据区(critical region of data)。将程序执行期间访问关键数据区的时间段称为任务的临界段(critical section)。任务T_1、T_2的临界段如图7-9所示。若任务的临界段重叠,则可能导致意想不到的错误。例如,一个任务正在读取一个共享数据,而另一个任务正在修改该数据,读取方很可能读到不一致的数据。如果多个写入任务的临界段重叠了,数据很可能被破坏,则必须进行任务间同步。

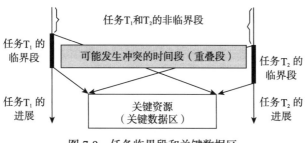

图 7-9 任务临界段和关键数据区

以下三种任务间同步与通信技术可以用来解决上述冲突问题。

(1)无阻塞写入(Non-Blocking Write, NBW)协议。

(2)信号量操作(semaphore operation)。

(3)协调一致的任务调度表(coordinated task schedule)。

1. NBW 协议

无阻塞写入(NBW)协议是一个无锁定(lock-free)实时协议[123]。在只有单个任务向关键数据区写入数据的情况下,这个协议确保一个或多个读取方的数据完整性。接下来将以通信系统到主机的数据传输为例,分析NBW的运行方法。

从通信系统向主机的传输数据需要跨越两者之间的接口,在这个接口上存在一个写入方(通信系统)和多个读取方(节点中的任务)。读取方不破坏写入方写入的信息,但写入方会干扰读取方的操作。在NBW协议中,实时写入方绝对不会被阻塞。每当新的报文到达时,写入方会把新版的报文写入关键数据区。在读取方读取报文时,如果写入方正在写入一个新版的报文,读取方取回的报文会包含不一致的信息,那么必须丢弃。若读取方能够检测这个干扰,则它可以重新尝试读操作,直到取回版本一致的数据。必须指出读取方的重试次数不能是无限的。

NBW协议要求每个关键数据区有一个并发控制字段(Concurrency Control Field, CCF),由硬件保证对CCF的原子访问。CCF的初始值为0,在写入操作开始之前,写入方将其加1,写入操作完成之后,写入方将CCF再加1。

读取方在启动读取操作之前,首先读取CCF。如果CCF是奇数,那么读取方立即进行重试,因为此时一个写操作正在进行中。当读取操作结束时,读取方还要再次检查CCF,看其是否在读取操作期间被写入方改写。若是则读取方再次尝试读取操作,直到读到一个未被破坏的数据结构版本。NBW协议的简单表示形式如下。

```
初始化:CCF: = 0
写入方(writer):              读取方(reader):
start:CCF_old := CCF;        Start:CCF_begin := CCF;
      CCF := CCF_old + 1;          If CCF_begin = odd
      <写入数据结构>                then goto start;
      CCF := CCF_old + 2;          <读数据结构>
                                   CCF_end := CCF;
                                   If CCF_end ≠ CCF_begin
                                   then goto start;
```

从以上分析中可以看出,读取方的重试操作会延长任务的执行时间,在最坏情况下,典型实时任务由此被延长的时间只是任务原有WCET的几个百分点[123]。

目前上述无锁定同步已经应用于其他实时系统(如多媒体系统[124])。实践证明,采用无锁定同步的系统比采用数据锁定的系统具有更好的性能。

2. 信号量操作

信号量WAIT（等待）操作可以强制任务的临界段互斥执行,从而保护资源和避免数据不一致。采用信号量操作时,每当一个任务处于它的临界段,其他任务必须在队列中等待,直到该临界段被释放。很显然这是一种显式同步方式。

信号量初始化操作的实施,既需要内存又需要占用操作系统的处理时间,代价不小。当一个进程遇到被阻塞的信号量时,必须进行上下文切换,将这个进程放入队列中,使其处于等待状态,直到另一个进程结束其临界段。然后被阻塞的进程被移出队列,并进行另一次上下文切换,重建原来的上下文。如果临界段很小(许多实时应用属于这种情况),那么信号量操作的处理时间可能明显大于共享数据的实际读或写时间。

当复制的进程同时访问CCF或信号变量时,不仅会导致争用情况的发生,而且将难以预料这种情况的解决方式。因此NBW协议和信号量操作都会导致复制确定性的丢失。

3. 协调一致的任务调度表

在时间触发系统中,以任务临界段不重叠的方式构建任务调度表是解决任务间冲突问题的一个非常有效的方法。只要可能都应该选择这种方法,原因在于以下两点。

(1)保证互斥的系统开销是微不足道的、可预测的。

(2)解决方案是确定性的。

然而,如果拥有临界段的任务是事件触发的,那么难以事先设计出无冲突的、协调一致的任务调度表。

7.4.2　节点间通信

在很多实时系统中,发送方任务和接收方任务采用报文实现任务间通信,实时操作系统必须保证报文的原子性(atomicity property),即操作系统必须隐藏报文更新期间所产生的中间状态,任务所能看到的只是报文的完整版。

在2.5节已经介绍了节点的四个基于报文的接口:TII、LIF、TDI和本地接口。这些接口是实现节点与其环境(其他节点和物理系统)之间进行信息交换的基础,操作系统和通用中间件(Generic Middleware, GM)管理它们的访问操作。在4.6节已经详细介绍了本地接口(过程I/O),这里将从实时操作系统的角度进一步讨论TII、LIF和TDI三个接口。

1. TII、LIF 和 TDI

技术独立接口(TII)用于配置节点,控制节点内部软件的执行。如果软件的核心映像没有永久驻留在节点中(如ROM中),那么节点的硬件一定要提供一个专用的TII端口,以便将新的软件映像安全地下载到节点上。为了能够通过另外一个专用诊断节点检查基态的内容,TII上要定期发布节点的基态。

直接与节点的硬件相连的TII端口,必须允许在节点的下一个恢复点进行硬件复位和软件重启,恢复点的相关基态包含在复位报文中。倘若给定的硬件支持电压–频率调节,TII也被用来控制节点的电压和频率。由于恶性的TII报文可能破坏节点的正确运行,所以发送到TII的所有报文的真实性和完整性必须得到保证。

在正常运行期间,节点通过链接接口(LIF)提供服务。从运行和可组性角度看,LIF是最重要的节点接口,在2.6节已经进行了广泛讨论。

在VLSI设计领域,为VLSI芯片提供一个专门用于测试和调试的接口端口是一种常见的做法,这种接口端口称为JTAG端口。JTAG端口已经标准化,代码为IEEE 1149.1。这样的调试端口即为技术依赖接口(TDI),它有助于详细检视节点的内部情况,对于节点设计者,这一点极其重要。它能帮助设计人员监视和改变节点的内部变量,而这些变量在其他接口上是不可视的。节点的本地操作系统应该支持这样的测试和调试接口。

2. GM

节点内部的软件结构如图7-10所示。本地操作系统是与节点的硬件相匹配的实时操作系统,通用中间件(GM)是位于本地操作系统和应用软件之间的软件。

在节点内部,标准化的GM负责解释运行控制报文,这些运行控制报文是从TII到达的(如启动任务、终止任务、硬件复位或用相关基态重启节点)或在TII上产生的(如定期发布的基态)。采用高级语言编写的应用软件,通过API访问两个运行接口:LIF和本地接口。GM和本地操作系统必须管理API的系统调用、到达LIF的报文和经由TII报文抵达的命令。

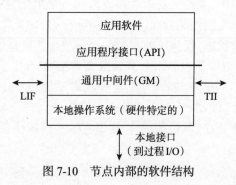

图 7-10　节点内部的软件结构

尽管本地操作系统可能只针对给定节点的硬件,但GM层提供标准化服务,处理标准化的系统控制报文,并实现更高层的协议。例如,用于时间监视的请求–应答协议。这个协议的实现需要用到基本报文传输服务(BMTS)的两个或更多个独立报文,以及一组本地定时器和操作系统调用。GM负责实现这个高层协议。它会跟踪所有的相关报文,并协调超时与操作系统调用。

7.5 中断与时间管理

在实时系统中,中断和时钟起着非常重要的作用。

通常情况下,实时系统需要处理来自外部环境的事件(如被按下的按键、通信设备收发的数据等)。这类事件要在特定时间范围内得到及时处理,否则会让用户觉得系统没有响应。解决这类问题的有效机制之一为中断,参见4.6节。

在处理具有时间约束特性的应用时,时钟是必不可少的组成部分。因此实时操作系统的内核要提供时钟管理机制。实时操作系统内核根据系统时钟来管理时间,一般情况下时间管理包括维持日历时间、任务有限等待的计时、软定时器的定时管理、维持系统时隙的轮转调度等功能。

7.5.1 中断处理

中断处理是实时系统的重要组成部分, ISR在实时操作系统中的优先级最高。当存在多个中断时,可以定义中断优先级,允许高优先级中断打断低优先级中断的处理过程。中断优先级的最大数量取决于微控制器类型和中断实现方法。中断的调度与硬件相关,一般不在实时操作系统中另外做出规定。中断由硬件负责调度,而任务由调度器负责调度,中断可以打断任务(抢占式或非抢占式任务)的执行。如果某个任务被一个中断程序激活,那么在所有活动的中断程序的末尾,这个任务将被调度。当ISR中发生系统调用时,需要通知实时操作系统,以便在适当的情况下调用调度器。

ISR分为以下两类,如图7-11所示。

第1类ISR: ISR不使用实时操作系统服务,在ISR结束后被中断的处理将从中断点继续向下运行。这类中断对任务管理没有任何影响,实时操作系统甚至没有"意识"到它,额外开销最小。

第2类ISR: ISR需要调用实时操作系统服务,影响任务管理(如激活一个任务)。因此,实时操作系统需要"知道"这类ISR,以便为用户专用程序准备运行环境。有些实时操作系统为这类ISR提供了一个ISR-框架(ISR-frame),在系统生成期间,用户程序被分配给中断。

```
// 第1类 ISR

#pragma interrupt Int _X_Handler
Int _X_Handler ()
{
   …
   code with no OS calls
      ( except interrupt enable / disable functions )
   …
}
```

```
// 第2类 ISR

ISR (Int _Y_Handler )
{
   RTOS  ISR prelude code    ( Enter ISR )
   …
   code with OS calls
   …
   RTOS  ISR postlude code    ( Leave ISR )
}
```

图 7-11　实时操作系统的 ISR 类别

　　ISR内部不能发生任务重调度(rescheduling)。第2类ISR在运行结束后,如果没有其他活动的中断,则可能发生任务的重调度。例如,ISR激活了一个优先级更高的任务。图7-12给出了一个第2类ISR的运行过程实例。在这个例子中,定时器ISR调用用户定义的RTOS ISR,激活了优先级更高的任务B。

　　为了确保程序代码的临界段(critical section)不被中断,实时操作系统可以定义允许/禁止中断的函数来控制中断。例如,使用禁止所有中断(DisableAllInterrupts)、允许所有中断(EnableAllInterrupts)、挂起所有中断(SuspendAllInterrupts)和恢复所有中断(ResumeAllInterrupts)四个函数控制所有的两类中断;使用挂起操作系统中断(SuspendOSInterrupts)和恢复操作系统中断(ResumeOSInterrupts)两个函数控制所有的第2类中断。

　　禁止中断会影响系统对中断的响应时间,不可以长时间禁止中断。有时应用程序需要跟踪中断是否被禁止。例如,由更高层函数禁止了的中断,嵌套函数不能打开(允许)它们。挂起/恢复函数起到了这方面的作用,但不会像允许/禁用函数那样快。

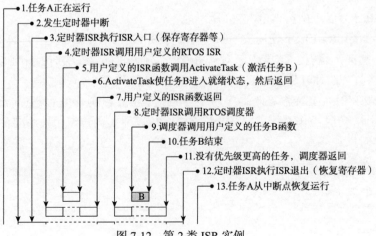

1.任务A正在运行
2.发生定时器中断
3.定时器ISR执行ISR入口（保存寄存器等）
4.定时器ISR调用用户定义的RTOS ISR
5.用户定义的ISR函数调用ActivateTask（激活任务B）
6.ActivateTask使任务B进入就绪状态，然后返回
7.用户定义的ISR函数返回
8.定时器ISR调用RTOS调度器
9.调度器调用用户定义的任务B函数
10.任务B结束
11.没有优先级更高的任务，调度器返回
12.定时器ISR执行ISR退出（恢复寄存器）
13.任务A从中断点恢复运行

图 7-12　第 2 类 ISR 实例

7.5.2　时间管理

大多数嵌入式系统有两种时钟源,分别为硬件时钟和系统时钟。硬件时钟独立于操作系统,为整个系统提供一个计时标准。这种时钟通常是靠电池供电的,即使系统断电也可以维持日期和时间,如三星公司44B0X（ARM7)芯片中的硬件时钟部分。另外嵌入式微处理器通常还集成了多个定时器/计数器,实时内核将其中一个定时器作为系统时钟(或OS时钟),并由实时内核控制系统时钟的工作。一般情况下,系统时钟的最小粒度是由应用和操作系统的特点决定的。

在不同的操作系统中,硬件时钟和系统时钟之间的关系是不同的,两者之间的关系通常称为操作系统的时钟运作机制。一般情况下,硬件时钟是系统时钟的时间基准,实时内核通过读取硬件时钟来初始化系统时钟,此后两者保持同步运行,共同维持系统时间。因此系统时钟并不是本质意义上的时钟,只有当系统运行起来以后才有效,并且由实时内核完全控制。

系统时钟一般定义为整数或长整数,以系统时钟为基础的实时内核时间管理,为应用程序提供所有与时间有关的服务。系统时钟是由定时器/计数器产生的输出脉冲触发中断而产生的。每个输出脉冲周期产生一个节拍。

节拍来源于定时器的周期性中断,一次中断表示一个节拍。一个节拍与具体时间的对应关系可在初始化定时器时设定,即节拍所对应的具体时间长度是可以调整的。一般来说,实时内核都提供相应的调整机制,应用可以根据特定情况改变节拍对应的时间长度。如系统可以5ms产生一个节拍,也可以10ms产生一个节拍。产生节拍的时间长度决定了整个系统的时间粒度。

在实时应用中,大部分任务是时间触发的,触发任务的时间点是事先确定的或动态建立的。为了简化应用软件,操作系统必须提供灵活的时间管理服务。

1)时钟同步

时钟同步是分布式实时系统的基本服务。如果这个服务不是通信系统的一部分,那么它必须由操作系统提供。在操作系统层面实施时钟同步,时钟同步的精度明显优于在应用层面可能达到的精度。关于时钟同步问题的详细讨论,请参考本书第3章的内容。

2)时间服务

实时操作系统必须为实时应用提供如下的时间服务。

(1)在周期性再现的绝对时间点上提供事件序列,该事件序列可能是无限的。这是一个静态(离线)规范,静态时间触发任务的激活需要这项服务。

(2)提供具有特定周期的事件序列。这是一个动态(在线)规范,动态时间触发任务的激活需要这项服务。

(3)提供始于"现在"的未来时间点,该时间点要在指定的时间范围内。超时规范需要这项服务。

(4)在事件发生后,立即对其加盖时间戳。

(5)在精确定义的未来某个时间点,输出一个报文或一个控制信号。这个时间点是相对于"现在"的时间点,或未来的某个绝对时间点。

(6)提供国际原子时(TAI)与"挂钟"时间之间的时间转换服务。

3)支持时间戳

很多单片机通过硬件机制加盖时间戳,并准时输出定时报文(上述功能(4)和(5))。例如,MOTOROLA 68332微控制器拥有一个片上时间处理单元(Time Processing Unit,TPU),它能生成精确的时间戳;通过对TPU进行编程,它能自主地执行一系列时间触发动作(如生成具有指定脉冲形式的信号)。

7.6 错误检测方法

嵌入式系统中出现的错误可以分为一般性错误和严重性错误[125]。

一般性错误不会直接对系统造成致命影响,其后果可以在一定范围内得到纠正,这类错误的处理由内核和应用协作完成。例如,系统调用因为某种原因没能正确返回时,会给调用者返回一个表示错误类型的错误代码,调用者可以根据错误代码进行一定的纠正。其实质是内核向应用指出错误,实际处理由应用完成。

严重性错误会对系统造成致命影响,其后果不可恢复。实时内核一般会提供这类错误的处理程序,使得系统在出现严重性错误之后能够处于一个确定的状态。在系统开发过程中,可以借助调试器、分析仪之类的软件,在系统出错时将控制权交给它们进行处理,为用户分析出错原因提供某些信息。

另外,内核提供的任务重启动、用户扩展管理、任务超时管理(如RM调度中周期性任务的超时处理)和异常处理等都是错误处理的有效手段。

实时操作系统必须以通用的方法支持时域和值域的错误检测,下面描述其中的部分方法。

1)监视任务的执行时间

实时任务的WCET上限要在软件开发期间确定下来。在运行过程中,操作系统监视这个WCET,以便检测瞬间的或永久性的硬件错误。当任务没有在WCET内运行结束时,操作系统要终止该任务的执行。在发生错误的情况下,实时操作系统应该采取的行动要由应用来指定,有两个基本选项。

(1)终止节点的运行。

(2)在节点的全局数据区设置一个错误标志,将发生的错误通知后来的任务,然后继续执行下一个任务。

2) 监视中断

错误的外部中断可能破坏节点内部实时软件的时间控制结构。在设计阶段，为了能够估算须由软件系统处理的峰值负载，设计人员必须了解中断的最小到达间隔。在运行阶段，操作系统要通过禁止中断线路来强制实施这个最小间隔，以减少发生错误零星中断的可能性(参见 4.6.4 节的中断监视部分)。

3) 双重任务执行

故障注入实验已经证明[74]：某些瞬间硬件故障所导致的错误，在值域中是检测不到的。将任务执行两次后进行结果比较，是检测这种故障的一种非常有效的方法。操作系统能为应用任务的双重执行提供运行环境，不需要对应用任务本身进行任何改变。因此，可以在系统配置阶段决定哪个任务应该执行两次，哪个任务执行一次就足够了。

4) 看门狗

故障静默节点要么产生正确结果，要么不产生任何结果，只有在时域中才能检测发现故障静默节点是否失效。一个标准的检测方法是提供看门狗信号，这是一个周期性信号，需要由节点的操作系统产生。如果节点有权访问全局时间，那么看门狗信号应该在已知的绝对时间点上周期性产生。一旦看门狗信号消失，外部观测器即可断定节点已经失效。

在需要检测节点的某些值域错误时，节点周期性地执行质询–响应(challenge-response)协议是一个比较好的方法[126-127]。在这个方法中，外部的错误检测器为节点提供一个输入模式，并在指定的时间间隔内期待一个已定义的响应模式。响应模式的计算应该涉及尽可能多的节点功能单元。如果计算所得响应模式偏离事先已知的正确结果，那么节点发生了错误。

7.7　实时操作系统实例——OSEK

在这一节里，将利用一个工业实时操作系统实例进一步解释嵌入式应用中的实时操作系统结构和服务。

汽车电子开放系统及其接口(Open Systems and the Corresponding Interfaces for Automotive Electronics, OSEK)是欧洲汽车制造商和供应商为车辆的分布式控制单元所制定的行业标准[2]，其中包括三个主要技术规范：OSEK OS (操作系统)、OSEK COM (通信)和 OSEK NM (网络管理)。OSEK OS 是控制并发应用程序实时运行的基础；OSEK COM 提供用于车载网络系统数据传输的接口和协议；OSEK NM 独立于本地控制器平台，是新型分布式控制功能的基础。

OSEK OS 规范已于 2005 年成为汽车开放系统架构的操作系统(Automotive Open System ARchitecture Operating System, AUTOSAR OS)的基础[128]，正由国际

标准化组织(ISO)进行标准化,正式编号为ISO 17356-3。尽管OSEK OS是针对车辆中的分布式控制单元开发的,但它适合于汽车、飞机、武器装备、航海航空、核电、铁路交通等对运行安全性和可靠性要求极高的应用。OSEK OS仅使用拥有8~512KB ROM和1~32 KB RAM的8位、16位和32位微控制器,因此消费电子设备也能从这个标准中受益。

尽管OSEK OS是OSEK标准的一个部分,但是基于OSEK的应用可以不使用这个操作系统,只通过循环调度程序来实现OSEK COM 和OSEK NM规范。

7.7.1　OSEK OS

OSEK OS规范是针对汽车中的强实时应用而设计的,它定义了一个在单一CPU上运行的实时操作系统。这是一个独立于处理器的操作系统,能够为各种CPU硬件平台提供标准化的接口和一致的功能行为。该规范独立于编程语言,在实践中,实时操作系统的实现和应用通常采用ISO/ANSI C编程,而很少采用汇编语言。

在强实时系统中,应用模块与微控制器之间有多种接口方式,如图7-13所示,其中包括:利用OSEK OS实施实时控制和资源管理;直接使用I/O软件层(如网络驱动程序);直接使用微控制器硬件。

OSEK OS为应用程序提供以下服务:任务管理、ISR管理、调度、资源管理、计数器和报警、任务同步、通信、钩连程序和错误处理。

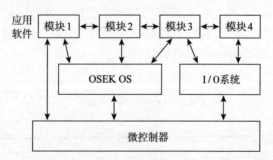

图 7-13　应用模块与微控制器之间的接口

1. OSEK 任务与调度

OSEK OS规范定义了三个处理层:中断层、调度活动逻辑层(OS层)和任务层,如图7-14所示。OSEK规范设立的优先原则如下。

(1)中断的优先级高于任务。

(2)中断处理层包括一个或多个中断优先级。

(3)中断服务程序有一个静态分配的中断优先级。

(4)中断服务程序的中断优先级分配取决于实现和硬件架构。

(5)任务的优先级和资源的置顶优先级(ceiling priority)越高,对应的数字编号越大。

(6)任务的优先级是由用户静态分配的。

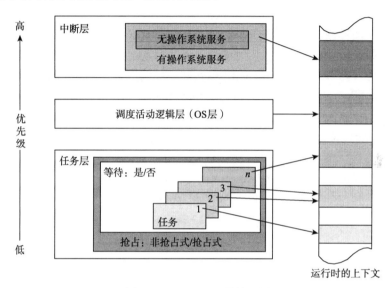

图 7-14   OSEK OS 的处理层

请注意,调度器的优先级分配是一个逻辑概念,它的实现可以不直接使用优先级。此外,OSEK没有规定任务优先级和特定微处理器架构的硬件中断级别之间的关系。

在任务层,任务的调度(非抢占式、抢占式或混合抢占式调度)是依据任务的指定优先级进行的。运行时的上下文在任务开始执行时被占用,任务完成后被释放。

1) OSEK任务

OSEK将任务分为B-任务和E-任务,有关定义请见2.2节。B-任务的有限状态机如图7-15所示,E-任务的有限状态机如图7-6所示,两个状态机几乎相同,唯一的区别是B-任务没有等待状态。

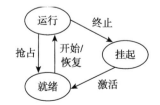

图 7-15   B- 任务的有限状态机

对于优先级相同的多个处于"就绪"状态的任务,如果某个任务是因为被抢占而进入"就绪"状态,那么这个任务被认为是该优先级中最早被激活的任务,排在最先被调度的位置;如果某个任务是从"等待"状态释放到"就绪"状态,那么这个任务被认为是该优先级中最晚被激活的任务,排在最后被调度的位置。

2) 调度策略

任务的执行顺序是由任务的配置决定的,任务的配置包括任务优先级、选定的抢占属性和任务激活设置。

OSEK任务的优先级是在系统配置中静态分配的,不能在运行期间改变。任务的抢占属性有两种:非抢占式(non-preemptive)、抢占式(preemptive)。任务激活将任务从"挂起"状态过渡到"就绪"状态,而基本任务允许多次被激活。多次被激活的任务由操作系统按激活顺序在任务相应的优先级队列内排队。

非抢占式和抢占式任务分别与非抢占式和抢占式调度相对应,详细描述请见8.1.1节。在同一系统中,如果一些任务是可抢占的,而另一些任务是不可抢占的,那么这样的系统需要采用混合抢占式调度。在这种情况下,调度方案取决于正在运行的任务所拥有的抢占属性。不可抢占的任务采用非抢占式调度,可抢占的任务采用抢占式调度。许多实际应用只包括很少几个执行时间较长的并发任务,却有很多执行时间较短的小任务,前者使用抢占式调度很方便,而后者使用非抢占式调度会更加有效。

3) 调度器

当任务切换可以按照系统实施的调度策略进行时,调度器被激活。调度器负责确定下一个要处理的任务,基本步骤如下。

(1) 搜索所有处于"就绪"或"运行"状态的任务。

(2) 从处于"就绪"或"运行"状态的任务组中选择优先级最高的一组任务。

(3) 从所选的优先级最高的任务组里选择最早被激活的任务作为下一个要运行的任务。

OSEK允许调度器被视为一个资源,一个任务可通过占用/释放调度器来避免任务切换。

图7-16描述了一个调度器运行实例。图中包括7个处于就绪状态的任务:3个任务的优先级为3;1个任务的优先级为2;1个任务的优先级为1;2个任务的优先级为0。各个任务按照请求的顺序排列在相应的任务队列中,排在最底部的任务最早处于就绪状态。

假设处理器刚刚处理并终止了一个任务。调度器将首先搜索所有处于就绪状态的任务,在图7-16所示情况下,它会选择优先级为3的任务队列,将其底部的任务作为下一个要执行的任务。当高优先级的任务不在"运行"或"就绪"状态时,低优先级的任务才能得到处理。

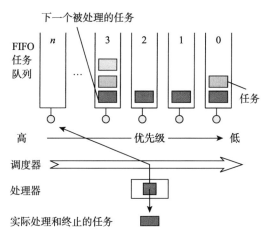

图 7-16　调度器：事件顺序

2. OSEK 中断处理

OSEK中断采用了第1类和第2类ISR,中断的处理和控制方法请见7.5.1节。

3. OSEK 资源与任务同步

OSEK的共享资源包括管理实体(调度器)、程序顺序、内存或硬件区等,为了协调任务对共享资源的访问,OSEK采用了下列任务同步方法。

(1)禁止/允许中断。长时间禁止中断影响中断延迟时间。

(2)占用/释放调度器。这种方法不仅影响共享资源的任务,也影响所有其他任务。

(3)信号量操作。在访问资源前,所有任务都要请求信号量。

为了避免任务同步过程中出现死锁和优先级倒置问题,OSEK在任务调度中利用了优先级置顶协议(priority ceiling protocol),请见8.3.2节。

4. OSEK 报警与计数器

实时系统中的重复性事件多种多样,如定时器每隔一段时间发出的中断、凸轮轴(或曲轴)转角编码器上产生的中断或特定应用的规律性触发脉冲等。OSEK OS为这样的重复性事件提供了处理服务。

OSEK OS将这类事件的处理工作分成两个阶段:第一阶段,利用专用计数器记录重复性事件(源);第二阶段,根据计数器值把报警机制提供给应用软件。

(1)计数器

OSEK提供的计数器是软件对象,而不是硬件定时器或硬件计数器。计数器的值用节拍数表示。OSEK OS使用计数器来驱动OSEK报警。一个计数器可以连接一个或多个报警,当计数器值递增时,OSEK OS管理与计数器相关的任何报警动作。

OSEK没有为计数器规定标准的API,可以使用非标准的系统服务来处理计数器(如递增计数),典型的服务包括获取计数器值、增加计数器值和初始化计数器。计数器可以通过ISR或任务进行处理。计数器的常用处理方法是为计数器定义ISR(第2类ISR),由ISR处理来自硬件定时器或硬件计数器的中断,该ISR会调用"增加计数器值"这个系统服务。OSEK要求至少有一个计数器(从硬件或软件定时器派生的)是可用的。

(2)报警

OSEK报警用于处理重复性事件。报警是在操作系统配置中定义的,每个报警与一个计数器和一个任务相连接。报警可以激活一个任务或设置一个事件。

报警分为两类:相对报警和绝对报警。计数器值超过指定数量的节拍数之后所发生的报警称为相对报警,计数器值到达一个指定的绝对值时所发生的报警称为绝对报警。两种报警都可以是一次性的或循环性的。

OSEK OS提供的报警管理服务包括:设置报警、取消报警、获取报警的当前状态。

报警可用于调度周期性任务。例如,一个计数器能够驱动多个循环报警。通过配置,每个报警可以在指定的时间间隔内反复激活其相关联的任务。

5. OSEK 事件

事件是由操作系统管理的对象,它们并不孤立存在,而是被指定到E-任务。其为E-任务提供了同步手段,可使任务过渡到或脱离"等待"状态,如图7-6所示。

事件是在操作系统配置中定义的,任务是事件的拥有者,每个E-任务都有一定数量的事件。单个事件可以根据其拥有者和事件名称进行识别。E-任务将事件应用于同步,它通过调用"等待事件"(WaitEvent)进入"等待"状态,等待一个事件或几个事件之一发生,当事件发生后,任务被释放到"就绪"状态。任何任务或ISR都可以为E-任务设置事件,一个事件只能被拥有它的任务清除或等待(事件"所有权"(ownership)是一个系统配置属性)。

事件的含义是由应用决定的,如定时器到期信号、资源可用性、接收到报文等。

6. 钩连程序

OSEK支持钩连程序(hook routine),这使得实时操作系统可在其内部处理用户定义的操作。OSEK OS可以通过在特定点处调用钩连程序,支持错误处理、跟踪和调试。钩连程序具有如下特性:优先级高于任何任务;不会被第2类ISR中断;由用户以其定义的功能来实现;只允许使用API函数的一个子集;可通过OSEK实现语言(OSEK Implementation Language, OIL)进行配置(允许/禁止)。

OSEK OS有多个调用钩连程序的点,调用的钩连程序也有所不同:① 在实时操作系统启动后、调度器运行前,调用钩连程序StartupHook;② 当应用程序或实时操作系统请求关闭系统时,调用钩连程序ShutdownHook;③ 当任务被启动或恢复运行时,调用任务钩连程序PretaskHook;④ 当任务被抢占、终止或阻塞时,调用任务钩连程序PosttaskHook;⑤ 当系统服务中发生错误时,调用ErrorHook。

7. 其他 OSEK 服务

(1)实时操作系统启动和关闭。OSEK为实时操作系统的启动和关闭定义了两个服务:StartOS(启动操作系统)和ShutdownOS(关闭操作系统)。如图7-17所示,系统上电或复位后,CPU立即执行特定硬件的应用软件(不可移植的)。然后,CPU执行StartOS,进行操作系统初始化,在此过程中StartOS会调用钩连程序StartupHook,用户可以在该钩连程序中放置自己的初始化程序,从钩连程序StartupHook返回后,操作系统使中断处于允许模式,并启动调度活动。当ShutdownOS被调用时,操作系统会在关闭前调用钩连程序ShutdownHook。

(2)错误处理。错误服务(error service)用于处理OSEK OS内部发生的瞬间错误和永久性错误。它的基本框架是预定义的,须由用户进行完善。

每个系统服务返回一个状态码(status code),状态码的值为E_OK表示没有错误,为其他值则表示各种错误。当某个系统服务导致一个错误时(返回状态不是E_OK),实时操作系统调用钩连程序ErrorHook(Status Type error)进行错误处理,也可用宏OSErrorGetServiceId确定发生错误的系统调用,或用其他的宏获取系统调用中使用的参数值。如果检测发现一个致命错误,则可以通过调用ShutdownOS关闭操作系统。

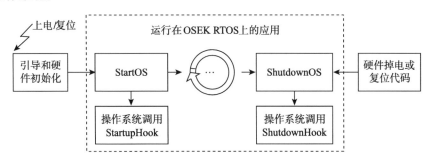

图 7-17　操作系统启动与关闭

(3)应用模式。OSEK有多种独立的应用模式,如出厂测试、Flash编程或正常运行。OSEK在同一时间只可在一种应用模式下运行,应用模式是在启动实时操作系统时指定的(作为StartOS的参数)。在实时操作系统运行期间,不能改变应用模式。实时操作系统在其配置中定义了每种应用模式,应用模式之间可以共享任务、

ISR和报警。

8. OSEK OS 服务小结

OSEK定义好的实时操作系统服务如表7-8所示,只使用这些服务的应用程序是可以移植的。

表 7-8　OSEK OS 服务

系统控制	任务管理	资源管理	报警管理	事件管理	中断控制
GetApplicationMode	ActivateTask	GetResource	GetAlarmBase	SetEvent	DisableAllInterrupts
StartOS	TerminateTask	ReleaseResource	GetAlarm	ClearEvent	EnableAllInterrupts
ShutdownOS	ChainTask		SetRelAlarm	GetEvent	SuspendAllInterrupts
	Schedule		SetAbsAlarm	WaitEvent	ResumeAllInterrupts
	GetTaskID		CancelAlarm		SuspendOSInterrupts
	GetTaskState				ResumeOSInterrupts

7.7.2　OSEK 实现语言

OSEK实现语言(OSEK Implementation Language, OIL)用于配置OSEK OS,定义应用任务、事件、资源和报警等。在使用OSEK COM和OSEK NM的情况下, OIL也可用于配置通信和网络管理。

OIL规范定义了OIL的语法和语义。OIL定义了一组系统对象,如图7-18所示,每个对象都有标准属性和可选属性。可选属性是非标准的、实现特定的。

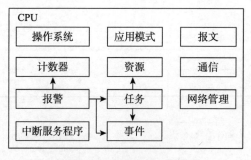

图 7-18　标准 OIL 对象

OIL描述可以是手工编写的或由系统配置工具生成的。在组建程序时,通过处理OIL文件来定义操作系统。另外,所有的OSEK应用都是静态配置的。

OIL描述由两部分组成,第一部分是实现的定义(标准的和实现特定的功能),第二部分是应用的定义(位于具体CPU上的应用的结构)。下面给出了一个OIL文件实例。

```
#include <standard.h>

CPU cpu1{
 OS ECU_OS {
   STATUS=STANDARD;
   STARTUPHOOK=TRUE;
   SHUTDOWNHOOK=TRUE;
   ERRORHOOK=TRUE;
   PRETASKHOOK=FALSE;
   POSTTASKHOOK=PALSE;
   POSTTASKHOOK=FALSE;
 };
RESOURCE ResourceX{
   RESOURCEPROPERTY=STANDARD;

 };

   TASK T2{
   TYPE=BASIC;
   PRIORITY=1;
   SCHEDULE=NON;
   ACTIVATION=3;
   AUTOSTART=TAUE;
   RESOURCE=ResourceX;
 };
```

```
   TASK T1 {
     TYPE=BASIC;
     PRIORITY=0;
     SCHEDULE=PULL;
     ACTIVATION=1;
     AUTOSTART=FALSE;
   };

   ISR X2{
     CATEGORY=2;
     PRIORITY=1;
     ADDRESS=0x500;
   };

     ALARM Alarm1{
     COUNTER=SysCounter;
     ACTION=ACTIVATETASK{TASK=T1};
   };

 COUNTER SysCounter {
   MINCYCLE=1;
   MAXALLOWEDVALUE=65535;
   TICKSPERBASE=1;
 };
};
```

　　值得注意的是，这个OIL文件"include"（包括）其他文件，标准的include文件通常是由OSEK供应商提供的，这种文件的典型应用就是指定实现的定义（实现特定部分），然后由OIL文件的主体给出应用的定义。

　　OSEK供应商提供了图形化的OIL编辑/配置工具，不仅能够创建和编辑OIL文件，也能由OIL文件生成相应的RTOS文件（*.c和*.h）。RTA（Real Time Architect）是由LiveDevices公司开发的OIL工具，图7-19是其屏幕截图。RTA既包括OIL编辑工具，也包括系统生成（组建）工具。

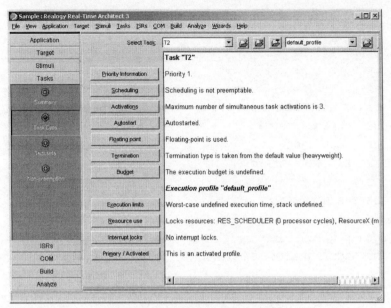

图 7-19　OIL 编辑与配置工具实例

采用RTA组建一个OSEK应用的过程如图7-20所示,主要步骤如下。

(1)利用OIL编辑工具,RTOS开发人员创建或修改OIL文件中的操作系统配置。

(2)利用系统配置工具生成定义和实现RTOS的文件。这些文件包括C源代码文件(*.c和*.h)、汇编语言源文件和OSEK运行时间接口(OSEK Run Time Interface,ORTI)数据(OS调试信息)。

(3)软件开发人员创建或修改应用的源代码文件。

(4)编译或汇编应用和RTOS的源代码文件,生成目标代码文件。

(5)链接目标代码文件和RTOS目标代码库,生成可执行映像。图7-20中可执行映像是一个ELF文件。链接器链接的不是整个RTOS库,而是与所需功能相关的部分,这样可使执行映像尽可能小。

(6)如果调试器支持ORTI(OSEK Run Time Interface),那么可执行映像与ORTI文件相结合,可以进行OS调试。

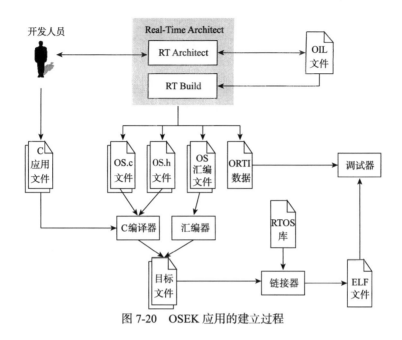

图 7-20 OSEK 应用的建立过程

7.7.3 AUTOSAR OS 对 OSEK OS 的扩展

AUTOSAR已经选择OSEK OS作为AUTOSAR OS的基础，AUTOSAR OS对OSEK OS进行了扩展，新增了调度表、全局时间同步、堆栈监视、OS-应用和各种保护功能。目前已经提出的保护功能包括内存保护、时序保护、服务保护、操作系统应用硬件保护等。

7.7.4 OSEK COM

OSEK COM为处理器内部通信和处理器间通信规定了接口和协议，其目的是增强应用软件的可移植性、底层网络和硬件的独立性、系统的可伸缩性和电子设备之间的互可操作性，更好地支持网络管理。

（1）应用软件的可移植性。为了便于实现应用软件的跨配置移植，应该使电子控制单元（Electronic Control Unit，ECU）之间的通信机制与ECU内部的通信机制公有化。OSEK COM定义了具体的外部通信服务，它们能在任何情况（如诊断）下支持应用程序与总线系统之间的连接。

（2）底层网络和硬件的独立性。OSEK COM定义了通信服务和协议，只需要进行少量配置方面的努力，各种总线系统就能与微控制器相适用。为了克服底层网络对应用报文最大长度的限制，OSEK COM支持分段通信和不分段通信。要想确保各种应用获得稳定的服务和有效的协议性能，需要解决通信服务和协议之间的关系。

（3）可伸缩性（scalability）。OSEK COM要为不同层次和不同功能的网络节点留有余量。

（4）电子设备的互可操作性。通过对标准化通信协议做出规定，使来自不同供应商的、连接至同一车载网络的电子设备实现互操作。

（5）支持网络管理。OSEK COM规定OSEKNM方面的通信不能与正常通信相冲突。

OSEK COM的主要优点表现在三个方面：API独立于特定的总线系统；COM内核可移植且可重复使用；基于COM API的应用软件可移植。

OSEK COM的分层及其与OSEK OS/NM之间的关系如图7-21所示。OSEK COM共分为3层：互作用层、网络层和数据链路层，如图7-21中粗黑线框所示。互作用层提供OSEK COM的API和应用报文的传输服务，OSEK COM互作用层API如表7-9所示。网络层和数据链路层与ISO/OSI参考模型一致，网络层提供报文的无确认和分段传输服务；数据链路层提供数据包的无确认传输服务，并为网络管理功能提供低级别服务。

表 7-9　OSEK COM 互作用层 API

初始化	报文发送 / 接收	控制
InitCOM	SendMessage	GetMessageResource
CloseCOM	ReceiveMessage	ReleaseMessageResource
StartCOM	SendMessageTo	GetMessageStatus
StopCOM	ReceiveMessageFrom	ChangeProtocolParameters
MessageInit	SendDynamicMessage	ReadFlag
StartPeriodical	ReceiveDynamicMessage	ResetFlag
StopPeriodical		

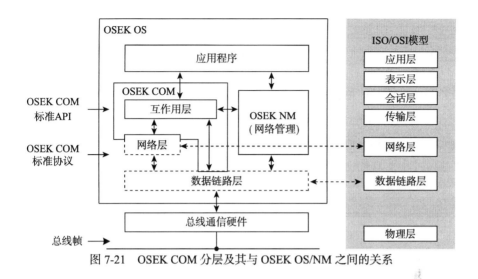

图 7-21　OSEK COM 分层及其与 OSEK OS/NM 之间的关系

1. OSEK COM 的特点

(1)采用报文进行数据交换。报文是特定应用数据的容器,其格式和用途与 OSEK COM本身无关。在每个系统中,一个报文可能只有一个发送方,但可以有任意数量的接收方。只有一个发送方和一个接收方的报文用1∶1描述,拥有多个接收方的报文用1∶N描述。在系统生成期间必须定义报文的类型,然而在系统运行期间不可以添加或删除报文。OSEK COM支持静态或动态地进行报文编址。报文可用于数据传递、任务激活、事件设置和报警复位。报文种类分成两种:排队报文(queued message)和非排队报文(unqueued message)。

①排队报文:COM将排队报文存入先入先出队列(First Input First Output, FIFO)缓冲区中,应用程序按报文到达缓冲区的顺序读取报文,先入先出。由于读操作在读取一个排队报文后,将其从队列中删除,所以每个排队报文只可被读取一次。在一个系统中,接收方与发送方保持状态信息同步非常重要,一种很好的方法是利用排队报文跟踪系统内的状态变化。这种方法要求接收方对队列进行定期服务,以防止溢出。

②非排队报文:非排队报文被读取后不会被删除,其行为更像全局变量。每当读取一个非排队报文时,返回的都是该报文的最新值。非排队报文适合于传输当前值,接收方可根据需要多次读取报文的值,甚至可以忽略报文的值。

(2)支持异步通信。

(3)具有三类传输模式。OSEK COM支持的传输模式分为直接的、周期性的和混合的。

(4)支持截止时间监视。截止时间监视是报文传输和接收时序的监视机制,主要用于：在发送端,验证传输请求(周期性的或非周期性的)是否在给定的时间周期内得以在网络上被实现；在接收端,验证周期性报文是否在允许的时间周期内被收到。

2. OSEK COM 任务的可移植性

如果一个任务仅使用COM API,那么可以用最小的变动(很少或根本没有代码变化)将它从网络系统中的一个微控制器移动到另一个微控制器。如图7-22所示,微控制器1中的任务C被移动到微控制器2。OSEK COM API不仅支持同一处理器上的任务之间的通信,而且支持不同处理器上的任务之间的通信。

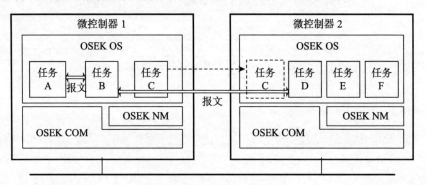

图 7-22　任务移植与任务间通信

7.7.5　OSEK NM

OSEK NM （网络管理）的目的在于：在系统启动过程中识别网络配置,激活通信硬件；在系统运行期间监视网络配置,支持在线诊断,保证所有网络节点同步转换到总线睡眠模式,确保汽车网络系统的安全性和可靠性。

网络管理职责如下。

(1)初始化通信硬件。

(2)网络启动。

(3)确定和维护网络配置。

(4)读取和设置网络与节点的具体参数。

(5)诊断支持。

(6)在总线系统运行期间,监视网络配置。

(7)所有网络节点同步转换到总线睡眠模式。如在不需要CAN网络时转换到节能模式。

(8)错误处理。如CAN总线关闭后的恢复。

习　题

1.在强实时应用中,为什么不宜使用分时操作系统?

2.有些系统并不使用实时操作系统,而仅使用简单的循环调度,以无限循环形式执行需要完成的功能,它们通过对循环时间的适当设计来满足功能的定时要求。某系统的三个功能如表7-10所示,试画出其简单循环调度时序图。

表 7-10　系统的三个功能

功能	周期（最大）/ms	处理时间 /ms
F_1	5	1.0
F_2	8	1.2
F_3	14	1.8

3.对于连续执行的周期性任务,其抖动是指执行任务的开始时间或完成时间所发生的变化。在某个简单系统中,任务T_1、T_2的运行周期分别为10ms、20ms,执行时间分别为2ms、3ms,优先级分别为2（高）、1（低）。每隔10ms任务T_1被激活一次,在时间为20ms的倍数时, T_1、T_2同时被激活并按优先次序运行,如图7-23所示,此时两个任务无任何抖动。试分析当T_1、T_2的优先级交换时,两个任务的抖动分别为多少?

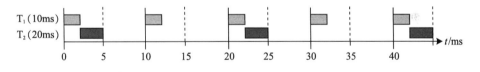

图 7-23　无抖动周期性任务

4.请解释时间触发系统的任务管理。

5.什么是触发任务?

6.在NBW协议中,读取方如何实现数据完整性?

7.试估计NBW协议在读取方可能造成的最坏情况延迟,并指出影响该延迟的关键参数。

8.通过正确设计静态调度表或信号量操作可以保护关键数据区。请从性能角度对这两种技术进行比较。

9.第1类ISR与第2类ISR的主要区别是什么?

10.试写出实时应用所需要的时间服务。

11.列出一些实时操作系统应该支持的通用错误检测技术。

12.双重任务执行可以检测哪些类型的故障?

13.在OSEK中,从"等待"状态释放到"就绪"状态的任务,如何在FIFO任务队列中排序?

第8章 实时调度

在分布式实时系统中,很多任务同时尝试访问共享资源(如处理器和网络)。调度试图有效地利用这些资源来解决问题,以保证系统是正确的,换句话说是保证系统符合其所有的时间限制。调度的运行可以采取操作系统形式,由操作系统直接控制硬件;也可采用中间件形式,中间件位于操作系统和应用程序之间。

在系统资源有限的情况下,如何安排一组任务使得所有任务满足截止时间要求,学术界进行了广泛研究,公开发表的论文数以千计[129]。目前,任务的实时调度已成为最重要、最活跃的研究领域之一,本章将对与实时系统设计者有关的重要研究成果进行总结。

8.1 实时调度问题

针对给定的系统资源和一组实时任务,确定每个任务何时何处执行的整个过程称为调度。在非实时系统中,调度的主要目的是减小系统的平均响应时间,提高系统的资源利用率或优化某项指标;而在实时系统中,调度的目的是尽可能保证每个任务满足其时间约束,及时对外部请求做出响应。

当强实时系统执行一组并发的实时任务时,所有时间关键性任务的规定截止时间必须得到满足。由于每个任务需要计算资源、数据资源和其他资源(如I/O设备)来支撑其运行,为了满足任务的时间要求,调度问题还必须关注这些资源的分配问题。

任务的实时调度算法是决定系统实时性的重要方面。在实时调度理论中,任务的实时调度算法和可调度性分析是紧密结合的。它们的研究范围包括:任务使用系统资源的策略和机制、判断系统性能是否可预测的方法和手段。例如,任务何时运行、运行多长时间、实时任务能否被系统正确调度。只要解决方法存在,调度算法总能找到一个调度表,这样的调度算法是最佳的。

8.1.1 实时调度算法的分类

实时调度算法的分类如图8-1所示[130]。从图中可以看出,强实时调度算法分为动态调度和静态调度两类,每类又可细分成抢占式的和非抢占式的。

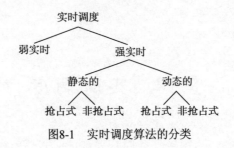

图8-1 实时调度算法的分类

1. 静态与动态调度

静态调度算法与动态调度算法是根据调度器做出调度决策的时刻进行区分的。

(1)静态调度。如果调度器的调度决策是在编译时做出的,那么这种调度器是静态的(运行前的)。调度器为运行时间分派器(the run time dispatcher)离线生成分派表(dispatching table)。要达到这个目的,必须预先了解任务组的特征(如最大执行时间、优先约束、互斥约束和截止时间等)。分派表包含分派器所需要的所有信息,一旦生成就不再变化,如图7-8所示。在运行期间,分派器根据每个建立在稀疏时基上的时间点决定下一个被调度的任务。分派器的运行时间开销很小。静态调度比较简单,而且系统的行为是确定的。但这类调度缺乏灵活性,不利于系统的扩展。另外,由于所有的调度决策是在离线情况下制定的,调度器的功能被弱化了,只具有分派器的功能。

(2)动态调度。如果调度器的调度决策是在运行期间做出的,即从多个处于"就绪"状态的任务里选择一个任务(见7.2.2节),那么这种调度器是动态的(在线的)。动态调度器非常灵活,适合在任务情形不断变化的情况下使用。动态调度只考虑当前的任务请求,在运行期间寻找调度表时,其工作量极大。一般情况下系统的行为是不确定的。

2. 非抢占式与抢占式调度

在许多系统中,任务调度是以任务的优先级为基础的。在这种系统中,每个任务都与优先级编号(priority number)相联系,优先级编号一般为整数,可以是固定的,也可以是变化的。一个优先级编号不一定只与一个任务相对应,有些系统允许多个任务共享一个优先级编号,即多个任务的优先级相同。在这种情况下,系统以"轮转"(round robin)方式调度这些任务。

CPU总是被分配给处于就绪状态的优先级最高的任务,不存在"公平"策略。设某系统中包括两个任务,一个任务的优先级为2(较高),另一个任务的优先级为1(较低),且都处于"就绪"状态,则CPU首先处理优先级为2的任务,在该任务运行期间,

CPU不会处理优先级为1的任务,两个任务也不会以2:1的比例分享处理器。

静态与动态调度算法都可以使用任务优先级,常用的调度方案有两种:非抢占式调度和抢占式调度。

(1)非抢占式调度

在非抢占式调度中,一旦处理器给予某个任务,这个任务就一直运行下去,不会被其他任务(即使其他任务的优先级更高)抢占,直到该任务自己释放处理器。在需要执行很多短小任务(与上下文切换时间相比)的情形下,采用非抢占式调度是合理的。另外,如果任务需要按照预先设定的顺序执行,且只有运行中的任务主动放弃资源后,其他任务才能得到执行,那么采用非抢占式调度是一个比较好的选择。

非抢占式调度的任务切换只能发生在明确定义的重新调度点,因此低优先级任务会推迟高优先级任务的启动运行,且延迟时间可能很长。

图8-2给出了一个非抢占式调度实例,其中低优先级任务T_1正在运行,当高优先级任务T_2被激活(准备运行)时,任务T_1仍然继续运行,直到运行结束(自行终止)后,T_2才能运行(T_1进入"挂起"状态)。T_2的启动时间被延迟的原因有两个:T_1的不中断运行和上下文切换。

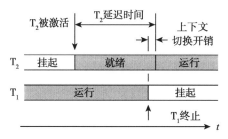

图8-2 非抢占式调度

(2)抢占式调度

在抢占式调度中,如果优先级高于当前运行任务的新任务准备运行,那么当前运行的任务可以被抢占(被中断),即可以切换到优先级更高的新任务。通过抢占式调度,关键任务能够打断非关键任务的执行,从而确保满足关键任务的截止时间要求。抢占式调度的优点是实时性好、反应快,可优先保证高优先级任务的时间约束,但抢占式调度算法较为复杂且需要更多资源。在使用不当的情况下,可能造成低优先级任务长时间得不到执行。

抢占式调度的任务切换可在任意时刻发生,因此低优先级任务对高优先级任务造成的时间延迟很短。

图8-3给出了一个抢占式调度实例,其中低优先级任务T_1正在运行,当高优先级任务T_2被激活(准备运行)时,立即进行上下文切换,任务T_2抢占任务T_1,任务T_1

进入"就绪"状态。T_2完成后,任务T_1恢复运行。T_2的启动时间被延迟的原因是上下文切换,而与T_1的运行时间无关。

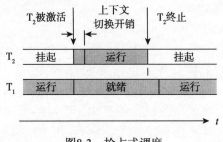

图8-3 抢占式调度

在动态分布式实时系统中,可以让一个中央站点(central site)负责所有的调度决策,或者开发分布式算法作为调度问题的解决方案。分布式系统中的中央调度器是一个关键失效点,因为它需要掌握所有节点的最新负载信息,而且可能造成通信瓶颈。

8.1.2 可调度性分析

对于一组给定的任务,如果所有任务都能满足截止时间要求,那么这些任务是可调度的。当系统采用动态(在线)调度算法时,若有新任务需要加入系统,则应该进行可调度性分析。如果加入新任务后导致某些任务不能满足可调度性,那么该任务就不能添加到系统中。可调度性是评价任务调度算法优劣的重要指标。

通常可调度性分析被分成两步,首先通过一系列的算法和公式得到一些计算结果,然后利用判定准则对这些计算结果进行处理,最终判定系统的可调度性。如果系统模型合理,且分析过程中引入的其他误差较小,那么分析所得判定结果的可信度很高。这种方式具有较好的实用性,现在已被广泛采用。

目前常用的可调度性分析方法有两种[131]。

(1)基于CPU利用率的分析方法。这种方法首先计算处理器利用率,然后通过一个与该利用率相关的测试条件来判定系统的可调度性。

(2)基于最大响应时间的分析方法。这种方法将整个分析过程分为两个阶段:分析和判定。分析阶段分析各个任务的最大响应时间,判定阶段将分析阶段得到的任务最大响应时间与该任务的截止时间进行比较。如果所有任务的最大响应时间都不大于其截止时间,则系统是可调度的。

上述两种方法中,第(1)种方法比较适合于简单系统。对于复杂的分布式实时系统,可调度性分析需要涉及所有的资源(节点上的处理器和通信媒体),越来越多的研究人员开始将第(2)种方法用于这类系统的任务可调度性分析[129]。

1. 基于CPU利用率的分析方法

一组处于"就绪"状态的任务是否可以通过调度,使得每个任务满足其截止时间要求,可以通过基于CPU利用率的分析方法进行判定,这种方法又称为可调度性测试。可调度性测试分为三类:充要的(exact)、充分的(sufficient)和必要的(necessary),如图8-4所示。

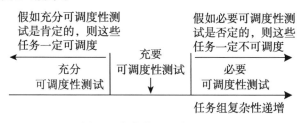

图8-4 任务的可调度性测试

当系统中存在一个可行的调度表时,调度器总能求出它,那么这样的调度器是最佳的(optimal)。Garey和Johnson已经证明[132]:在任务依赖关系的几乎所有情况下,充要可调度性测试算法的复杂性(complexity)属于一类NP-完全(NP-complete)问题,即使只有一个共享资源也难以实现。充分可调度性测试算法相对简单一些,但是对于某些事实上可调度的任务组,这种算法可能做出否定的结论。如果某个任务组的必要可调度性测试给出了否定的结论,那么该任务组一定是不可调度的。若某个任务组的必要可调度性测试给出了肯定的结论,则该任务组仍然存在不可调度的可能性。

任务的请求时间是指做出任务执行请求的时刻。根据请求时间,可把任务分成三类:周期性的(periodic)、零星的(sporadic)和不定期的(aperiodic)。周期性任务按一定的周期到达并请求执行。零星任务的请求时间是不可预知的,但任意两个请求时间之间存在一个最小时间间隔,即零星任务按照不高于某个值的速率到达,因此可以将零星任务当成周期性任务处理,其任务周期为最小时间间隔。不定期任务的请求时间不能预先确定,无规律可言。从可调度性角度看,做出这样的区分十分重要。

(1)周期性任务的可调度性测试

如果一个周期性任务的周期是已知的,那么通过把周期的倍数加到任务的初始请求时间,可以提前知道任务未来的所有请求时间。

设任务组$\{T_1, T_2, \cdots, T_n\}$是由周期性任务构成的,任务$T_i$ $(i=1, 2, \cdots, n)$的周期为p_i,执行时间为c_i,截止时间间隔为d_i。截止时间间隔是任务的截止时间与任务的请求时刻之差,这里所说的任务请求时刻是指任务准备执行的时刻。d_i-c_i称为任务T_i的疏密度(laxity),用l_i表示。在这样任务组中,各个任务的周期(the periods of these tasks)存在一个最小公倍数(least common multiples),通过检查最小公倍数长度的调度表足以确定可调度性,这个最小公倍数长度就是调度表周期(schedule period)。

【定理8-1】如果某任务组中的任务是周期性的,那么必要可调度性测试的条件是任务组里的各个任务的利用系数(utilization factors)之和必须满足

$$\mu = \sum_{i=1}^{n} c_i / p_i \leqslant m \tag{8-1}$$

式中,μ为利用系数之和;n为任务组内的任务数;m为可用处理器个数。

由于任务T_i的利用系数$\mu_i = c_i/p_i$,它表示任务T_i要求从一个处理器获得的服务时间百分比,所以这个必要可调度性测试的条件是显而易见的。

(2)零星任务和不定期任务的可调度性测试

零星任务可以按前面介绍的定理8-1进行必要可调度性测试,任务周期设置为任意两个请求时间之间的最小时间间隔。然而不定期任务的请求时间没有任何约束,前面介绍的必要可调度性测试条件无效。

一般情况下,通过必要可调度性测试得到的肯定结论并不具备充分性,也就是说,即使满足式(8-1),系统仍然可能是不可调度的。下面的例子很好地说明了这一点[133]。

【例8-1】某单处理器系统的两个任务T_1、T_2是互斥的。其中T_1是周期性的,其参数为:$c_1=2$,$d_1=4$,$p_1=4$;T_2是零星的,其参数为:$c_2=1$,$d_2=1$,$p_2=4$。试判断T_1、T_2两个任务所构成任务组的可调度性。

解 根据式(8-1)可得

$$\mu = \sum_{i=1}^{2} c_i / p_i = 2/4 + 1/4 = 3/4 \leqslant 1$$

因此T_1、T_2两个任务形成的任务组满足必要可调度性测试条件。然而T_2的请求时间不是严格周期性的,请求服务的时刻难以预测,仅凭这个结论不能说明任务组是可调度的。如图8-5(a)所示,在周期性任务T_1运行期间,零星任务T_2请求服务。由于两者之间存在互斥约束,T_2必须等待,直到T_1运行结束。零星任务T_2的疏密度$l_2 = d_2 - c_2 = 1 - 1 = 0$,它将错过其截止时间。

假设单处理器系统包含一个动态调度器,该调度器完全了解零星任务T_2的未来请求时间,那么它可以首先调度零星任务,然后在执行两个零星任务的间隙中调度周期性任务T_1,从而满足两个任务的截止时间要求,如图8-5(b)所示。

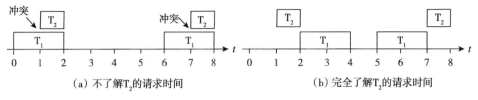

（a）不了解T₂的请求时间　　　　　　　（b）完全了解T₂的请求时间

图8-5 零星任务的请求时间对可调度性的影响

例8-1显示了任务的未来行为信息对于解决调度问题的重要性。如果周期性任务和零星任务之间存在互斥约束，在线调度器没有清楚地了解零星任务的请求时间，那么即使处理器的能力高于给定任务情形的需求，也无法解决动态调度问题。如果能对未来的调度请求做出规律性假设，那么可以简化可预测强实时系统的设计。循环系统就属于这种情况，这类系统限制了计算系统认可外部请求的时间点。

2. 基于最大响应时间的分析方法

任务从到达时刻至执行完成时刻之间的时间间隔称为响应时间。Joseph和Pandya通过研究抢占式调度提出了任务最大响应时间的分析方法[134]。有了这一基础，可以从可调度性的概念开始应用最大响应时间分析来判断可调度性。

【定理8-2】在任务间的关联关系得到满足的情况下，若任务的最大响应时间不大于任务的截止时间，则该任务称为可调度的。如果任务组中的所有任务都是可调度的，那么该任务组是可调度的。

这种分析方法的思想非常简单，它的判定条件就是将任务的最大响应时间与任务的截止时间直接进行比较。如果所有任务的最大响应时间都不大于其自身的截止时间，则判定该任务组是可调度的，否则是不可调度的。

对于由周期性任务形成的系统，已有多种技术可以用来确定每个任务是否满足其所需的响应时间。

【例8-2】表8-1中的周期性任务和中断是相互独立的，优先级由高到低排列。试判断系统的可调度性。

表8-1 系统中的中断和任务表

任务/中断	周期 p/ms	执行时间 c/ms	截止时间间隔 d/ms
ISR1	5（最小）	0.2	—
ISR2	10（最小）	0.5	—
T_1	3	0.5	3
T_2	6	0.6	6
T_3	14	1.4	14
T_4	14	6.0	14

解　根据表8-1中给出的任务和中断,按下述步骤操作可知系统是可调度的,如图8-6所示。

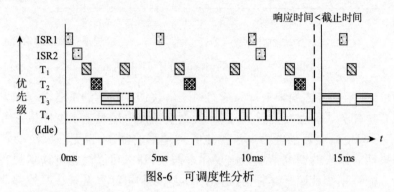

图8-6　可调度性分析

(1)排列最低优先级任务(本例为T_4)的持续时间(周期)和截止时间。

(2)画出能够抢占最低优先级任务的任务/ISR,并根据抢占情况移动低优先级任务。

(3)确定每个任务和ISR可能发生的抢占,并进行恰当移动。

(4)重复上述过程,直到最低优先级任务的持续时间结束。

(5)判断每个任务是否满足其截止时间要求。

例8-2所述的过程可采用数学方法进行处理。

【**定理8-3**】设某任务组中的任务是相互独立的、周期性的。在所有任务同时到达的最坏情形下,如果每个任务满足其第一个截止时间要求,那么所有任务的截止时间将始终得到满足。

每个任务的响应时间为

$$R_i^{n+1} = c_i + \sum_{\forall k \in \mathrm{hp}(i)} \left\lceil R_i^n / p_k \right\rceil c_k \tag{8-2}$$

式中,R为响应时间;c为最大执行时间(processing time);p为周期。

假设任务组采用固定优先级抢占式调度,任务一旦到达,立即进入"就绪"状态。任务T_i的响应时间可视为一个窗口,T_i进入"就绪"状态的时刻是窗口的开始,任务完成的时刻是窗口的结束,窗口的最大宽度是任务的最大响应时间R_i。任务T_i的R_i窗口中包括:必须完成的最大执行时间c_i,最大被抢占时间I_i,以及由任务同步(如信号量锁定)所造成的最大阻塞时间B_i。这里假设任务之间是相互独立的,因而不存在任务同步所带来的阻塞。由此可知

$$R_i = c_i + I_i \tag{8-3}$$

在上述等式中,c_i是先验的,I_i需要用公式进行计算。高优先级任务的抢占和执行必然干扰T_i的运行,由此造成的最大干扰时间就是I_i。接下来通过一个简单的

例子说明I_i的计算方法。

【例8-3】设任务组由表8-2中的3个相互独立的任务构成，T_1的优先级最高，T_3的优先级最低。试判断系统的可调度性。

表8-2 任务组

任务	c	p	d
T_1	1	50	4
T_2	2	9	6
T_3	5	20	12

解 图8-7(a)展示了任务组的关键时刻，3个任务在0时刻同时进入"就绪"状态。任务T_3被任务T_1干扰1个时钟节拍，被任务T_2干扰2个时钟节拍，在第8个时钟节拍完成，所以$R_3 = 8$。任务T_2抢占T_3不会超过1次，因为在任务T_2再次到达时T_3已经完成了（$R_3 \leqslant p_2 = 9$）。

如果任务T_1的运行需要3个时钟节拍，即增加2个时钟节拍，那么任务T_3需要更长的完成时间。在任务T_3运行到它的第5个时钟节拍时，任务T_2再次到达，抢占了任务T_3。因此任务T_2引起的最大干扰时间为4，如图8-7(b)所示。在这种情况下，任务T_3的最大响应时间是12，恰好等于它的截止时间d_3。

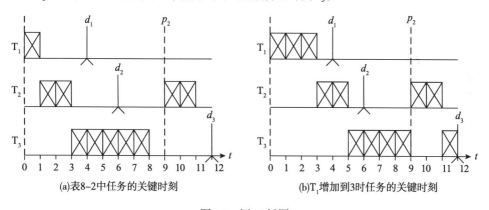

(a)表8-2中任务的关键时刻   (b)T_1增加到3时任务的关键时刻

图8-7 例8-3插图

通常由任务T_k引发的任务T_i干扰时间为nc_k。n是一个整数，使得

$$(n-1)p_k < R_i \leqslant np_k \tag{8-4}$$

对不等式进行变换，得

$$(n-1) < R_i / p_k \leqslant n \tag{8-5}$$

用$\lceil x \rceil$表示大于或者等于x的最小整数，$\lfloor x \rfloor$表示小于或等于x的最大整数。

因此

$$n = \lceil R_i / p_k \rceil \tag{8-6}$$

任务T_i的最大干扰时间为

$$I_i = \sum_{\forall k \in hp(i)} \lceil R_i / p_k \rceil c_k \tag{8-7}$$

式中，hp(i)为优先级大于任务T_i的所有任务的集合。将I_i代入式(8-3)，得

$$R_i = c_i + \sum_{\forall k \in hp(i)} \lceil R_i / p_k \rceil c_k \tag{8-8}$$

由于R_i出现在等式两边，所以需要使用迭代法来解决这个问题。设R_i^n为真实值R_i的第n次近似值。这些近似值由式(8-2)产生。

迭代始于$R_i^0 = 0$，当$R_i^{n+1} = R_i^n$时结束。很显然$R_i^{n+1} \geq R_i^n$。因此，当$R_i^{n+1} \geq d_i$或$R_i^{n+1} \geq p_i$时，迭代即可停止，此时任务T_i是不可调度的。

如果处理器利用率$\mu = \sum c_i / p_i \leq 1$，则可以保证迭代是收敛的，通过有限步就可得出结果[134]。若任务T_a的优先级高于任务T_b，则$R_b > R_a$。因此按照优先级的次序来分析任务组且设$R_b^0 = R_a$，必然会使测试评估更加迅速。

在以上的分析中，没有限制优先级分配策略，单调速率(Rate Monotonic, RM)策略和单调截止时间(Deadline Monotonic, DM)策略都可以使用。因此，上述分析对所有固定优先级抢占式调度算法都适用。

请注意，实时操作系统在进行任务之间的上下文切换时，增加了时间开销，这个开销虽然很小，但不能忽略不计，在可调度性分析中必须考虑这个因素。例如在图8-6所示的例子中，如果将上下文切换时间考虑在内，系统很可能是不可调度的。

8.2　静　态　调　度

在静态调度中，任务组的调度表是通过离线计算得出的。在调度表的生成过程中，必须把所有任务的资源、优先级和同步要求考虑进去，并且确保所有的截止时间要求。这个调度表指明了各个任务的运行起始时间，一旦生成就不再变化。在系统运行期间，任务调度器只需要根据这张表在指定的时刻启动相应的任务。

使用静态调度的前提条件是未来的服务请求时刻具有很强的规律性。外部事件的发生与否不在计算机系统的控制下，但有些事件发生后同样需要服务。通过为每类需要服务的事件选择合适的采样速率，可以预先建立这些事件的循环服务时刻。系统确认一个请求需要时间(确认延迟时间)，做出响应也需要时间(响应时

间)。在系统设计期间,必须确保最大确认延迟时间与最大响应时间之和小于指定的服务截止时间。

静态调度可以应用于单处理器系统、多处理器系统或分布式系统。在分布式系统中,既要预先规划各个节点的内部资源,也要预先安排对通信媒体的访问。在几乎所有的现实情形中,寻找分布式系统的最佳调度表属于NP-完全问题,也就是说通过计算获得最佳调度表是困难的。但是当某个解决方案满足所有的截止时间要求时,即使它不是最佳的也是充分可行的。

8.2.1 时间在静态调度中的作用

静态调度表是一个周期性的、时间触发的进度表。时间轴被分成一系列基本粒度,每个基本粒度被认为是一个基本循环时间(basic cycle time)。采用静态调度的系统只有一种中断:周期性时钟中断。每个时钟中断都是一个基本粒度的起点。在分布式系统中,这种时钟中断必须是全局同步的,同步精度要明显优于基本粒度的持续时间。

每项事物处理都是周期性的,其周期为基本粒度的整数倍,所有事物处理周期的最小公倍数称为调度表周期(schedule period)。例如,如果所有任务的周期是调和的,如周期等于2^n秒(n为正整数或负整数),那么调度表周期等于周期最长的任务所对应的周期。

在编译的时候,必须确定调度表周期中的每个点所对应的调度决策,并将其存储在操作系统的分派器表里。在运行的时候,分派器会在每个时钟中断发生后执行预先规划好的决策。

8.2.2 搜索树在静态调度中的应用

解决调度问题可以看成运用搜索策略在搜索树(search tree)里寻找路径,或者说寻找可行的调度表。

1. 搜索树

在不同节点中运行的任务,它们之间的相互制约关系可用优先顺序图描述[135]。图8-8给出了一个分布式任务组的优先顺序图实例[136],图中每个节点表示一个任务,节点A包括任务$T_0 \sim T_3$,节点B包括任务$T_4 \sim T_7$,M_1、M_2表示任务之间的报文交换。利用优先顺序图很容易得到搜索树,图8-8所示优先顺序图的简单搜索树如图8-9所示。

在搜索树中,由上到下每层对应一个时间单位,搜索树的深度与调度表的周期相对应。在搜索树的根节点上,调度表是空的。搜索是从该空调度表开始的,节点伸向外面的枝线指向该搜索点所拥有的可能选择。从根节点到第n层的某个特定节点之间的路径,记录了直到时间点n的调度决策序列。每条伸向叶节点的路径描述了一个完整的调度表。搜索的目标是找出一个完整的调度表,这个调度表遵守所有的优先和互斥约束,并且能在截止时间之前完成。从图8-9可以看出,右侧分支的总执行时间比左侧分支短。

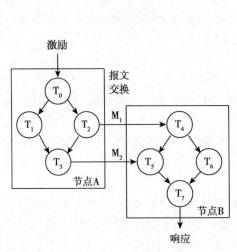

图8-8　分布式任务组的优先顺序图　　　图8-9　图8-8所示优先顺序图的搜索树

2. 搜索启发函数

为了提高搜索效率,通过某个启发函数(heuristic function)引导搜索是必要的。这样一个启发函数可以包括两个函数项:一个是直到搜索树的当前节点为止所经路径的实际开销,即调度表的当前时间点;另一个是直到目标节点为止的预估开销。最终响应时间(Time Until Response, TUR)是Fohler提出的一个启发函数[136],该函数可以估算完成优先顺序图所需要的时间。假如位于同一个节点内的多个任务竞争CPU资源使得真正的并行处理受到制约,那么优先顺序图中的当前任务与最后一个任务之间的所有任务和报文交换的最大执行时间之和,可以作为TUR的下限。如果这个必需的TUR不足以按时完成优先顺序图,那么可以删除从当前节点引出的所有分支,搜索必须原路返回。

8.2.3　静态调度表灵活性的增强方法

静态调度的缺点在于假设任务是周期性的。尽管强实时应用中的大部分任务是周期性的,但也会存在一些具有严格截止时间要求的零星服务请求(如紧急停机请求)。一般情况下,两个紧急停机之间的平均时间间隔可能很长,但仍然希望这样的请求永远不会发生。然而如果发出了紧急停机请求,则必须在很短的指定时间间隔内对其做出服务。因此增强静态调度的灵活性是十分必要的。

静态调度灵活性的增强方法有三个,分别为:将零星请求转换为周期性请求;引入周期性服务器任务;改变运行模式。

1. 将零星请求转换为周期性请求

周期性任务的未来请求时间是事先已知的,但是对于零星任务,只可能提前了解它们的最小到达时间间隔。在请求事件之前,零星任务的实际服务时刻是未知的。依靠这点有限的信息,在运行之前对零星请求进行调度非常困难。那些要求在很短时间内做出响应的零星请求,相应的服务任务不能有太大的延迟,这样的零星请求是最苛刻的。

如果零星任务是独立的,疏密度为l,那么找出调度问题的解决方案是可能的。解决方案之一是用伪周期性任务T'代替零星任务T[133]。在该方案中,T'的参数源自于T,参数对应关系见表8-3。

表8-3　伪周期性任务与零星任务的参数对应关系

参数	零星任务	伪周期性任务
运算时间	c	$c'=c$
截止时间间隔	d	$d'=c$
周期	p	$p'=\min(l-1, p)$

经过这种转换后,如果伪周期性任务是可调度的,那么零星任务总是满足其截止时间要求。伪周期性任务可以静态调度。延迟时间较短的零星任务可能很少请求服务,但是为了满足其截止时间要求,它将一直占用很大一部分处理资源。

2. 引入周期性服务器任务

到达时间间隔(周期)较长但延迟较短的伪周期性任务占用大量的资源,为了减少这种需求,Sprunt等提出用周期性服务器任务处理零星请求服务[137]。每当一个零星请求在服务器任务的周期内到达时,该请求会以服务器任务的高优先级获得服务。假如零星请求的服务耗尽了服务器的执行时间,那么在该服务器周期之后,服务器的执行时间将得到补充。服务器任务一直保持其执行时间,直到零星请求需要该执行时间为止。在响应零星请求事件时,服务器任务被动态调度。

3. 改变运行模式

大部分实时应用包括若干不同的运行模式。以飞机上的飞行控制系统为例,当飞机在地面上滑行时,飞行控制系统需要一组与空中飞行不同的服务。若仅调度那些指定运行模式所需要的任务,则可以更好地利用资源。系统退出一种运行模式,然后进入另一种模式,调度表必须做出相应的改变。

在系统设计期间,必须找出所有可能的运行模式和应急模式,为每种模式离线计算满足截止时间要求的静态调度表。通过分析模式变化,开发相应的模式变化调度表。在运行期间,每当请求模式变化时,立即激活模式变化调度表。

众多研究工作表明:在满足强实时系统的时间限制方面,最值得关注的问题是系统行为的可预测性,系统运行之前的调度通常是保证复杂系统可预测性的唯一可行的手段[138]。

8.3　动　态　调　度

20世纪70年代,人们逐渐认识到静态调度方式灵活性差且难以维护。于是开始探索新的调度方式:动态调度。在动态调度中,大部分或全部调度决策是在系统运行时由任务调度器执行某种调度算法来决定的[139],也就是说,由动态调度算法在线确定"就绪"任务组中下一个必须服务的任务。调度算法与任务模型的复杂程度和未来任务的行为密切相关,因此各种调度算法的假设是不同的[140]。这里将按任务的独立性(独立的或非独立的)分别讲述几种有代表意义的动态调度算法。

8.3.1　独立任务的调度

在利用单一CPU的系统里,对一组周期性的、相互独立的强实时任务进行调度的最佳算法是单调速率(Rate Monotonic, RM)算法、最早截止时间优先(Earliest Deadline First, EDF)算法和最小疏密度(Least Laxity, LL)算法。

1. RM算法

RM算法是以静态的任务优先级为基础的动态抢占式算法。这种算法最早是由Liu等在1973年发表的论文中提出的[141],该文不仅为固定优先级任务的抢占式调度奠定了基础,而且文中所提出的很多概念、思考方法和论证手段一直被沿用至今。

设被调度的任务组为$\{T_1, T_2, \cdots, T_n\}$, T_i是其中的任务之一, $i=1, 2, \cdots, n$, RM算法对任务组所做的假设如下。

(1)所有任务的请求都是周期性的,必须在强截止时间之前完成。

(2)任务之间都是相互独立的,任何两个任务之间不存在优先约束或互斥约束。

(3)每个任务(T_i)的截止时间间隔(d_i)等于其周期(p_i),即$d_i=p_i$。

(4)预先知道每个任务所需要的最大计算时间(c_i),且c_i恒定不变。

(5)上下文切换所需要的时间可以忽略不计。

(6)n个任务的利用系数之和(μ)满足

$$\mu = \sum_{i=1}^{n} c_i / p_i \leqslant n(2^{1/n} - 1) \tag{8-9}$$

当$n \to \infty$时,$n(2^{1/n}-1) \to \ln 2$,即利用系数之和约为0.7。

RM算法根据任务的周期分配静态优先级,周期最短的任务静态优先级最高,周期最长的任务静态优先级最低。在运行期间,分派器选择静态优先级最高的任务请求。

如果所有假设都得到满足,那么RM算法确保所有任务满足它们的截止时间要求,即任务组可调度。

对于单处理器系统,RM算法是最佳的。通过分析任务组在关键时刻(critical instant)的行为,能够证明这个算法。一个任务的关键时刻是指这个任务发出请求的一个瞬间,任务的响应时间最长。就某个任务来说,当该任务的请求和所有优先级高于它的任务的请求同时发生的瞬间,即为该任务的关键时刻。若把任务系统作为一个整体,当所有任务同时发出请求时,则必然会产生关键时刻。可以证明,从最高优先级任务开始调度,所有任务都将满足各自的截止时间要求,即便在关键时刻出现的情况下也是如此。第二阶段的证明必须表明,只要关键时刻的情形能够得到处理,任何情形都能得到处理。详细证明请参考文献[141]。

当所有任务的周期都是最高优先级任务周期的倍数时,上述假设(6)可以放宽[141]。在这种情况下,n个任务的利用系数μ为

$$\mu = \sum_{i=1}^{n} c_i / p_i \leqslant 1 \tag{8-10}$$

式(8-10)表明,在单处理器系统中,μ可以接近利用系数的理论最大值1。

RM算法开销小,灵活性好,即使系统瞬间过载,也完全可预测哪些任务错过了截止时间。缺点是处理器利用率较低(当$n \to \infty$时,不超过70%)。最近几年RM理论得到进一步发展,已经用于处理截止时间间隔不等于周期的任务组[140]。

2. EDF算法

为了提高单处理器系统的处理器利用率,Liu等在同一篇论文中还提出了EDF算法[141]。这是一个以动态优先级为基础的动态抢占式算法。EDF算法保留了RM算法的假设(1)~(5)。任务的周期无论是否为最小任务周期的倍数,处理器的利用率μ都可以达到1,即满足式(8-10)。

在重要事件发生之后,EDF算法根据任务的截止时间动态地分配优先级,任

务的截止时间越早优先级越高。也就是说,距要求时限所剩时间越短优先级越高。EDF算法的分派器运行方式与RM算法的分派器相同。

EDF算法的处理器利用率较高(最大可达100%),但在系统瞬间过载时,系统行为不可预测,可能发生多米诺骨牌现象,一个任务丢失时会引起一连串的任务接连丢失。另外,EDF算法在每个调度决策时刻都要计算任务的截止时间,并根据计算结果改变任务优先级,因此它的在线调度开销比RM算法大。

3. LL算法

LL算法是单处理器系统的另一种以动态优先级为基础的动态抢占式算法,其假设与EDF算法相同。

在任何调度决策时刻, LL算法根据任务的疏密度动态分配优先级,任务的疏密度越小优先级越高。此时,任务T_i的疏密度(l_i')等于剩余的截止时间间隔(d_i')与剩余的计算时间(c_i')之差,即

$$l_i' = d_i' - c_i' \tag{8-11}$$

LL算法的处理器利用率和在线调度开销与EDF算法基本一致。

尽管LL算法和EDF算法都能处理对方所不能应对的任务情形,它们是单处理器系统的最佳调度算法,但是在多处理器系统中,这两种算法都不是最佳调度算法。

8.3.2　非独立任务的调度

从实用角度看,研究如何调度包含优先和互斥约束的任务,远比分析独立任务模型重要。通常情况下,同时执行的任务只有通过合作才能实现系统的整体目标,因此这些任务之间一定存在信息交换和共享数据资源访问。就分布式实时系统而言,遵守给定的优先和互斥约束是常态而不是例外。

事实上寻找一组非独立任务的最佳调度表,开销巨大,常令人望而却步。解决动态调度问题和执行实时任务都需要使用计算资源,消耗在调度方面的资源越多,用于完成实际工作的资源越少。下列三种方法有摆脱这一困境的可能。

(1)提供额外的资源,以便应用更加简单的充分可调度性测试和算法。

(2)将调度问题分为两部分,一部分在编译期间离线解决,另一部分在运行期间解决。

(3)引入任务组规律性方面的限定性假设。

上述第(1)种方法缺少经济性方面的考虑,第(2)和第(3)种方法更倾向于调度问题的静态解决方案。下面将介绍一种与上述三种方法不同的动态调度方法。

设任务组是由周期性任务形成的,每个任务都拥有共享资源的独占访问权,共享资源(如共享数据结构)是通过信号量(semaphore)进行保护的,可以用来实

现任务间(inter-task)通信。当使用信号量来协调任务对共享资源的访问时,可能遇到两个同步问题:死锁和优先级倒置。Sha等提出的优先级置顶协议[142]不仅消除了任务间无相互作用的假设,而且能够有效地避免死锁和优先级倒置问题。这个协议已被多种实时操作系统采用,如OSEK OS[2]、嵌入式实时控制操作系统(Embedded Real Time Control Operating System,ERCOS)[68]等。

1. 死锁问题

当两个任务中的每个任务都在等待被对方锁定的资源(如信号量)时,可能出现两个任务都被卡住的现象,这种现象称为死锁问题。图8-10给出了一个死锁问题实例。图中任务T_2的优先级高于任务T_1,信号量S_1和信号量S_2被用于保护不同的共享资源,死锁问题的产生过程如下。

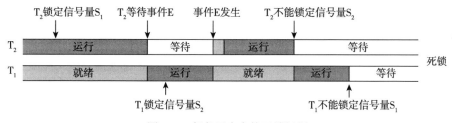

图8-10 任务同步中的死锁问题

(1)优先级较高的任务T_2正在运行,而任务T_1处于就绪状态。为了访问由信号量S_1保护的共享资源(独占访问),T_2锁定了S_1。

(2)任务T_2为了等待事件E的发生,自行转入等待状态。

(3)任务T_1得以运行,并在运行中锁定了信号量S_2(保护另外一些共享资源)。

(4)事件E发生了,由于T_2的优先级高于T_1,T_2抢占T_1,再次开始运行。

(5)假如T_2想要锁定信号量S_2必然失败,因为S_2已经被T_1锁定。

(6)T_2又进入了等待状态(直到S_2变成可锁定的),任务T_1恢复运行。

(7)任务T_1试图锁定信号量S_1,但失败了,因为S_1已经被T_2锁定。

(8)T_1也进入等待状态(直到S_1变成可锁定的)。

这个例子最终产生了这样一种情况,两个任务都需要对方释放一个信号量,因而都停留在等待状态即产生死锁。

2. 优先级倒置问题

高优先级任务的执行被一个或多个低优先级任务推迟的现象称为优先级倒置问题。图8-11描述了一个优先级倒置问题实例。图中任务T_1~T_4利用RM算法进行调度,T_1的优先级最低,T_4的优先级最高。优先级倒置问题的产生过程如下。

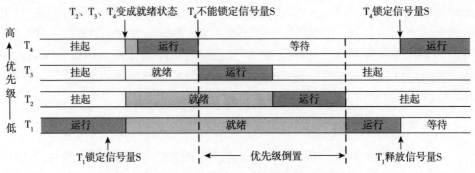

图8-11　任务同步中的优先级倒置问题

（1）在T_2、T_3和T_4挂起期间，T_1正在运行，并且锁定了信号量S（保护共享资源）。

（2）T_2、T_3和T_4被激活，进入就绪状态，准备运行。

（3）由于T_4的优先级最高，所以T_4抢占T_1获得运行权，其他任务进入就绪状态。

（4）T_4在运行期间尝试锁定信号量S，由于S已经被T_1锁定，T_4的锁定操作失败，只能进入等待状态。

（5）下一个高优先级任务T_3开始运行，直至结束。然后T_2运行至结束。之后T_1又获得运行权。

（6）T_1在运行过程中释放了S，T_4脱离等待状态，锁定信号量S并恢复运行。

在这个例子中，高优先级任务T_4为了等待T_1持有的一个信号而被低优先级任务T_2和T_3延迟。这里T_2和T_3不是利用信号量S，而是利用它们的执行时间延迟了任务T_4，造成了优先级倒置问题。

著名的优先级倒置问题实例发生在"火星探路者"上，如图8-12所示。1997年美国宇航局研制的"火星探路者"机器人成功地在火星上登陆，然而几天后探路

图8-12　火星探路者

者启动了整个系统的复位操作，导致数据丢失。喷气推进实验室（Jet Propulsion Laboratory, JPL）的研究团队经追踪后发现，问题出在优先级倒置上。在"火星探路者"上，气象线程要想发布自己的数据，首先必须获得总线的互斥量（类似于信号量），然后才能开始向总线写数据。在气象线程发布数据期间，当优先级较高的通信任务被激活时，它会抢占优先级较低的气象线程，并且运行时间较长。此时若高优先级的总线管理线程被唤醒，由于难以获得总线的互斥量，则被低优先级的气象线程阻塞。当总线管理线程没有及时完成时，计算机会发出报警并启动系统复位操作。

3. 优先级置顶协议

优先级置顶协议的核心思路为：当一个任务拥有了一个资源时,它在运行中的优先级高于可能获得该资源的其他任务的优先级。

优先级置顶协议规定：资源的置顶优先级是在系统生成期间静态确定的,处于运行状态的任务在访问某共享资源之前可以保留该资源。保留资源的任务,其优先级有效地上升到该资源的置顶优先级(至少是共享该资源的所有任务的最高优先级)。当共享资源的访问操作完成之后,资源将被释放,任务的优先级又恢复到它保留资源前的原有优先级。任何两个任务不能同时保留同一资源,正被保留的资源不会使任务进入等待状态。优先级置顶有可能延迟优先级相同的或低于资源优先级的任务,造成此问题的原因是低优先级任务占用了资源。下面用一个例子说明优先级置顶协议的运行方式。

在图8-13描述的优先级置顶协议实例中,总共包括5个任务,T_1的优先级最低,T_5的优先级最高。T_1和T_4共享资源R,保护该资源的信号量为S。系统的运行过程如下。

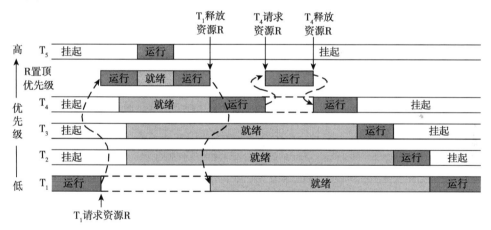

图8-13 优先级置顶协议实例

(1) T_1正在运行,T_2、T_3、T_4和T_5挂起(未在就绪状态)。

(2) T_1请求资源R,此时该资源是可用的,T_1得到资源R(即T_1锁定信号量S)。

(3) T_1的优先级"提升"到资源R的置顶优先级。在运行过程中,T_1的优先级仿佛高于T_2、T_3或T_4,但低于T_5。

(4) T_2、T_3和T_4被激活(进入就绪状态),但不能运行,因为它们的优先级低于"提升"后的T_1。

(5)在T_1以其提升后的优先级运行期间,T_5被激活。由于T_5的优先级高于资源R的置顶优先级,T_5抢占T_1并运行至结束。然后T_1恢复运行,且仍处于提升后的优先级。

（6）T_1释放资源R（即T_1解除信号量S的锁定）。

（7）T_1的优先级返回其基本优先级。此时在处于就绪状态的任务中，由于T_4的优先级最高，所以它抢占T_1并开始运行。

（8）T_4请求并得到资源R（即T_4锁定信号量S），同T_1一样T_4的优先级"提升"到资源R的置顶优先级。

（9）T_4运行一段时间后，释放资源R（即T_4解除信号量S的锁定）并返回到它的基本优先级，直至运行结束。

（10）T_3和T_2是优先级最高的任务，它们先后获得运行权。

（11）T_1恢复运行。

4. 优先级置顶协议的可调度性测试

Sha等给出了优先级置顶协议的充分可调度性测试[142]，这里将简单介绍他们得出的结论。

假设$\{T_1, T_2, \cdots, T_n\}$是一组周期性任务，任务$T_i$（$i=1,2,\cdots,n$）的周期为$p_i$，运算时间为$c_i$。用$B_i$表示任务$T_i$由更低优先级任务造成的最坏情况阻塞时间（worst case blocking time）。如果

$$\begin{cases} (c_1/p_1 + B_1/p_1) \leqslant 1 \cdot (2^{1/1} - 1) \\ (c_1/p_1 + c_2/p_2 + B_2/p_2) \leqslant 2 \cdot (2^{1/2} - 1) \\ \qquad\qquad\vdots \\ (c_1/p_1 + c_2/p_2 + \cdots + c_i/p_i + B_i/p_i) \leqslant i \cdot (2^{1/i} - 1) \\ \qquad\qquad\vdots \\ (c_1/p_1 + c_2/p_2 + \cdots + c_n/p_n + B_n/p_n) \leqslant n \cdot (2^{1/n} - 1) \end{cases} \qquad (8\text{-}12)$$

成立，那么由n个周期性任务形成的任务组$\{T_1, T_2, \cdots, T_n\}$是可调度的。

在这些不等式中，每个不等式的前i项表示更高优先级任务的抢占效应（与RM算法类似），而B_i/p_i项考虑了所有更低优先级任务引起的最坏情况阻塞时间。如果一个周期很短（即p_i很小）的任务长时间被阻塞，那么阻塞项B_i/p_i就变得很重要，它将明显地降低任务系统的CPU利用率。倘若这个充分可调度性测试失败了，那么文献[142]中还提供了更复杂的充分测试方法。优先级置顶协议是一个很好的可预测性调度协议，但它不具备确定性。

8.4　其他调度策略

在分布式实时系统中，如果调度决策是由每个节点上的本地算法做出的，那么

调度被认为是"分布式的";如果调度算法是在单个有特权的节点上执行的,那么调度称为"集中式的"。本节将简单介绍分布式系统的调度问题,并介绍一些新的调度策略。

8.4.1 分布式系统的调度问题

在控制系统中,一次实时处理(RT transaction)的最大持续时间对控制回路的死区时间(dead time)产生影响,它是一个关键的控制质量参数[143]。然而在分布式系统中,这个处理的持续时间取决于形成该处理的所有处理和通信动作的持续时间之和。在这样一个系统中,开发一个考虑了所有这些动作的整体性调度表(holistic schedule)显得很有意义。在时间触发系统中,处理动作和通信动作可以是相位匹配的(见3.3.4节),这样通信系统的发送时隙可在一个处理动作的WCET之后立即开始。

在采用单处理器的事件触发多任务系统中,如果必须考虑任务之间的优先和互斥约束,那么运用动态调度技术难以确保严格的截止时间。分布式系统的情况远比单处理器系统复杂,其还必须考虑通信媒体的非抢占式访问。目前人们正努力将RM算法扩展到分布式系统。Tindell通过对CAN总线分布式系统的理论分析,确立了周期性报文组的通信延迟上限[66]。将这些结果与本地节点的任务调度结果结合起来,可以得出分布式实时处理的WCET。棘手的问题在于如何控制处理抖动(transaction jitter)。

在事件触发的分布式系统中,实时处理的最坏情况持续时间可能极其令人失望,一些研究人员正在寻求动态的尽力而为策略(dynamic best-effort strategy),试图以调度问题的概率分析法为基础,建立该持续时间的边界。在弱实时系统(如多媒体系统)中,偶尔错过截止时间是可以容忍的,因此概率分析法得到广泛应用。然而强实时系统不宜使用这种方法,因为稀有事件难以描述。环境中的稀有事件(如雷电击中电网)将在系统中产生高度相关的输入负载(如报警雨),很难建立合适的模型。从稀有事件的定义看,不可能经常观测到这种事件,即使延长对真实系统的观测也不会得到令人信服的结果。

8.4.2 反馈调度

反馈是在工程领域建立起来的概念,实时调度中的反馈利用调度系统的实际行为信息,动态地调整调度算法,从而实现预期的行为。反馈调度首先要做的工作是建立和观测调度系统的相关性能参数(如队列的大小)。在多媒体系统中,队列的大小是在服务器进程之前形成的,为了使队列的大小维持在给定的高、低标记之间,需要一直监视队列,控制信息生产者放慢或加快速度。

在许多控制情形中,以综合方式(integrated fashion)观察调度问题和控制问题可以获得更好的整体效果。例如,根据观察到的物理过程性能,动态地调整过程的采样速率。

实时调度方面的研究成果很多,本章只简单描述了其中的部分最新成果,更多的内容请读者参考综述性文献[129]。

习　　题

1.周期性任务、零星任务和不定期任务之间的差别是什么?

2.表8-4中的周期性任务和中断是相互独立的,优先级由高到低排列。试用例8-2所描述的方法判断系统的可调度性。若将任务切换时间考虑在内,情况又会怎样?

表8-4　系统中的中断和任务表

任务/中断	周期 p/ms	计算时间 c/ms	截止时间间隔 d/ms
ISR1	5 (最小)	0.2	—
ISR2	10 (最小)	0.5	—
T_1	3	0.5	3
T_2	6	0.6	6
T_3	14	1.4	14
T_4	14	4.0	14

3.在静态调度中,时间的作用是什么?

4.某任务组包括两个相互独立的周期性任务T_1、T_2,T_1的优先级高于T_2。任务的参数为T_1:c_1=3,p_1=12,d_1=8;任务T_2:c_2=6,p_2=20,d_2=10。试运用响应时间迭代公式计算最大响应时间,并判断系统是否可调度。

5.两个任务T_1、T_2,T_2分为两部分,分别为T_{21}、T_{22},相应的参数为

T_1:c_1=2,d_1=2,p_1=5,周期性的;

T_2:c_{21}=2,c_{22}=2,d_2=10,p_2=10,周期性的;

T_{22}与T_1互斥。

试给出T_1、T_2两个非独立任务的EDF调度。

6.在LL算法中,什么情况可能导致任务切换的开销增大?

7.设一组独立的周期性任务为{T_1(5,8), T_2(2,9), T_3(4,13)},任务的截止时间间隔等于周期。[任务表示法:任务名称(CPU时间,周期)]

(1)计算这些任务的疏密度。

(2)应用必要可调度性测试,确定这个任务组在单处理器系统中是否可调度。

(3)在双处理器系统中,应用LL算法实现这个任务组的调度。

8.设一组独立的周期性任务为{$T_1(5,8)$, $T_2(1,9)$, $T_3(1,5)$},任务的截止时间间隔等于周期。[任务表示法:任务名称(CPU时间,周期)]

(1)为什么这个任务组在应用RM算法的单处理器系统中是不可调度的?

(2)在单处理器系统中,应用EDF算法实现这个任务组的调度。

9.为什么说设计一般情况下的最佳动态调度是不可能的?

10.假设图8-13所示任务组在运行过程中不使用优先级置顶协议。哪个时刻会发生死锁?通过优先级置顶协议可以解决这一死锁问题吗?确定优先级置顶协议防止任务进入关键区的时间点。

11.讨论优先级置顶协议的可调度性测试。阻塞对处理器利用率的影响是什么?

12.分布式系统的动态调度存在哪些问题?

13.讨论尽力而为分布式系统的时间性能问题。

14.什么是反馈调度?

第9章 系 统 设 计

本章首先分析一般性系统设计问题和系统设计步骤,然后讨论现有的设计形式和架构设计语言。随着实时计算机系统的应用不断发展,人们越来越关注安全关键性系统设计问题,这里将详细描述系统的安全性分析方法,令人信服的安全案例开发和这类系统的设计标准。另外,为了降低产品的全寿命周期成本,本章还专门讨论了可维护性设计问题。

为了更好地理解实时系统设计方面的概念,本章最后围绕本书所讲述的内容描述了三个实时系统研究实例SPRING、容错多机架构(Multicomputer Architecture for Fault Tolerance, MAFT)和时间触发架构(Time Triggered Architecture, TTA)。

9.1 系统设计过程

设计本质上是一种创造性人类活动,是一门辅以科学原理的艺术,因此试图建立一套完整的设计规则,开发一个全自动的设计环境都是徒劳的。设计工具可以帮助设计人员处理和表示设计信息,分析设计问题,然而设计工具永远无法取代创造性设计人员。

在设计一个合适的应用结构之前,设计人员要深入了解问题域的各个方面。在计算机系统设计中,最重要的目标是控制人工制品(artifact)的复杂性。透彻地分析需求和约束,不仅能够限制设计空间,而且能够避免探索不切实际的备选设计方案。任何一种应用结构都会限制设计空间,对实时系统性能产生负面影响,必须进行仔细评估。架构开发的核心环节与功能到节点簇的分配有关,节点应具有较高的内部凝聚力和简单的外部接口。

理论上设计过程应该由不同的阶段组成,这些阶段包括:目的分析、需求获取、架构设计、详细的节点设计与实现、节点确认、节点集成、系统确认和系统试运行。实际上对设计过程进行如此严格的顺序分解几乎是不可能的,这是因为在设计过程正常进行之前,不可能完全理解新设计中的所有问题,各个设计阶段需要频繁重复。

9.1.1 设计问题

在目的分析阶段,设计人员可以为设想的计算机系统解决方案建立组成目标,以及经济和技术方面的约束。在此阶段结束时,如果评估结果是"继续",那么接下来的工作就是组织项目团队,着手进行需求获取和架构设计阶段的工作。这三个阶段是大型系统设计的第一生命周期(first life cycle),如何进行这些阶段的工作存在两种经验性方法:完全设计(grand design)法和快速成型(rapid prototyping)法,这两种方法是对立的[8]。

(1)完全设计法

一个阶段被彻底完成并被确认之后,方可开始下一阶段的工作。完全设计法的基本原理为:在设计具体的解决方案之前,为整个问题提供详细且客观公正的(detailed and unbiased)规范。

完全设计法的难点在于缺少明确的"终止规则",大型问题的分析和理解永远不可能是完整的,开始实际设计工作之前总有一些关于需求问题的争论。此外在进行分析的同时,现实世界也在发展,原有的情形也会发生改变。"分析瘫痪"(paralysis by analysis)指的就是这个危险。

(2)快速成型法

在需求获取完成之前,开始进行解决方案关键部分的实现。快速成型法的基本原理为:通过对具体解决方案的早期探索,了解问题的空间。

在寻找具体解决方案期间所遇到的困难,引导设计者提出正确的需求问题。快速成型的困境在于特定实现的开发需要付出很大代价。一般情况下,首个原型机(prototype)只针对设计问题的有限方面,经常会被完全放弃且重新开始。

上述两种方法有理由在下述方面达成妥协:在架构设计阶段,主要设计人员应该忽略那些仅对子系统内部情况产生影响的细节问题,尽其所能,很好地理解架构属性。如果尚不清楚如何解决某个特定问题,那么应该研究最困难部分的初级原型机,并在获得了期望的见解后丢弃这个解决方案。Brooks认为设计的概念完整性源自一个大脑[144]。

1. 设计问题的棘手性

几十年前Peters在其关于设计的论文中指出[145],设计是一组棘手的(wicked)问题,即一组难办的问题,其特征如下。

(1)棘手问题是从它的环境中提炼出来的,不能用确切方式做出说明。无论何时,若将棘手问题与其环境隔离开来,则问题的特殊性就丧失了。每个棘手问题都有其独特性,不能抽象处理。

(2)在没有解决方案的情况下,难以对棘手问题做出规定。区分规范与实现并不像学术界认为的那样简单,即分清"是什么"与"怎样做"非常困难。

(3)棘手问题的解决方案没有终止规则:对于任何一个给定的解决方案,总能找到一个比它更好的。由于始终存在需求方面的争论,总能产生更好的设计。

(4)棘手问题的解决方案没有正确与错误之分,只有"更好"或者"更坏"。

(5)棘手问题的解决方案无法进行确定的测试:无论何时,解决方案顺利地通过一个测试,但仍然可能以其他方式失败。

2. 约束的作用

每个设计都嵌入在设计空间内,而设计空间受到已知和未知约束的限制。从某种意义上讲,约束是需求的反义词。通过获取约束,并将约束划分成弱(soft)约束、强(hard)约束和限定(limiting)约束来开始一个设计,这是一种很好的做法。弱约束是期望的约束,但不是强制性的。强约束是给定的强制性约束,不容忽视。限定约束是限制设计功用(utility)的约束。

例如,在盖房子时,面积的强制性建造代码是一种强约束,房间和窗户的朝向是一种弱约束,而建筑成本是一种限定约束。

约束限制了设计空间,帮助设计人员避免在给定环境中探索不切实际的设计方案。因此约束是我们的朋友,而不是我们的敌人。必须特别注意限定约束,因为这种约束有助于确定设计的价值。伴随设计工作的进展,密切监视限定约束,这是一个好的做法。

3. 系统与软件的设计问题

早期的计算机应用设计中,设计重点集中在软件功能方面,很少考虑软件计算的非功能性特性(如定时、能源效率或容错)。这导致软件设计方法集中于程序的数据转换,在时间或能源方面的考虑很少。时至今日这种软件设计方法仍然盛行。

例如,智能手机设计的一个关键约束因素是电池负载的预期寿命。设计期间只关注设计的功能特性,就会忽视这种非功能性约束。

本质上软件是描述真实或虚拟机操作的计划。计划本身(没有机器)不会有任何时间维度,不可能有状态(这取决于实时的精确概念),也没有行为。软件只有与目标机(平台)相结合才能产生行为。这就是为何在嵌入式系统的架构设计层面把节点而不是作业作为原始结构(primitive construct)的原因之一。

作业(即机器软件)行为的完整功能与时间规范比节点行为的规范要复杂得多。2.5节描述了节点的4类报文接口,作业的完整规范除了包括这些接口,还必须包括API的功能和时间特性[146]。这里API是指作业至真实或虚拟目标机的应用程序接口。如果底层机器是虚拟的,如由其他一些软件自下而上建立起来的执行环境,那么该虚拟机的时间特性取决于虚拟机监控程序

(hypervisor)的软件设计和物理机的硬件性能。但是现有的许多顺序处理器非常复杂,它们拥有多级高速缓存,能够进行推测性执行(speculative execution),即使没有虚拟机监控程序,硬件的时间性能也难以具体确定下来。

通过下列技术可以实现的一个节点的预期行为。

(1)通过设计用于可编程计算机的软件,产生一个由应用软件模块和带有中间件的本地操作系统组成的灵活节点。

(2)通过开发用于FPGA的软件,由正确互连的、高度并行的逻辑元件实现节点的功能。

(3)通过开发专用集成电路(Application Specific Integrated Circuit, ASIC),直接在硬件中实现节点的功能。

从外部来看,节点的服务必须与选用的实现技术无关。只有这样才有可能在改变节点的实现时不会在系统层面产生任何影响。然而从节点的非功能性特性角度看,节点的实现技术不同,非功能性特性差别很大。这样的非功能性特性包括能量消耗、硅片面积要求[147]、变动灵活性和非经常性开发费等。在许多应用中,最理想的做法是首先在架构层面建立一个与硬件无关的节点服务模型,将节点实现技术的详细决策推迟到后一阶段。

例如,对于面向大众市场家电产品,一种有意义的做法是:首先在CPU上用软件开发一个节点的原型机,待该产品被市场接受后,再决定将实现转移到FPGA或ASIC上。

9.1.2 系统设计步骤

系统设计是分阶段逐步完成的,尽管会有反复,但每个阶段的设计目标是明确的。

1. 目的分析

每个合理设计都是在特定目的驱动下进行的。目的将设计融入了用户期望和经济理由这个广泛的大背景下,因而目的先于需求。为什么需要一个新系统,设计的最终目标是什么,这方面的分析称为目的分析(purpose analysis)。需求获取(requirements capture)限定了分析的范围,并将设计工作指向一个特定的方向,因此目的分析必须领先于需求分析。

为了能使设计工作从正确的角度进入需求获取阶段,做出关键性目的分析是必要的。例如,购买轿车的目的是提供交通服务,而其他交通方式(如公共交通)同样存在,目的分析阶段也应该予以考虑。

每个项目都有一定的技术和经济约束,需要什么、可以做到什么,两者之间始终存在冲突。深刻理解这些技术和经济方面的约束,并形成说明文件,有助于减小设计空间,避免探索不切实际的设计方案。

2. 需求获取

需求获取阶段的重点在于,根据项目的经济合理性要求,很好地理解和掌握关键系统的功能需要和约束,并形成简明的文档。某些无关细节掩盖了问题的全貌,可能转移这个阶段的工作目标,这个现象始终存在。然而很多人觉得工作在详细指定的边缘问题(side problem)上,比一直专注于关键的系统问题(critical system issue)更加容易。正确区分边缘问题和关键系统问题十分必要,一般是由经验丰富的设计人员做出的。

每个需求必须附有验收指标,在项目结束时可以按照这个指标衡量该需求是否得到满足。如果不能为某个需求定义一个独特的验收测试,那么这个需求就不能特别重要,这是因为一个实现是否满足了这个需求可能永远无法确定下来。对于假定的需求,关键设计人员要始终持怀疑态度,因为难以通过一个合理的证据链来证实这种需求。

在需求获取阶段,表示方法标准化有利于简化设计人员和用户之间的沟通,这是极其重要的。在嵌入式系统领域,一些有代表性的标准和工具已被开发出来。最近经过扩展的统一建模语言(Unified Modeling Language, UML),已经成为一个被广泛接受的实时性需求表示标准[148]。

3. 架构设计

在完成基本需求的收集并形成文件之后,就要进入系统结构设计阶段,这是设计周期中的最关键阶段。具有稳定中间形式的复杂系统可以快速地从简单系统演变而来,而没有稳定中间形式的复杂系统则要困难一些[149]。通过稳定的小接口将稳定的中间形式封装起来,可以限制子系统之间的交互作用。在分布式实时系统中,架构设计把整个系统分解成簇、节点、节点的链接接口和节点之间的报文通信。

一般情况下,引入的结构会对设计空间形成限制,并且可能对系统性能造成负面影响。结构越严格和稳定,性能降低越显著。关键问题是要找到最合适的结构,使得结构的其他优良特性超过性能损失,结构的其他特性包括可组性、可理解性、能源效率、可维护性,以及实现容错和增加功能的方便程度等。

4. 节点设计

在架构设计阶段结束时,需求已被分配给节点,并在值域和时域内对节点的链接接口(LIF)进行了精确的规定。从现在开始,可以把设计工作细分为一组并行的设计活动,每个活动侧重于一种节点的设计、实现和测试。

架构设计阶段没有详细地设计节点与其环境(如被控对象或其他簇)之间的本

地接口,这是因为节点簇的LIF规范只需要这些本地接口的语义,而不是语法。节点的详细设计负责规定和实现这些本地接口。在某些情况下,这是一个主要活动,如具体的人机接口设计。

实现节点设计的具体步骤取决于选定的实现技术。如果节点的服务由单CPU软件(software on a CPU)实现,那么设计步骤与把ASIC作为最终结果的设计存在根本的不同。鉴于本书的重点是系统的架构设计,这里不详细讲述节点的不同实现技术。

以上内容重点讲述了架构设计,而有关确认阶段的内容将在第10章详细讨论。

9.2 系统设计形式

在这一节里,将讨论现有的多种设计形式(如模型化设计、节点化设计等)。

9.2.1 模型化设计

第2章已经强调了建模在理解现实世界真实情形中所起的作用。模型化设计的特点在于:在设计周期的早期阶段,这种设计方法为被控制对象和控制计算机系统可执行模型的开发和集成,建立一个有用的框架(framework)。

在模型化设计中,设计人员一旦完成了控制系统的目的分析,就要着手开发被控对象和控制计算机系统的可执行高层模型,以便在高度抽象的情况下研究这些模型的动态互作用。模型化设计可以分成如下四个步骤。

(1)模型化设计的步骤(1)与被控对象动态特性的辨识和数学建模有关。在可能的情况下,将被控对象模型的结果与取自实际被控对象的实验数据进行比较,以便验证被控对象模型的可信度(faithfulness)。

(2)将动态被控对象模型的数学分析用于控制算法的综合,这些控制算法要与给定被控对象模型的动态特性相适应。

(3)在仿真环境中,将可执行的被控对象模型和控制计算机模型集成在一起,验证模型之间的相互作用是否正确,探讨被控对象模型的控制算法质量。虽然这个过程常以仿真时间形式运行,但是当被控对象模型和控制计算机模型在仿真环境中进行报文交换时,报文之间的相位关系要与实际控制环境中完全一样[150],这一点十分重要。报文之间的这种准确相位关系确保仿真过程中的报文顺序与目标系统相同。

(4)控制计算机系统模型转换(可能自动地)到控制计算机的目标执行环境。

模型化设计使得研究正常工作条件下或稀有事件条件下的系统性能成为可能。在仿真过程中,假如发生了稀有事件(如系统的关键部分失效),可以通过调整控制算法,使得被控对象维持安全运行。此外,模型化设计环境可以用于自动化测试和操作员培训。例如,在飞机真实飞行期间,稀有事件难以再现,为了让飞行员熟悉发生稀有事件情况下的必要控制动作,在仿真器上进行培训是一个标准规程。

模型化设计的关键问题是确定被控对象模型和控制计算机系统模型之间的LIF规范。对于穿越LIF的报文,LIF规范必须包括这些报文的数值大小和时间大小。语义接口模型应当以可执行的格式来表达,这样做既有利于以较高的抽象水平进行整个控制系统的仿真,也支持目标控制系统代码的自动生成。目前广泛应用于模型化设计的工具环境是MATLAB设计环境[151]。

9.2.2　节点化设计

在大多数工程领域中,大型系统是由预制的节点组合而成的,这些节点具有已知的且经过验证的属性,节点之间通过稳定的、可以理解的标准化接口相连接。节点的全局属性与系统功能有关,系统工程师不仅了解这些属性,而且知道节点接口的详细规范。在许多情况下,既不需要又不存在节点的内部设计和实现方面的知识。这样的系统构成方法有一个先决条件:经过验证的节点属性不受系统集成的影响。在为大型分布式实时系统的节点化设计选择平台时,这个要求是一个重要的制约因素。

节点化设计是中间汇合式(meet in the middle)设计方法。一方面,节点在功能和时间方面的需求由期望的应用功能自上而下导出。另一方面,可用节点在功能和时间方面的能力由节点的规范自下而上提供。在设计过程中,节点的需求和能力之间必须合理匹配。如果没有符合需求的节点,那么设计人员必须开发新节点。

节点化设计的先决条件是有一个清晰的节点概念,对于通过节点接口交付和取得的服务,这个概念支持这些服务的精确规范。在实时系统中,节点是一个软-硬件单元,其时间属性与数值属性一样重要。既然时间能力不能指定到与具体机器无关联的软件,单独考虑节点中的软件组件是不够的。具体机器的应用软件与执行环境(中间件、操作系统)之间通过API相联系,API的时间属性规范非常复杂。假如理解节点接口规范所需的脑力劳动与了解节点内部操作所需的努力处在同一数量级,节点的抽象就没有意义了。

节点的硬件是由振荡器驱动的,节点的时间能力取决于振荡器的频率。这个频率随着电压的降低而降低,降低频率有利于节省运算所需的能量[152],但却延长了运算所需的实时时间。了解时间需求和能源需求的资源调度器可使节点的时间能力与应用的时间需求相匹配,从而达到节约能源的目的。电池供电的移动设备是嵌入式系统市场的一个重要组成部分,在这类设备中,节约能源显得非常重要。

9.2.3 架构设计语言

第2章已经提到平台独立模型(PIM)用于架构层面的设计,PIM需要一个适合这个目的的表示方式(notation)。现有的表示方式有如下四种。

(1) UML-MARTE。2007年,目标管理小组(Object Management Group,OMG)利用嵌入式实时系统建模与分析(Modeling and Analysis of Real Time Embedded Systems,MARTE)文件对统一建模语言(UML)进行了扩展,以便使UML支持嵌入式实时系统在架构层面的规范、设计和分析[148]。UML-MARTE把嵌入式系统的软件和硬件建模作为目标,其核心概念以两种封装形式表达:基础封装(foundation package)和因果封装(causality package)。基础封装关注结构模型,因果封装侧重于行为的建模和时序方面。在UML-MARTE中,行为的基本单位(fundamental unit)称为动作,动作会在指定的实时时间内将一组输入转换成一组输出。行为由动作组成,通过触发来启动。UML-MARTE规范包括一个关于时间建模的特殊章节,这个章节将时间抽象划分成三种:①逻辑时间,这种时间只关心时序,不包括事件之间的时间度量(metric);②离散时间,时钟将连续的时间划分成一组有序的粒度,动作可在某个粒度内执行;③实时时间,其进展被精确模型化。有关UML-MARTE的详细描述,请参阅文献[148]。

(2) AADL。架构设计语言的另一个例子是架构分析与设计语言(Architecture Analysis and Design Language,AADL),该语言是由卡内基梅隆大学软件工程研究所研发的,2004年汽车工程师协会(Society of Automotive Engineers,SAE)将其标准化。研发AADL的目的是规定和分析大型嵌入式实时系统的架构。AADL的核心概念是组件,组件之间通过接口实现相互作用。一个AADL组件是一个增强型软件单元,对于绑定到该软件单元的机器,增强型软件单元已掌握了其特性,这样运算的定时需求和WCET可以被表达出来。AADL组件之间仅通过已定义的接口相互作用,这些接口由已声明的连接相互结合在一起。AADL支持图形用户界面,包含与组件实现和组件分组有关的语言结构。一些工具可用于从定时和可靠性角度分析一个AADL设计。AADL的详细描述请参阅文献[153]。

(3) GIOTTO。GIOTTO是一种架构层面的时间触发嵌入式系统设计语言[154]。GIOTTO提供中间抽象,允许设计工程师用时间属性注释功能性编程模块,时间属性来自控制回路的高级别稳定性分析。开发工作的最后一步是将软件模块分配到目标体系结构,其中的注释是GIOTTO编译器必须考虑的约束。

(4) System C。System C扩展了C++,使得架构设计的无缝硬件/软件协同仿真成为可能,并保证设计被逐步细化到一个硬件实现的寄存器传输级或细化到C程序[155]。System C非常适合于表示PIM层的设计功能。

9.2.4 分解测试

判断架构设计结果的质量是困难的,因为找不到一个绝对的衡量尺度。现在可用的最好方法是建立一套准则(guideline)和检查表(checklist),据此对两个备选设计方案进行比较。在项目开始时,开发一个项目专用的检查表,用于设计方案的比较,这是一种很好的做法。下面介绍的准则和检查表可以作为这样一个项目专用检查表的起点。

1. 功能的连贯性

节点的功能应该自成一体,并且具有较高的内部连贯性(internal coherence)和较低的外部接口复杂性。如果节点是一个开放式节点,即它处理来自其环境的I/O信号,那么在架构设计层次主要关心节点与簇的抽象报文接口(LIF),而不是节点与环境的本地接口。下述问题有助于确定节点的功能连贯性(functional coherence)和接口复杂性。

(1)节点是否实现了自成一体的功能?

(2)是否很好地定义了节点的基态?

(3)任何失效产生后,提供单级错误恢复(即重启整个节点)是否足够了?多级错误恢复是功能连贯性弱的表现。

(4)有控制信号穿越报文接口吗?或者说节点与其环境的接口是一个严格的数据共享接口吗?严格的数据共享接口相对简单,应该优先考虑。只要有可能,应尽量保证正在设计的子系统的时间控制。

(5)跨越报文接口传递的不同数据元素有多少?这些数据元素是节点接口模型的一部分吗?定时需求是什么?

(6)有跨越报文接口传递的相敏数据元素吗?

2. 设计的可测试性

既然每个节点的功能自成一体,一定可以对节点进行单独测试。下面的问题有助于评估节点的可测试性。

(1)是否准确地规定了报文接口的时间属性和数值属性?

(2)是否可以观测无探测器效应(见10.1节)节点的所有I/O报文和基态?

(3)可以从外部设置节点的基态吗?若可以,则有利于减少测试序列的数量。

(4)节点软件是确定性的吗?对于同样的输入,复制确定性软件总是产生相同的结果。

(5)测试节点容错机制的步骤是什么?

(6)可以在节点内实施有效的内部自测吗?

3. 设计的可依赖性

下述问题检查表与设计的可依赖性有关。

(1)节点的最坏恶性失效对簇内其余部分的影响是什么？如何检测？这个失效如何影响最低性能指标？

(2)怎样保护簇内其余部分免受故障节点的影响？

(3)万一通信系统完全失效,使节点维持在安全状态的本地控制策略是什么？

(4)簇内其他节点检测一个失效节点,占用的时间有多长？简短的错误检测执行时间可以大幅度简化错误处理。

(5)节点的失效重启时间有多长？重点放在单一故障的快速恢复上。两个或者多个故障的情况比较复杂且难以处理,恢复的复杂程度如何？

(6)正常操作功能和安全功能是在不同节点上实现的吗？如果答案是肯定的,那么它们处在不同的故障抑制单元(FCU)里。

(7) 对于预期的变动需求,报文接口如何保持稳定？节点变动的可能性及其对簇内其余部分的影响是什么？

4. 设计的物理特性

物理安装不慎很可能引入共模失效。下列问题有助于检查这种可能性。

(1)是否规定了可替换单元的机械接口？可替换单元的机械外形和检定的外形一致吗？

(2)容错单元(FTU)中的各个FCU安装在不同的物理位置吗？如果是,那么空间接近故障(如水、电磁干扰、意外的机械损坏)不会破坏一个以上的FCU。

(3)布线要求是什么？经由电缆的电磁干扰或不良接头可能引起瞬间故障,这些故障会产生什么后果？

(4)节点的环境条件(温度、冲击和灰尘)是什么？它们与节点的规范一致吗？

另外,在移动设备的设计中,必须考虑能耗与功率等非功能性参数。采用电池供电的设备,其能耗预算是必不可少的。而功率控制有助于降低硅片温度,从而减小设备的失效率。

9.2.5 典型开发流程

经过多年的探索,在车载网络系统设计方面,业界普遍采用"V"模式开发流程,如图9-1所示。该开发流程可在很大程度上减少反复过程,缩短开发周期以节省成本。目前,"V"模式开发流程除了应用于汽车的电子控制单元(ECU)开发,也成功应用于航空、国防、"白色"家电、医疗设备和工业过程控制等领域。

图9-1　车载网络系统"V"模式开发流程

（1）总体规划，网络设计。根据整车网络的任务要求，设计整车的总线网络形式和ECU节点组成，界定ECU节点的功能任务。与此同时，对整车的信息流进行统一规划，并形成各个ECU节点的信息交换接口规范，从而限制ECU节点设计。

（2）网络仿真验证。根据整车的信息流规划和节点的信息交换接口，在计算机软件环境下建立整车网络通信仿真模型，以帮助设计者事先就对系统响应、延迟、负载等情况进行快速评估，验证总体设计规划的正确性和有效性。

（3）ECU开发，实现。根据总体规划对各个ECU节点所做的功能定义和外部信息交换接口规范，开发ECU节点的硬件和软件。

（4）单ECU节点测试。每个开发完成的ECU都要连接至先前建立的仿真验证模型，并测试该ECU在各种工况下的功能和稳定性。这是一个闭环的测试系统：可重复进行动态仿真；可在实验室里仿真各种状况，不需要真实的环境测试组件，节约测试成本；可模拟极限工况进行临界条件测试，如发动机的水温和油温、ABS实验的车速和道路附着系数等，没有实际风险；可通过软件(模型)、硬件(故障输入模块)来模拟断路、对地短接、ECU引脚间短接等错误，以及传感器、执行器出错情况。

（5）集成，测试。在完成单ECU节点测试后，要将所有开发出来的ECU节点实物集成在一起，形成实物网络，并进行台架实验。通过台架实验后，再装配到实车进行道路实验，直至最后生产出厂。

事实上，由于汽车行业的典型研制分工是"零部件供应商+整车制造商"模式，所以"V"模式的车载网络系统开发流程也被分成两级：网络级和节点级。

（1）网络级。首先，由整车制造商或总体设计单位完成分布式总线系统的网络规范，设计通信调度表，经过仿真验证后，以网络描述文件形式分发给零部件供应商或分系统设计单位。然后，由零部件供应商或分系统设计单位完成单个ECU的软、硬件开发和功能验证。最后，由整车制造商或总体设计单位实现总线网络的集成，并对功能、通信规范和物理层进行全面测试。

（2）节点级。由零部件供应商或分系统设计单位开发并实现网络中的ECU，即根据总线通信调度表实现带总线接口的ECU软、硬件，其中，ECU软件主要包括开发控制算法和通信协议栈代码。零部件供应商或分系统设计单位还要负责对开发出来的ECU进行测试。

9.3 安全关键性系统设计

嵌入式系统在经济和技术方面取得的巨大成功,导致许多应用增加了计算机系统的部署,甚至在计算机失效可能导致严重后果的领域也是如此。当计算机系统失效可能产生灾难性后果(如生命损失、财产损坏或灾难性环境破坏等)时,计算机系统变成了安全关键性(或强实时)系统。安全关键性嵌入式系统的例子很多,如飞机的飞行控制系统、汽车电子稳定程序、火车控制系统、核反应堆控制系统、医用心脏起搏器、电力电网控制系统和与人类互动的机器人控制系统等。

本节将讲述安全性的定义和一些与安全性分析相关的概念,并描述安全关键性系统设计必须遵循的标准(如用于电气和电子设备的IEC 61508、用于机载设备软件的RTCA/DO-178B)。

9.3.1 安全性的定义

系统的关键失效模式是指能够导致灾难性后果的失效模式,这里把一个系统在给定时间范围内没有出现关键失效模式的概率定义为安全性。与安全关键性运行有关的平均失效时间(MTTF)为10^9h[79],但VLSI组件的硬件可靠性小于10^9h。与安全有关的设计必须立足于通过冗余技术实现硬件故障屏蔽。仅通过测试手段建立安全关键性应用设计所需的信任是不可能的,测试手段只能保证在10^4~10^5h数量级的MTTF是可信的[156]。只有利用子系统的实验失效率和系统的冗余结构开发正式的可靠性模型,才能建立所需的安全水平。

1. 混合临界架构

安全是一个系统属性,系统的整体设计决定了哪些子系统是安全相关的,哪些子系统可能会失效,哪些子系统没有任何严重后果。以前许多安全关键性功能是在专用硬件上实现的,这种硬件与系统的其余部分是物理上分离的。在此情况下,说服认证机构比较容易,因为设计禁止了安全关键性和非关键性系统功能的意外干扰。然而随着相互作用的安全关键性功能数量不断增长,通信资源和计算资源的共享成为必然,这就需要应用混合临界架构(mixed criticality architecture)。在这种架构中,临界状态不同的应用可共处于单一集成架构,架构的机制排除了这些应用在值域和时域中产生意外干扰的可能性。

2. 故障安全与故障运行

1)故障安全

1.5节已经给出了故障安全系统的定义,在故障安全系统出现失效的情况下,应用可以转入安全状态。目前大部分与安全相关的工业系统都属于这一类。例如，机器人在停止移动时处于安全状态。若机器人控制系统产生了正确结果或根本没有结果，则该系统是安全的。因此从安全角度看，机器人控制系统要有较高的错误检测覆盖率。

当具有性能优化能力的计算机控制系统失效时，许多实际应用采用机械或液压控制系统使应用保持在安全状态。在这种情况下，一旦检测发现计算机系统失效立即抑制其输出，这样做就足够了。例如，汽车的ABS根据路面状况优化制动动作。当ABS失效时，传统的液压制动系统仍然可以使汽车安全停车。

2）故障运行

在某些与安全相关的嵌入式应用中，物理系统为了保持一个安全状态，需要进行连续的计算机控制。完全失去计算机控制可能会导致物理系统的灾难性事故。在这种应用中，即使计算机系统内部产生了失效，计算机也必须继续提供一个可接受的服务水平，这种应用称为故障运行。例如，现在的飞机上并不安装计算机飞行控制系统的机械或液压系统备份，因此飞行控制系统必须是故障运行的。

为了屏蔽失效的节点，故障运行系统需要实施主动冗余。在不远的将来，故障运行系统的数量会逐渐增加，主要原因如下。

（1）提供基于不同技术的两个子系统（一个实现基本安全功能的机械或液压备份子系统，以及一个用于过程优化的复杂计算机控制系统），其成本令人望而却步。然而，航空航天业已经表明通过容错计算机系统满足具有挑战性的安全要求是可能的。

（2）如果计算机控制系统与基本机械安全系统在功能方面的差距进一步增加，并且计算机控制系统在大部分时间里是可用的，那么操作员可以没有任何与基本机械安全系统有关的安全控制经验。

（3）在一些先进工艺中，要想实现工艺过程的安全运行，基于计算机的非线性控制策略是必不可少的。简单的安全系统难以实施这种策略。

（4）计算机系统的硬件成本不断降低，这使得故障运行（容错）系统不再需要昂贵的呼叫维修（on-call maintenance），越来越具有竞争力。

9.3.2　安全性分析

计算机失效会造成事故，在安全关键性系统投入运行之前，必须仔细分析该系统的架构，以便减少这种事故发生的概率。

损害是事故造成损失的一种特有度量方法，如死亡、疾病、伤害、财产损失和环境破坏等。危险是指可能引起事故的不良条件，或者说，危险是在给定的环境触发条件下可能导致事故的状态。危险通常用严重性和可能性来描述。严重性源自事故的潜在损害,按等级来分类,危险严重性与危险可能性之积称为风险。安全性分析和安全工程的目标在于识别危险,提出消除或减少危险的措施或者减小危险变为灾难的可能性,即风险最小化[4]。源自特定危险的风险应被减至合理可行的低水平,这是一个相当不准确的表述,必须用良好的工程判断进行阐明。将风险减小到一个可接受程度的动作称为安全性功能,功能安全(functional safety)包括安全性功能的分析、设计和实现,其国际标准为IEC 61508。

例如,风险最小化技术之一是应用独立的安全监视器,这种监视器既能检测被控对象的危险状态,又能强制被控对象进入安全状态。

在9.4节里将详细描述两种常用的安全性分析方法:故障树分析和失效模式及影响分析。

9.3.3 安全案例

安全案例(safety case)是一组详细记录下来的可靠理由,设计的安全性分析和实验证据提供对这些理由的支持。建立安全案例的目的是让独立的认证机构确信被考虑的系统可以安全地进行部署。然而,安全关键性计算机系统的恰当案例应该包括哪些内容,至今还是一个颇具争议的课题。

1. 安全案例概要

安全案例必须表明为何故障导致灾难性破坏的可能性极小。安全案例中包含的理由会对项目后期阶段的设计决策产生重大影响,在项目的早期阶段就应有安全案例要点方面的规划。

在系统运行过程中,设想中的危险和故障可能会出现,并产生灾难性的后果(如危害人类、经济损失或严重的环境破坏等),因此这些危险和故障的严谨分析是安全案例的核心部分。安全案例必须表明系统已经采取了足够的预防措施(工程和程序上),可将风险降低到社会可以接受的程度,另外,安全案例还要指明排除其他可行措施的原因(如经济或程序方面的原因)。

随着项目的进展,证据被逐渐积累起来,其中包括管理证据、设计证据、测试和运行证据。管理证据确保系统遵守所有规定的程序,设计证据表明系统遵循既定的过程模型,测试和运行证据是在目标系统或类似系统的测试和运行过程中收集的。因此安全案例是一份不断更新的文档。

为了说服认证机构系统可以实现安全部署,安全案例必须把来源不同的证据结合起来。关于安全案例中呈现的证据,人们普遍认识到以下几点。

(1)确定性证据优于随机性证据。

(2)定量证据优于定性证据。

(3)直接证据优于间接证据。

(4)产品证据优于过程证据。

造成计算机系统失效的原因,既可能来自外部,也可能来自内部。外部原因与运行环境(如机械应力、外部磁场、温度、不正确的输入)和系统规范有关。内部原因主要有两个。

(1)随机物理故障导致计算机硬件失效。5.4节列举了许多如何利用冗余来检测和处理随机硬件故障的技术。这些容错机制的有效性是安全案例的一部分,需要给出证明。例如通过故障注入进行验证(见10.4节)。

(2)软件和硬件存在设计缺陷。设计缺陷的消除和设计的确认是科学与工程界的难题。一个计算机系统是否满足超高(ultra-high)可依赖性要求,没有哪种确认技术可以单独提供一切所需的证据。

标准的容错技术可以屏蔽随机硬件失效造成的后果,这是众所周知的,但是至今也没有用于减轻软件或硬件设计错误的标准技术。

2. 架构的特性

整个系统不存在可能导致灾难性失效的单个故障,这是安全关键性应用的一个共同要求。这意味着对于故障安全应用,必须在较短的延迟时间内检测发现计算机的每个关键性错误,以便在错误结果影响系统行为之前强迫应用进入安全状态。在故障运行应用中,必须提供安全的系统服务,即使某个部件已经发生了一个故障,也要提供这种服务。

1)故障抑制区

在架构层面,必须证明每个单独的故障只影响一个已定义的故障抑制区,并且可在这个故障抑制区的边界上检测发现该故障。因此把系统分割成独立的故障抑制区非常重要。

实践表明许多设计敏感点可能导致分布式系统中的节点产生共模失效。

(1)单一时间源(如中央时钟)。

(2)混串音节点。在拥有共享资源的通信系统(如总线系统)中,这种节点干扰正确节点之间的通信。

(3)电源或接地系统的单一故障。

(4)单一设计错误。当所有节点使用相同的硬件或系统软件时,这种错误会被复制。

【例9-1】在图9-2所示的架构中,复制总线上连接了四个节点,每个节点包括主机、通信控制器(CC),以及主机与CC之间的通信网络接口(CNI)。假设CC分别采用事件触发协议、ARINC 629协议和时间触发协议,试分析三种情况下系统的单一故障抑制能力。

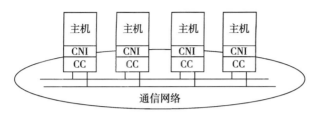

图9-2 实时通信系统

解 CC执行事件触发协议,一个发生故障的主机通过在任意时刻向两路总线发送高优先级的事件报文,能够破坏所有正常节点的通信。CC执行ARINC 629协议,该协议拥有检测发现这种不正常主机行为的足够信息。然而,如果ARINC 629通信控制器本身发生故障,并产生混串音报文,那么正常节点之间的通信仍然会被干扰。CC执行时间触发协议,独立的总线监控器(Bus Guardian, BG)能够检测发现控制器的混串音故障,防止通信干扰。

2)设计缺陷

辅之以检查和设计评审的规范化软件开发过程能够减少开发初期阶段引入软件的设计缺陷[157]。在超高依赖性区域,从测试中获得的实验证据不能表明软件的安全性,鉴于系统被分割成自主的错误抑制区,只有将这些证据与分割系统的结构参数相结合才能得到切实可行的结论。为了进一步增加可信性,可以出示关键特性的正式分析结果,以及前几代类似系统在可依赖性方面的经验。将关键组件的现场失效率实验数据作为架构可靠性模型的输入,可以证明系统能否以要求的概率屏蔽随机组件失效。最后强调一点,在降低共模设计失效的概率方面,机制多样化能够发挥重要作用。

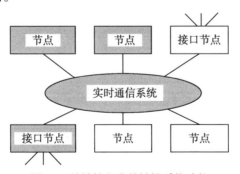

图9-3 关键性和非关键性系统功能

3)安全性分组

分组是架构的另一个重要特性,它能帮助我们设计有说服力的安全案例。假设一个分布式系统的节点分成两组:一组节点涉及安全关键性功能的实现,另一组节点不涉及这种功能。如图9-3所示,带阴影的节点支持关键性功能,无阴影节点支持非关键性功能。在架构层面上,对于任何一个不涉及安全关键性功能的节点,如果能够证明其任何错误都不影响安全关键性功能节点的正常运行,那么在安全案例分析期间,可把不涉及安全关键性功能的节点排除。

9.3.4　安全标准

在安全关键性系统中,嵌入式计算机的应用越来越多,这促使许多领域为嵌入式系统设计制定了专用的安全标准,这已经成为一个值得关注的主题。这是因为对于跨领域的架构部署和工具运用,安全标准的不同形成了人为的障碍。一个标准化的、统一的安全关键性计算机系统设计和认证方法,有利于减轻这种顾虑。

下面两个被广泛关注的安全标准已经在与安全相关的嵌入式系统设计中获得应用。

（1）IEC 61508标准

1998年,国际电工委员会(International Electrotechnical Commission, IEC)制定了一个与安全相关的电气/电子/可编程电子(E/E/PE)系统设计标准,简称为IEC 61508功能安全标准。这个标准涵盖了与软/硬件设计、控制系统和保护系统的运行相关的各个方面,适用于与安全相关的、采用计算机技术的控制系统或保护系统。其中控制系统以连续模式运行(如保持一个连续的化工过程在安全工艺参数之内的化工厂控制系统),而保护系统(如核电厂的紧急关停系统)则按需运行。

IEC 61508标准的基础是安全功能的准确规范和设计,这里所讲的安全功能要把风险降低到一个合理可行的低水平[84],并在一个独立的安全通道内实施。在已定义的系统边界之内,安全功能被指定了安全完整性等级(Safety Integrity Level, SIL)。保护系统的安全完整性等级取决于每个需求的平均失效容忍率,而控制系统的安全完整性等级取决于每小时的平均失效容忍率,如表9-1所示。

表9-1　安全功能的安全完整性等级

安全完整性等级	每个需求的平均失效容忍率	每小时的平均失效容忍率
SIL 4	$[10^{-5}, 10^{-4})$	$[10^{-9}, 10^{-8})$
SIL 3	$[10^{-4}, 10^{-3})$	$[10^{-8}, 10^{-7})$
SIL 2	$[10^{-3}, 10^{-2})$	$[10^{-7}, 10^{-6})$
SIL 1	$[10^{-2}, 10^{-1})$	$[10^{-6}, 10^{-5})$

IEC 61508标准针对硬件的随机物理故障、硬/软件的设计缺陷和分布式系统的通信失效,而IEC 61508-2涉及容错对安全功能可依赖性的贡献。为了降低硬/软件出现设计缺陷的概率,标准建议系统设计遵循规范化的(disciplined)软件

开发过程,不违背各种机制的规定,这些机制可在系统运行期间减轻残留设计缺陷带来的后果。有趣的是在安全完整性等级高于SIL 1的系统中,该标准建议不采用动态的重新配置机制。IEC 61508是多个领域的安全标准的基础,如汽车行业应用的ISO 26262标准、机械和非高速公路行业的EN ISO 13849标准和医疗设备的IEC60601和IEC 62304标准。

例如,根据ISO 26262汽车电子执行器踏板的安全完整性等级被指定到两个任务:功能任务和监视任务。如果经过认证的监视任务独立于功能任务,既能检测发现不安全状态,又能保证使系统进入安全状态,那么不必对功能任务进行认证[158]。

(2) RTCA/DO-178B和RTCA/DO-254

在过去的几十年里,与安全相关的计算机系统已被广泛应用于航空工业,从中积累了大量的设计和运行经验。文件RTCA/DO-178B(机载系统和设备认证的软件注意事项[86])及其相关文件RTCA/DO-254(机载电子硬件的设计保障指南[159])包含的标准和建议,可以用于机载安全关键性计算机系统的软/硬件设计和验证。这些文件是由主要航天公司、航空公司和监管机构的代表组成的委员会提出的,因此在合理和实用的安全系统研制方法方面,它们代表了国际上的一致看法。一些重大项目已经使用了本标准,并取得了丰富的经验,如RTCA/DO-178B在波音777及其后续各种飞机上的应用。

RTCA/DO-178B的基本思想是将设计分成规划和执行两个阶段,规划阶段定义安全案例的结构,项目执行中必须遵循的规程和生成的文档;执行阶段检查项目的执行是否准确地遵守规划阶段建立的所有规程。软件的关键性源自软件的相关功能,这些功能是在安全分析期间确定下来的,分类方法如表9-2所示。软件开发过程的严谨程度随着软件关键性等级的增加而增加。该标准所包含的表格和核对清单建议了开发特定关键性等级的软件时所必须遵循的方法(如设计、验证、建档和项目管理方法)。在关键性等级较高时,检查过程(inspection procedure)必须由独立于开发小组的个人来实施。对于最高的关键性等级(A级),建议使用正式方法(formal method),但不是必须的。

表9-2 适航功能的关键性等级

关键性	功能失效
A级	导致飞机产生灾难性失效的条件
B级	导致飞机产生危险/严重性失效的条件
C级	导致飞机产生重要失效的条件
D级	导致飞机产生次要失效的条件
E级	对飞机运行能力或飞行员工作负荷无影响

当涉及设计缺陷的消除时，IEC 61508标准和RTCA/DO-178B标准要求有一个严格的软件开发过程，希望根据这样一个过程开发的软件不会存在设计缺陷。从认证的角度看，软件产品的评估比开发过程的评估更具吸引力，但是我们必须认识到通过测试来验证软件产品存在根本性限制[156]。

近日公布的新标准RTCA/DO-297（综合模块化航空电子设备开发指南和认证注意事项）着重强调了设计方法和架构的作用，以及分割方法在商用飞机现代化综合航电系统认证中的作用。该标准还考虑了时间触发分割机制在安全相关分布式系统设计中的贡献。

9.4　系统安全性分析方法

在大型安全关键性系统设计中，用于降低事故发生概率的安全性分析方法有两种，分别是故障树分析(Fault Tree Analysis, FTA)、失效模式及影响分析(Failure Mode and Effect Analysis, FMEA)。本节最后探讨了可依赖性的模型化问题。

9.4.1　故障树分析法

事故是特殊形式的系统失效，而这种系统失效的起因是组件失效，可能导致系统失效的组件一般不止一个，而是一个由这类组件构成的组件组合。故障树提供了一种深入理解这种组合的图形化方法。故障树分析法是20世纪60年代发展起来的，其已经成为识别危险、增加复杂系统安全性的主要方法之一[160]。这种方法以故障树表示系统失效与产生原因之间的关系，通过计算寻找系统发生失效和不发生失效的各种途径，利用概率论方法计算系统出现失效的概率，评价引发系统失效的各种因素的重要程度。

故障树分析方法的优点在于，它不仅考虑了系统的硬件故障，而且考虑了软件差错、环境影响和人为失误等因素。

1. 故障树的建立

故障树分析法的关键在于建立故障树，故障树的完善程度直接影响到定性分析和定量分析的准确性。在建树的过程中应广泛吸取、掌握设计和应用等方面的知识和经验，对系统进行仔细、透彻、反复分析，把握系统的内在联系，弄清各种潜在因素对故障产生影响的途径和程度，使建立的故障树尽可能完善。

目前还没有一种统一的建树方法，常用的方法是演绎法。该方法首先选定系统中不希望出现的故障状态作为分析的目标(顶事件)，然后找出可能导致顶事件发生的全部因素(中间事件)，接着找出造成中间事件发生的全部因素，循此方式逐级向下演绎，直至找到引起系统发生故障的全部原因(底事件)，即分析到不需要继续查找原因的底事件为止,最后把各级事件用相应的事件符号和适合于它们之间逻辑关系的逻辑门(见附录B)与顶事件相连接,就建成了一棵以顶事件为根、中间事件为节、底事件为叶的具有若干级的倒置故障树。

清晰的故障树能够显示系统故障的内在联系,反映零部件故障与系统之间的逻辑关系,便于围绕某些特定的故障树状态进行层层深入的分析。因此在建树时应遵循以下建树规则。

(1)建树前应对所分析系统有深刻了解,广泛收集系统的运行流程图、设备技术规范等描述系统的技术文件和资料,并进行深入细致的分析和研究。

(2)精确定义故障事件,指明故障是什么,在何种条件下发生。应有唯一解,切忌模棱两可和含糊不清。

(3)选好顶事件。选择的顶事件必须是能进一步分解的,即可以找出导致其发生的次级事件,并且能够用数值度量,否则就有可能无法对事件进行分析和计算。

(4)合理确定系统的边界条件,其中包括顶事件、初始条件、不许可事件和一些必要的假设。不考虑人为失误等均可作为系统的边界条件。有了边界条件才能明确故障树建到何处为止。

(5)分清系统内各事件之间的逻辑关系和限定条件,不能产生逻辑关系上的紊乱和限定条件之间的矛盾。

【例9-2】图9-4描述了一个直流电机电路,试建立开关闭合后电机不工作的故障树。

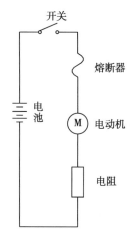

图9-4 直流电机电路

解 该故障树的建立可分四步完成。

(1)确定系统的顶事件(不期望事件),即开关闭合后,电机不工作。

(2)进一步确定导致电机不工作的原因。造成这种情况的原因可能是:①电机本身有内部故障(底事件)。②电机没有任何电流。这个故障事件可以进一步展开,以确定没有电流的原因。

没有电流的原因可能包括以下几点:①开关可能处于开路状态;②连接线路可能断路(底事件);③电路电流过大,熔断器处于开路失效模式;④电池可能失效(底事件)。

(3)确定连接上述事件的逻辑关系,这里用或门连接上述事件。

(4)确定是否有原因需要进一步展开。例如,造成熔断器失效的原因是主熔断器故障,并且辅助熔断器因为电路过载而失效。辅助熔断器失效可以进一步展开,可能的原因包括导线短路或电源供给电机的电压瞬时很高(浪涌)。

开关闭合后电机不工作的故障树如图9-5所示。值得注意的是,由于缺少有关信息,"开关未合"这个事件未进一步展开。

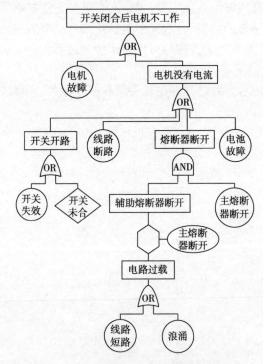

图9-5　开关闭合后电机不工作的故障树

现实系统错综复杂,按上面方法建立起来的故障树也大不相同。为了能用标准程序对各种不同的故障树进行统一的描述和分析,必须把建好的故障树变为规范化故障树,并尽可能对故障树进行简化和模块分解[161]。故障树的简化和模块分解并不是故障树分析的必要步骤,对故障树不进行简化和模块分解,或简化和模块分解不完全,并不会影响以后定量和定性分析的结果,然而对故障树尽可能简化和模块分解是减小故障树的规模,从而减少分析工作量的有效措施。

故障树规范化的基本规则是将特殊逻辑门等效变换为"与门(AND)"和"或门(OR)"的组合;故障树的简化包括:用相同转移符号表示相同子树,以及按照集合(事件)运算规则去掉明显的逻辑多余事件和明显的逻辑多余门;故障树的模块分解是把总一起出现在同类型门下的多个事件组合成一个复杂事件,即构成可单独进行定性和定量分析的模块子树,也可将子树看成虚设底事件。

2. 故障树的结构函数

故障树表示顶事件与全部底事件之间的逻辑关系,可以用结构函数作为数学工具建立故障树的数学表达式,以便对故障进行定性和定量分析。为了简化起见,假设所分析的零部件和系统只能取两种状态,即正常或故障。

设X_i为描述底事件的布尔变量,$i=1,2,\cdots,n$,n为故障树底事件数目;Y为描述顶事件的布尔变量。很显然顶事件状态必然是底事件状态的函数,有

$$Y = \Phi\left(X_1, X_2, \cdots, X_n\right) = \begin{cases} 1, & \text{当顶事件发生时(即系统故障)} \\ 0, & \text{当顶事件不发生时(即系统正常)} \end{cases} \quad (9\text{-}1)$$

$$X_i = \begin{cases} 1, & \text{当底事件发生时(即子部件故障)} \\ 0, & \text{当底事件不发生时(即子部件正常)} \end{cases} \quad (9\text{-}2)$$

一般$\Phi(X_1, X_2, \cdots, X_n)$称为故障树的结构函数,它是表达系统状态的一种逻辑函数,其自变量为该系统各组成单元的状态。

由m个输入事件组成的"与门",其结构函数为

$$\Phi(X_1, X_2, \cdots, X_m) = X_1 \cdot X_2 \cdot \cdots \cdot X_m \quad (9\text{-}3)$$

而由m个输入事件组成的"或门",其结构函数为

$$\Phi(X_1, X_2, \cdots, X_m) = X_1 + X_2 + \cdots + X_n \quad (9\text{-}4)$$

3. 故障树的定量分析

对于给定的故障树,若已知其结构函数和底事件,则从理论上讲,应用容斥原理对底事件进行积与和的概率计算可以定量地评定故障树顶事件发生的概率。

设输入事件为$X_1, X_2, \cdots, X_n$,这些事件的"与"或"或"所形成的输出事件用Y表示,Y发生的概率为

(1)"与门"的概率为

$$P(Y) = P(X_1) \cdot P(X_2 \mid X_1) \cdot P(X_3 \mid X_1 X_2) \cdots P(X_n \mid X_1 X_2 \cdots X_{n-1}) \quad (9\text{-}5)$$

式中,$P(X_2|X_1)$表示在X_1已经发生的情况下,X_2发生的概率;$P(X_3|X_1X_2)$表示在

X_1和X_2已经发生的情况下,X_3发生的概率;……。显然,当n个输入事件相互排斥时,有

$$P(Y) = 0 \tag{9-6}$$

当n个输入事件相互独立时,则有

$$P(Y) = P(X_1) \cdot P(X_2) \cdot P(X_3) \cdots P(X_n) \tag{9-7}$$

(2)"或门"的概率为

$$P(Y) = P(X_1) + P(X_2 \mid \bar{X}_1) + P(X_3 \mid \bar{X}_1 \bar{X}_2) + \cdots + P(X_n \mid \bar{X}_1 \bar{X}_2 \cdots \bar{X}_{n-1}) \tag{9-8}$$

式中,$P(X_2 \mid \bar{X}_1)$表示在X_1未发生的情况下,X_2发生的概率;$P(X_3 \mid \bar{X}_1 \bar{X}_2)$表示在$X_1$和$X_2$未发生的情况下,$X_3$发生的概率;……。显然,当$n$个输入事件相互排斥时,有

$$P(Y) = P(X_1) + P(X_2) + \cdots + P(X_n) = \sum_{i=1}^{n} P(X_i) \tag{9-9}$$

当n个输入事件相互独立时,则有

$$P(Y) = P(X_1) + P(X_2) \cdot [1 - P(X_1)] + \cdots + P(X_n) \cdot [1 - P(X_1)][1 - P(X_2)] \cdots [1 - P(X_{n-1})]$$
$$= 1 - \prod_{i=1}^{n} [1 - P(X_i)] \tag{9-10}$$

故障树的定量分析方法很多,一种简单而快捷的定量分析方法是上行法。首先找出所有基本事件的概率,然后使用这些概率找到最底层逻辑门的概率。相似地通过最底层逻辑门的概率找到下一个较高层逻辑门的概率,这个过程继续进行,直到计算出顶事件概率。

【例9-3】假定故障树如图9-6所示,顶事件为Y,四个相互独立的基本事件为X_1、X_2、X_3和X_4,这四个基本事件的概率依次为0.1、0.2、0.3和0.5。试计算顶事件发生的概率。

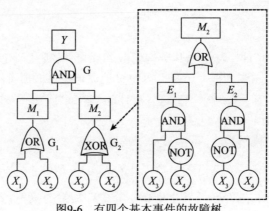

图9-6　有四个基本事件的故障树

解 已知$P(X_1)=0.1$，$P(X_2)=0.2$，$P(X_3)=0.3$，$P(X_4)=0.5$。

X_1和X_2是相互独立的，或门G_1的概率为

$$P(M_1) = 1 - \prod_{i=1}^{2}[1 - P(X_i)] = 1 - [1 - P(X_1)] \cdot [1 - P(X_2)] = 1 - (1 - 0.1) \cdot (1 - 0.2) = 0.28$$

中间事件M_2是异或门（XOR）的输出事件，按照故障树规范化的基本规则，可将异或门等效变换为图9-6所示虚线框中的"与门"和"或门"的组合。按照异或门的定义，仅当两个输入事件之一发生而另一个不发生时，输出才发生，因此E_1、E_2不会同时发生，它们是互斥的。异或门G_2的概率为

$$P(M_2) = P(X_3\bar{X}_4) + P(\bar{X}_3 X_4)$$

由于X_3和X_4是相互独立的，则

$$P(M_2) = P(X_3) \cdot P(\bar{X}_4) + P(\bar{X}_3) \cdot P(X_4) = P(X_3) \cdot [1 - P(X_4)] + [1 - P(X_3)] \cdot P(X_4)$$
$$= 0.3 \cdot (1 - 0.5) + (1 - 0.3) \cdot 0.5 = 0.5$$

顶事件门G的概率为

$$P(Y) = P(M_1) \cdot P(M_2) = 0.28 \cdot 0.5 = 0.14$$

由于上行法假设故障树的所有子树不相关，所以该方法不能计算出在重复事件存在情况下精确的顶事件概率。当重复事件存在时，可选用其他方法（如仿真法、割集法、香农展开法和分解法等[162]）进行分析。

4. 故障树的定性分析

故障树定性分析的目的在于寻找顶事件发生的原因或原因组合，既识别导致顶事件发生的所有失效模式，也弄清楚系统出现某种最不希望发生的事件有多少种可能性。它可以帮助我们判明潜在的故障，以便改进设计，也可用于指导故障诊断，改进使用和维修方案。

故障树的失效模式用最小割集表示，因而故障树定性分析的基本任务是找出故障树的所有最小割集。对于给定的故障树，由所有最小割集组成的最小割集簇是唯一确定的。

(1)割集和最小割集的定义。

设故障树中有n个底事件X_1, X_2, $\cdots$, X_n，如有一子集$C=\{X_i, \cdots, X_l\}$为某些底事件的集合，当C中的全部底事件都发生时，顶事件才发生，则C称为故障树的一个割集。若C是一个割集，而去掉其中任意一个底事件后C就不是割集了，这样的割集称为最小割集。

(2)用最小割集表示故障树的结构函数。

在故障树中只要有任何一个割集发生，顶事件就必然发生。因此可以用最小

割集通过一定的布尔函数来表示故障树的结构函数。

　　一般来说，一棵故障树中的最小割集不止一个。若一棵故障树有k个最小割集$C_1, C_2, \cdots, C_k$，只要任何一个最小割集C_j的全部底事件X_i发生，故障树的顶事件必然发生，那么最小割集C_j可以表示为

$$C_j = \prod_{X_i \in C_j} X_i \tag{9-11}$$

即将属于C_j的全部底事件用"与门"连接起来。

　　在求得全部最小割集的情况下，可将故障树的顶事件表示为

$$Y = \Phi(X) = C_1 + C_2 + \cdots + C_k = \sum_{j=1}^{k} C_j = \sum_{j=1}^{k} \prod_{X_i \in C_j} X_i \tag{9-12}$$

即以"或门"将所有最小割集连接起来，可以得到故障树的结构函数。如$\Phi(X) = X_1 X_3 + X_2 X_4$，$X_1 X_3$和$X_2 X_4$为两个最小割集。

　　寻找最小割集是非常重要的，它可使人们发现系统的最薄弱环节，以便有目标、有针对性地进行故障诊断，合理地提高系统诊断的快捷性和准确性。简单地说，故障树定性分析的目的就是求最小割集。

　　(3)最小割集求解方法。

　　求故障树割集的方法通常有两种：Fussell法和Semanderes法。

　　Fussell法是根据故障树的实际结构，自上而下进行，从顶事件开始逐级向下，顺次将逻辑门的输出事件置换为输入事件。在下行过程中，遇到"与门"，就将其输入事件都写在同一行上，即取输入事件的交(布尔积)；遇到"或门"，就将其输入事件各自排成一列，即取输入事件的并(布尔和)，以此类推，逐级往下，直到全部逻辑门被置换成底事件为止。实际上"与门"增加割集的容量，而"或门"增加割集的数目。一般情况下，这样得到的底事件集合只是割集，还必须运用布尔运算法则加以吸收、归并，最后才能得到全部最小割集。

　　Semanderes法是从故障树的底事件开始，自下而上逐步地进行事件集合运算，将"与门"的输出事件表示为输入事件的交(布尔积)，将"或门"输出事件表示为输入事件的并(布尔和)。在向上层层代入的过程中(或者最后)，利用布尔运算法则加以吸收、归并，最终将顶事件表示成底事件布尔积之和的最简式。其中每个积项对应于故障树的一个最小割集，全部积项即故障树的全部最小割集。

　　【例9-4】图9-7所示为某输变电网的规范化故障树，分别利用Fussell法和Semanderes法求解其最小割集，并给出故障树的定性分析。

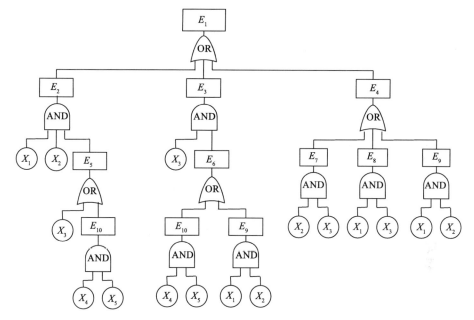

图9-7　输变电网的规范化故障树

解　（1）Fussell法的求解过程如表9-3所示。

表9-3　Fussell算法求解的最小割集表

步骤	1	2	3	4	最小割集
E_1	E_2	$X_1 X_2 E_5$	$X_1 X_2 X_3$	$X_1 X_2 X_3$	$X_3 X_4 X_5$
	E_3	$X_3 E_6$	$X_1 X_2 E_{10}$	$X_1 X_2 X_4 X_5$	$X_2 X_3$
	E_4	E_7	$X_3 E_{10}$	$X_3 X_4 X_5$	$X_1 X_3$
		E_8	$X_3 E_9$	$X_3 X_1 X_2$	$X_1 X_2$
		E_9	$X_2 X_3$	$X_2 X_3$	
			$X_1 X_3$	$X_1 X_3$	
			$X_1 X_2$	$X_1 X_2$	

故障树顶事件可表示为：$E_1 = X_3 X_4 X_5 + X_2 X_3 + X_1 X_3 + X_1 X_2$

（2）Semanderes法的求解过程如下。

① $E_{10} = X_4 X_5$；$E_9 = X_1 X_2$

② $E_8 = X_1 X_3$；$E_7 = X_2 X_3$；$E_6 = E_9 + E_{10} = X_1 X_2 + X_4 X_5$；$E_5 = X_3 + E_{10} = X_3 + X_4 X_5$

③ $E_4 = E_7 + E_8 + E_9 = X_2 X_3 + X_1 X_3 + X_1 X_2$；$E_3 = X_3 E_6 = X_3 X_1 X_2 + X_3 X_4 X_5$；
　　$E_2 = X_1 X_2 E_5 = X_1 X_2 X_3 + X_1 X_2 X_4 X_5$

④ $E_1 = E_2 + E_3 + E_4 = X_1 X_2 X_3 + X_1 X_2 X_4 X_5 + X_3 X_1 X_2 + X_3 X_4 X_5 + X_2 X_3 + X_1 X_3 + X_1 X_2$
　　$= X_3 X_4 X_5 + X_2 X_3 + X_1 X_3 + X_1 X_2$

由此可见，Fussell法和Semanderes法得到的最小割集完全一致，它们是$X_3X_4X_5$、X_2X_3、X_1X_3和X_1X_2。

以上得到的四个最小割集代表系统的四种失效模式，其中三个最小割集的阶数为2，一个最小割集的阶数为3。若现有的数据还不足以推断各个事件的故障概率值，则难以进行进一步的定量分析，此时应进行以下定性比较。

从最小割集的重要性来看，三个2阶最小割集的重要性较大，一个3阶最小割集的重要性较小。从事件重要性角度看，X_3最重要，因为X_3在三个最小割集中出现；X_1、X_2的重要性次之，因为X_1、X_2在两个最小割集中出现；X_4、X_5的重要性最小，因为X_4、X_5只在一个3阶最小割集中出现。

5. 故障树分析法的优缺点

故障树分析法假定系统部件之间是独立的，这表明一个组件的失效或修复不受其他组件的影响。因此系统失效状态可表示为组件失效的组合。然而，热备件、冷备件、资源共享区和顺序依赖关系等难以用这种组合方式表示，需要更详细的建模技术。把不能通过组合方式分析的故障树称为动态故障树[163]。人们研究发现，若将动态故障树变换成马尔可夫链，则可以通过数字技术进行分析。

与其他可靠性预测和分析技术相比，故障树分析法的最显著优势在于以下四个方面。

(1)工程人员能以演绎法直接探索系统故障所在。

(2)能够指出与人们感兴趣的失效模式有重要关系的系统状态。

(3)不仅提供系统可靠性的定性分析方法，也能提供定量分析方法。

(4)使参与建树过程的技术人员对系统特征有真实而透彻的了解。

故障树方法的不足之处主要有三个方面。

(1)在建树过程中容易疏忽或遗漏信息。

(2)基本组件的故障概率值不易获得，对复杂系统的处理往往依赖假设。

(3)处理故障树中的共因事件(导致多个失效同时发生的一个事件或机理)、相关事件、互斥事件比较困难。

总之，故障树分析法对于安全性预计和分析是十分适用的，在信息技术如此发达的今天，计算机强大的辅助建模和仿真功能完全可以弥补它的一些不足之处。

9.4.2　失效模式及影响分析

失效模式及影响分析是一种以预防为主的安全性分析方法，被认为是故障树分析法的一个补充。在前面的故障树分析中，我们已经知道故障树分析是从不期望的顶事件开始，一直向下搜索，直到发现引起系统失效的组件失效为止。而失效模式及影响分析则相反,它从组件开始,研究组件失效对系统功能的影响。

系统内的组件有多种可能的失效模式,利用失效模式及影响分析技术可以系统地分析失效模式的影响,检测设计缺陷,避免发生系统失效。失效模式及影响分析需要一个经验丰富的工程师团队,由他们确定每个组件的可能失效模式,研究每个失效对系统服务的影响,并填写如表9-4所示的标准失效模式及影响分析工作表。填表过程本身就是一个分析过程。

表9-4 标准失效模式及影响分析工作表

代码	组件	失效模式	失效影响	概率	关键性

支持失效模式及影响分析的软件工具有很多,最初人们利用定制的电子表格程序来减轻簿记负担,现在失效模式及影响分析软件工具不仅能够提供辅助推理,而且可以进行系统范围的失效模式及影响分析[164]。

9.4.3 可依赖性的模型化

可依赖性模型是为分析所设想系统行为的可靠性而构建的分布式系统模型。在建立可依赖性模型时,将系统设计中描述架构的结构框图作为可依赖性模型的起点。框图中的方块表示组件,方块之间的连接表示组件之间的依赖关系。方块的注释为组件的失效率和修复率。大部分故障属于瞬间故障,故障发生后的修复率显得特别重要,它与基态循环密切相关。

如果组件的失效率之间存在依赖关系,例如,同一硬件单元上的多个组件合用同一地点,组件的相关失效对整体可靠性有很大影响,那么需要仔细评估这些依赖关系。在容错设计中,复制组件之间的失效相关性尤其令人关注。评估设计可靠性和有效性的软件工具(如Mobius[165]等)有很多。

可依赖性分析确立了每个功能的关键性。在系统的整体设计中,功能是由组件实现的,关键性决定了对组件的关注程度。表9-2是一个功能关键性分配实例,其中给出了机载计算机系统的适航功能所对应的关键性等级[86]。

9.5 可维护性设计

一个产品的总成本不只是产品的初始购置成本,而是购置成本、运行成本、维护成本和处置成本的总和。维护成本是产品在其使用寿命内的、预期的维护费用,产品的使用寿命到期时,用于处理该过期产品的费用称为处置成本。产品的维护成本可能高于产品的初始购置成本,产品的设计和维护策略对维护成本影响很大,可维护性设计(design for maintainability)将尝试减少维护成本。

软件可维护性可以纠正软件中的设计错误,使软件适应不断发展的应用情形。如果嵌入式系统与因特网相连,那么系统将面临被入侵者远程攻击的威胁,必须加以考虑。通过因特网安全下载新版软件是一个重要功能,任何与因特网相连接的嵌入式系统应该支持该功能。

9.5.1　维护成本

为了分析维护动作(maintenance action)的成本结构,把维护动作分成两种类型:预防维护(preventive maintenance)和呼叫维护(on-call maintenance)。

(1)预防维护。有时也称为计划式维护或例行维护。在预防维护中,维护动作按规划好的时间定期发生,有时会有意地关闭工厂或机器。根据组件失效率的递增情况和异常检测数据库的分析结果,在预防性维护期间,预计不久就会失效的组件被确定和替换。一个有效的预防维护策略需要大量的组件工具,以便不间断地观察组件的参数,通过统计技术了解即将用坏的组件。

(2)呼叫维护。有时也称为被动式维护。在呼叫维护中,维护动作是在产品未能提供其服务时启动,就其性质而言,这种维护是计划外的。除了直接的维修成本,为了确保在失效发生的情况下可以立即提供维修团队,呼叫维护成本应该包括维护准备方面的成本。另外,从发生失效开始到修理动作完成的这段间隔内,服务是停止的,因此呼叫维护成本还要包括无法提供服务的成本。在无法提供服务期间,如果整个流水线都要停止下来,那么无法提供服务的成本可能大大高于产品的初始购置成本和失效组件的维修成本。例如,在航空业中飞机的呼叫维护意味着不能接续运行,额外增加了旅客住宿成本。

维护成本的另一方面与所考虑的永久性硬件故障或软件错误有关。修复永久性硬件故障需要更换损坏的组件,即在发生失效的部位必须有可用的零部件,并通过物理的维护动作进行修理。对于已经建立的基础设施,修复软件故障可以通过远程下载新版本的软件来实施,远程下载可通过因特网完成,人为干预很少或根本不存在。

9.5.2　维护策略

可维护性设计首先需要一个产品维护策略规范。维护策略取决于组件的分类,以及产品的可靠性/可维护性/经济性权衡和该产品的预期用途。

(1)组件分类

从维护角度看,需要维护的组件分为两类:磨损失效组件和自发失效组件。对于表现出磨损失效的组件,组件的磨损程度用物理参数表示,必须确定出这些参数,并连续地监视它们,以便定期地确定磨损程度,并在例行维护期间决定是否需要更换组件。例如,表示轴承磨损程度的物理参数是温度或振动,监视这些参数可在轴承实际损坏之前产生有价值的信息。在一些制造厂里,为了监视多种物理组件的磨损参数,安装的传感器数量超过10万个。

如果不能确定组件的可测量磨损参数或者不能测量这样的参数,那么可以采用组件降容(derating)技术。这是一种保守的维护技术,它让组件运行在对组件产生最小应力的区域,经过一段规定的时间间隔之后,在例行维护期间进行系统性的组件更换。然而此项技术费用昂贵。

对于具有自发失效特性的组件(如许多电子组件),通过估计来获得失效时刻是不可能的。要想实现这类组件的容错,将呼叫维护变为预防维护是首选技术。

(2)可维护性/可靠性折中

这种折中决定了产品的现场可替换单元(FRU)的设计。FRU是在失效情况下可在现场被替换的单元。在理想情况下,一个FRU包含一个或多个FCU,可以进行有效的FRU失效诊断。为了减少修复动作的时间(和成本),FRU周围的机械接口应该很容易连接和断开。然而容易连接或断开的机械接口(如插件),其失效率远高于牢固连接的接口(如焊接)。因此引入FRU结构通常会降低产品的可靠性。最可靠的产品是不能维护的,许多消费类产品都属于这一类,因为它们是按最佳可靠性设计的。如果产品坏了,那么必须用新产品进行整体更换。

(3)预期用途

产品失效是否会造成严重后果(如大型装配生产线停机)是由产品的预期用途决定的。实施了容错的电子系统具有经济意义,这样的系统能够屏蔽电子设备的自发性永久失效。在例行维护期间,可以替换损坏的设备,从而恢复容错能力。因此硬件容错将昂贵的呼叫维护动作转变为成本较低的例行维护动作。现实情况是:一方面,电子设备成本不断下降,另一方面,劳动力成本和呼叫维护期间的生产损失日益上升,这使得许多电子控制系统朝容错系统发展。

目前智能互联网设备已经进入家庭,维护策略一定要确保非专业人士可以更换损坏的部件,这就需要有复杂的诊断子系统。由该子系统诊断FRU故障,通过互联网自主地订购零部件。零部件交付用户后,没有经验的用户必须能够以最小的努力更换零部件,恢复容错系统。例如,iPhone手机的维护策略是彻底更换损坏的硬件设备,不需要设立完善的硬件维护组织。对于软件错误,可以从苹果iTunes商店下载新版本的软件,即可用半自动方式进行修正。

9.5.3　软件维护

软件维护是指提供有益服务的软件方面的活动,其中包括以下几个方面。

(1)修正软件错误。提供无差错的软件是困难的。若在现场运行过程中检测到潜在的软件错误,则必须修正这些错误,将新的软件版本提供给客户。

（2）消除漏洞。某些系统本来能够提供可靠的服务,若将其连接到互联网上,则任何现有的漏洞很可能被入侵者检测发现,并被用来攻击和破坏系统。

（3）适应不断发展的规范。成功系统的环境是变化的,这种变化会对系统提出新的要求,为保持系统与其用户相关,必须满足这些要求。

（4）增加新功能。随着时间的推移,新的系统功能将被开发出来,这些功能应该包括在新软件版本中。

嵌入式系统连接到互联网,可谓好坏参半。一方面,可以提供与互联网相关的服务,远程下载新版软件;另一方面,可使对手有利用系统漏洞的机会,尽管在不与互联网相连的情况下,这些漏洞可能与系统无关。

任何与互联网相连的嵌入式系统,一定要支持安全下载服务[38]。对于不间断远程软件维护,这个服务是绝对必要的。例如,一个调制解调器(Modulator/Demodulator, MODEM)生产商,在黑客发现MODEM所包含的漏洞之前,已将10000台MODEM销往世界各地。若生产商没有提供进行安全下载服务的基础结构,将无法远程安装修正版软件。

9.6　实时架构项目

现有的许多实时系统是以时分(time sharing)操作系统的精简版为基础的。尽管这些实时系统提供了快速上下文切换和中断处理机制,并且在调度策略上可以进行某些用户控制,但是这些系统仍然存在下述问题[166]。

（1）对运行环境或者被控对象几乎不进行任何可用性假设。因此,根据最小资源需求和鲁棒性对运行系统进行优化是不可能的。这与嵌入式应用的当代实时操作系统(如OSEK OS等)大不相同。

（2）任务模式是以E-任务为基础的,任务内的阻塞点是随机的,没有规定的阻塞次数。因此预测任务的WCET是不可能的。

（3）人们总是尝试尽量减少平均响应时间,使吞吐量最大化,很少对限制最大响应时间做出努力,而最大响应时间恰是实时系统的最重要指标。

（4）没有解决复制确定性问题,而容错被认为是强实时应用必须关心的问题。

在过去的几年里,许多实时系统研究项目针对这些问题开发了与实时系统的需求更加一致的解决方案。下面将简要地讲述其中三个项目：SPRING系统、容错多机架构和时间触发架构。

9.6.1　SPRING系统

SPRING系统[166]是物理意义上的分布式实时系统,由多处理器节点组成。每个节点包括多个系统处理器、多个应用处理器、一个网络控制器和一个与被控对象互连的I/O子系统。系统处理器执行调度算法,处理高优先级中断,支持操作系统服务;应用处理器执行应用任务;I/O子系统处理慢速I/O设备和过程I/O(传感器和执行器)。

软件分为SPRING操作系统(SPRING内核)和应用任务。操作系统进行任务管理、调度、存储器管理和任务间通信。所有的操作系统调用都有一个有界的WCET。应用任务包括可重入代码、本地数据、全局数据、堆栈、任务描述符和任务控制块(TCB)。每个任务在其开始执行之前需要所有资源,任务完成后释放这些资源,以避免任务执行期间产生不可预测性阻塞。应用任务具有以下特征。

(1)WCET。WCET是由多种参数决定的函数(如输入数据、当前状态信息等)。

(2)类型和重要程度。

(3)时间参数(如截止时间、周期)。

(4)通信和优先顺序图。

(5)资源需求(如存储器、I/O端口)。

(6)管理数据(如任务副本在存储器中的位置)。

根据应用任务的重要程度和对环境的影响,SPRING调度器将这些任务分为三类:关键任务、基本任务和不重要任务。关键任务必须在截止时间内完成,以避免系统失效。基本任务也有截止时间,若基本任务没有在截止时间内完成,则系统性能下降。不重要任务没有强截止时间,出现超载情形时可以推迟其执行。

SPRING调度算法的目标很明确,即在当前负载情况下动态地保证新到达任务的截止时间。调度分为四个层次。

(1)每个应用处理器的分派器从预先安排好的调度队列中取出下一个准备好的任务。

(2)每个节点的本地调度器,首先考虑节点的当前负载情况,然后确定是否可以在本地接受一个新到达的任务,并确保任务的截止时间。如果接受,则本地调度器重新安排调度队列。

(3)分布式调度器(distributed scheduler)尝试重新分配各节点的负载。

(4)元调度器(meta-scheduler)监视系统,并通过调整各种参数,改善SPRING系统的适应性和灵活性。

容错不是SPRING系统的重点。有关SPRING系统的详细描述见文献[166]。

9.6.2 容错多机架构

容错多机架构(Multicomputer Architecture for Fault Tolerance, MAFT)是分布式计算机架构,设计这种架构的目的是将实时环境的超高可靠性和高性能结合起来。容错多机架构中的节点是通过广播总线连接的,每个节点有两个处理器,分别是操作控制器和应用处理器。操作控制器处理系统的大部分执行功能,如节点内部通信、时钟同步、错误检测、任务调度和系统重新配置等。应用处理器自由地执行应用任务。

通过周期性地交换系统状态报文,容错多机架构实现了基于帧的同步。每个节点可以得到其他节点时钟状态,并采用容错同步算法计算本地时钟的修正项。

每个操作控制器在其存储单元中保存所有共享数据值的备份,并以对应用处理器透明的方式,对应用值进行管理和表决。如果使用近似表决策略,那么可供选择的表决算法有很多。拜占庭协议和收敛表决算法用于保持节点行为的一致性,以及克服节点可能出现的恶性故障。节点以输出报文来展现错误,操作控制器通过监视报文通信来检测节点的错误,并以报文形式将错误报告给其他节点,每个节点可以在本地对所有节点进行损坏统计(penalty count)。损坏统计是拜占庭协议得以维持的基础。

在容错多机架构中,应用软件被组织成非抢占式任务。在单个应用处理器上,任务的执行过程没有中断。每个任务都有循环频率、优先级、所需的冗余和任务间的依赖关系等属性。重新配置过程(reconfiguration process)决定节点的任务分配,对于任何给定的操作节点组合,这种分配是静态的,只有在操作节点组合发生变化时,才能改变这种分配。任务调度是循环性的,最小的调度周期称为原子周期(atomic period)。在现有的实现中,1024个原子周期形成一个主周期(master period),这是最长的循环周期。调度器从处于就绪状态的任务组合中选择优先级最高的任务。调度器是全复制的,负责给节点选择任务,为自己所在节点选择的任务在本地执行,而为其他节点选择的任务要被监视,以便了解其他节点是否"正常"工作。

有关容错多机架构的详细内容请读者参考文献[167]。

9.6.3　时间触发架构

围绕分布式容错实时系统这个主题,人们已经进行了多年的研究,时间触发架构(Time Triggered Architecture, TTA)是最具代表性的研究成果之一。该成果是在可维护实时系统(Maintainable Real Time System, MARS)项目中实现的,其中应用了本书所讲述的多个概念[38,54,168]。

最初这项研究是为了探索实时性、同时性和确定性等概念,时间触发架构这个新概念是该项目的一个重要研究成果。后来工业界积极参与这一项目,引入了技术和经济方面的约束,进一步完善了这个概念。因此时间触发架构是理论见解与实际需求互动的结果。

下面将简单描述时间触发架构的架构形式,受篇幅限制,没有详细介绍体现架构形式的架构服务,读者可以参考文献[38]。另外,本节最后还介绍了一个时间触发架构的近期研究成果——时间触发多处理器系统芯片(TTMPSoC)。

1. 架构形式

架构形式描述表征架构的原理和构建规则。原理是对某个论述领域的一些基本观点的公认声明,它们奠定了运行规则(架构服务)的制定依据。

1) 复杂性管理

随着嵌入式系统复杂性的不断增长,复杂性管理越来越受关注。时间触发架构的架构形式是在对这个主题的探索中形成的,目的在于控制大型嵌入式系统的复杂性,使系统的构建更加容易。

嵌入式计算机系统需要与物理环境相互作用,而物理环境受到物理时间的影响,因此物理时间是网络化模型(cyber model)的重要组成部分,而不是附加项。网络化模型是对物理环境进行计算机控制的基础,而全局时基有助于简化系统设计。在大型嵌入式系统的每个节点中,容错稀疏全局时基的有效性是时间触发架构的基础,全局时基用于实现下列服务。

(1)建立网络化空间(cyber space)中所有相关事件的一致时间顺序,解决分布式计算机系统内的同时性问题。一致时间顺序是引入分布式系统状态一致这个概念的前提条件。当一个修复的组件必须重新整合到运行中的系统时,状态一致是必要的。

(2)建立易理解且行为确定的系统,支持以冗余方式直接实现故障屏蔽,避免发生Heisenbug错误。

(3)监视实时数据的时间准确性,确保物理环境接口上的控制动作是以时间上准确的数据为基础的。

(4)使来自不同数据源的多媒体数据流保持同步。

(5)执行状态估计,以便在物理过程的动态特性超越计算机系统的能力的情况下,将实时数据的时间准确性延伸至使用时刻。

(6)精确地指定接口的时间特性,便于采用节点化设计形式。节点的重利用严重依赖于精确的接口规范,该接口规范必须包括时间行为。

(7)为时间触发报文的传输建立时间受控的无冲突通信通道。时间触发报文的延迟较短,抖动最小,有助于减少分布式相位匹配控制回路的死区时间。

(8)检测一个时间粒度内的报文丢失。为提高系统有效性,缩短错误检测延迟是采取任何行动的基础。

(9)避免报文重播,强化防护性协议(security protocol)的服务。

通过使用容错稀疏全局时间,可以很好地完成上面列出的服务。

2) 节点定位

第2章介绍的节点概念属于时间触发架构的原始结构元素。时间触发架构节点是一个自包含的硬/软件单元,仅通过报文交换实现与其环境的相互作用。一个节点就是一个设计单位,而且是一个故障抑制单元(FCU)。基于报文的节点链接接口(LIF)在时域和值域中进行了精确规定,与节点的具体实现技术无关。节点的接口规范是使用节点的基础,不需要了解节点实现的内部结构。对于跨越多个节点的实时事务处理,时间触发架构的时间触发集成框架确保它们已经定义了端到端时间属性。在时间关键性实时事务处理中,节点的计算和由时间触发通信系统进行的报文传输,两者可以是相位匹配的。

在不改变原始节点的LIF规范的情况下,可将节点扩展到一个新的簇,这是时间触发架构的一个原则。经过这样的扩展,网关节点在其一侧提供了外部LIF,而另一侧则支持链接到新簇的第二个LIF。例如,在图2-17所示的车载节点簇中,右上角的网关节点具有两个接口。从车载簇的角度看,一个是下侧的簇LIF,另一个是上侧的外部LIF。在外部LIF上,只有那些来自车载节点簇的信息项可以提供给其他汽车,以便进行交通安全方面的协调。

因此,时间触发架构中形成了递归节点这个概念。根据视角的不同,一组节点可被看成一个簇(专注于簇LIF)或单一节点(专注于外部LIF)。递归节点使得在时间触发架构内构建结构良好、规模不同的系统成为可能。

通过整合节点可以形成层次结构或网络结构。在层次结构中,指定的网关节点链接不同的层次。此时若从较低的层次进行观察,则指定的网关节点有两个LIF,一个接到较低的一层(簇LIF),另一个接到较高的一层(外部LIF)。由于不同的层次遵循不同的架构形式,指定的网关节点必须解决随之而来的属性不匹配问题。当从较低层观察时,网关节点的外部LIF是簇的一个本地的未指定接口。反之,当从上方观察时,网关节点的簇LIF则变成一个本地的未指定接口。

例如,在时间触发多处理器系统芯片中,基本元素是IP-核,一个IP-核实现一个自包含的组件。芯片上的一组IP-核形成一个组件簇,时间触发的片上网络(Time Triggered Network on Chip, TTNoC)将这些组件连接在一起。作为网关的IP-核除了具有簇LIF,还有一个外部LIF,该外部LIF将芯片连接到外界。从外界来看,网关IP-核的外部LIF可被认为是一个芯片组件(即整个时间触发多处理器系统芯片)的接口。在更高的层次,一个芯片组件簇形成一个设备组件,以此类推。

通过两个(或更多)网关组件把一个簇与其他两个(或更多)簇链接起来,可以创建平面网络结构。在这样一个平面网络结构中,网关组件能够过滤特定簇所提供的信息,在其外部LIF上,只呈现那些与相连的簇所对应服务有关的信息项。

3)相干通信

单向基本报文传输服务是时间触发架构的唯一通信机制,该机制尽量遵循互联网的命运共享模式(fate sharing model)。该模式是由Clark提出的,其定义如下:在某个实体本身被丢失的同时,丢失与该实体相关的状态信息是可以接受的[169]。命运共享原则要求所有与报文传输有关的状态信息必须存储于通信端点。在要求保证终端系统故障静默的情况下,可将命运共享原则应用于安全关键性配置。否则终端系统的时间行为信息不得不存储在独立的FCU(如监护器)中,由FCU包含混串音节点的错误行为。

不同的时间触发架构子系统只要通过时间触发通信系统(如FlexRay或时间触发协议)链接起来,恒定的传输延迟和全局时间粒度的最小抖动就成为基本报文传输服务的特征。如果通过事件触发协议(如因特网)传输报文,那么难以给出这样的时间保证。

这种单一的相干通信机制,使得在不改变节点之间的基本通信机制的情况下,将一个节点从一个物理位置移动到另一个位置成为可能。

4) 可依赖性

为了能以合理的方式构建安全、鲁棒、可维护的嵌入式系统,必须考虑可依赖性问题对时间触发架构形式的影响。时间触发架构利用下述原则支持可依赖系统的建立。

(1) 节点是故障抑制单元(FCU)。时间触发通信系统将节点的时间失效(temporal failure)包含在节点边界之内。

(2) 基本报文传输服务是多播的。独立的诊断节点可以观察节点LIF上的行为,不存在探测器效应。

(3) 基本报文传输服务和基本系统节点服务规避了非确定性设计结构(NDDC),使得建立具有确定性行为的系统成为可能。

(4) 可由复制确定性节点构成容错单元(FTU),屏蔽任一节点的某个随机故障。

(5) 节点定期发布其基态,以便诊断节点监视基态的合理性,检测异常情况,在基态被瞬间故障破坏的情况下,启动节点的复位和重启。这一原则有助于提高系统的鲁棒性。

(6) 全局时间可以用来强化防护性协议。

(7) 递归节点概念改善了演变过程。通过将单个节点扩展到一个新的节点簇,能够实现新的功能,而且不改变新簇的外部LIF特性。

(8) 连接到因特网的每个时间触发架构系统支持安全下载服务,以便自动下载节点的新版软件。

5) 时间识别架构

时间触发架构提供了单一实时系统的设计框架,这是一个可依赖的设计框架。如果要把不同组织设计的时间触发架构系统链接起来,形成一个系统的系统(SoS),那么必须放宽设计规则以满足分布式系统的现实情况。例如,通过事件报文,透过因特网相互作用的系统。如果SoS中的每个自主的组分系统(constituent system)有权访问一个精确度已知的全局同步时间,那么这样的一个SoS称为时间识别架构(Time

Aware Architecture, TAA)。采用当今已有的技术实现时间识别架构比较容易：在每个地点GPS接收器捕获全球时间信号，将外部时间基准纳入簇中，同步不同地点的时钟。时间识别架构虽然不是时间触发的，但倘若所有报文在它们的数据字段包含发送方的时间戳，时间识别架构仍然可以具有全局时间的许多优点。

2. 时间触发多处理器系统芯片

计算机行业从单处理器系统向多处理器系统芯片(MPSoC)转变，其主要驱动因素是电力和能源问题。这种转变为嵌入式系统行业提供了一个巨大的机会，因为这种硬件架构由多个自包含的IP-核组成，这些IP-核可同时运行，没有任何非功能性的依赖关系，它们之间通过合适的片上网络(NoC)相互连接，与功能强大的单一顺序处理器(single sequential processor)相比，这种硬件架构能够更好地与许多嵌入式应用的需求相匹配。

从时间触发架构的角度看，一个IP-核就是一个节点，整个多处理器系统芯片实现了一个簇。为了了解这项新技术的限制和机遇，欧盟委员会资助的通用嵌入式系统(Generic Embedded Systems, GENESYS)项目开发了第一个时间触发多处理器系统芯片学术性原型机。该项目已于2009年完成，并在FPGA上实现了支持汽车应用的时间触发多处理器系统芯片原型机[38]。

时间触发多处理器系统芯片原型机的整体架构如图9-8所示，共有8个IP-核。图中的结构单元分为两类：可信赖结构单元(粗线框)和不可信赖结构单元(正常线框)。可信赖结构单元包括：1个可信网络管理方(Trusted Network Authority, TNA)、7个可信接口子系统(Trusted Interface Subsystem, TISS)和片上时间触发网络(Time Triggered Network on Chip, TTNoC)。这些可信赖结构单元形成一个可信赖的子系统，该子系统对于芯片的运行至关重要，被假定为无设计缺陷。在高可靠性应用中，可信赖的子系统可以进行固化处理，以便容忍瞬间硬件故障。不可信赖结构单元的随机失效(由瞬间硬件故障或软件错误引起)，不会影响片上其他独立单元的运行。

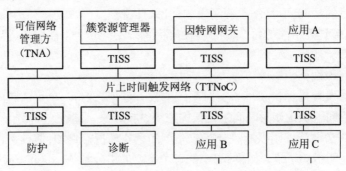

图9-8 时间触发多处理器系统芯片原型机的整体架构

片上时间触发网络(TTNoC)位于图9-8的中心位置,它通过TISS连接各个IP-核。网络配置确定了每个不可信赖的IP-核的时间触发发送时隙,只有TNA有权将新的网络配置写入TISS。假如某个不可信赖组件违背了其时间规范,TISS会发现并控制该失效。簇资源管理器是一个不可信赖的系统组件,在应用组件(组件A、B或C)发出请求时,该管理器能够动态地计算出新的通信调度表。簇资源管理器把新的调度表发送到TNA, TNA对该调度表进行验证,并在将新调度表写入各个TISS之前,检查新调度表是否违背安全约束。只有TNA有权通过应用组件的TII控制组件的执行。否则软件存在错误的一个不可信赖组件,可能发送不正确的控制报文,对所有组件发出终止执行请求,从而破坏整个芯片。

图9-8所示架构确保不可信赖组件的任何时间故障被TISS控制,并且不会影响正确组件之间的通信。因此可以通过构建三个IP-核的三模冗余结构,屏蔽任何一个组件内的故障。在安全关键性应用中,为了避免空间接近故障,容忍整个芯片发生失效,三模冗余结构中的三个IP-核可以位于不同的芯片。诊断组件监视各个组件的行为,检查组件基态的合理性。防护组件的任务是对进入或离开时间触发多处理器系统芯片的所有报文进行编码和解码。文献[38]详细地讨论了时间触发多处理器系统芯片和原型机的应用,文献[170]描述了片上时间触发网络的实现。

时间触发多处理器系统芯片是一个有效的执行环境,支持大型可理解性和可依赖性分布式实时系统设计。

习 题

1.讨论完全设计法与快速成型法的优缺点。

2."棘手"问题的特征有哪些?

3.讨论强约束与弱约束对设计造成的限制。为何在开始一个设计项目之前探讨这些约束很重要?

4.模型化设计与节点化设计是两种不同的设计形式,两者的区别是什么?

5.UML-MARTE和AADL背后的理念是什么?

6.架构设计阶段的结果有哪些?

7.建立一个检查表,从功能的连贯性、可测试性、可依赖性和物理安装角度对设计进行评价。

8.安全案例的首选证据是什么?

9.说明故障树分析法和失效模式及影响分析法的安全分析技术。

10.安全标准IEC 61508背后的关键概念是什么?

11.试设计一个汽车制动系统故障树。

12.某室内照明电路由电源开关、保险丝、导线和灯泡组成。试以室内照明丢失为系统故障,建立一个故障树。

13.试以电熨斗的使用者受到电击为系统故障,设计一个电熨斗的故障树。

14.事件X_1和X_2是相互独立的,它们发生的概率分别为0.1、0.2。当这两个事件作为"与门"的输入时,门(输出发生)的概率为多少? 若作为"或门"的输入呢?

15.用Fussell法求解图9-9所示故障树的最小割集。

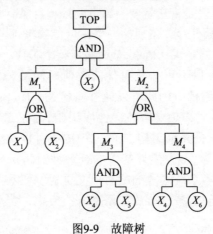

图9-9　故障树

16.讨论可靠性/可维护性折中问题。

17.为什么需要软件维护?

18.当嵌入式系统连接到因特网时,为何说安全下载服务是必不可少的?

19.什么是命运共享原则?

20.列出有助于建立可依赖系统的时间触发架构设计原则。

21.节点为什么要周期性地发布其基态?

22.全局时间是怎样强化防护性协议的?

第10章 系 统 评 估

判断一个系统是否适合其用途,一定涉及评估(assessment)技术。与新开发的计算机系统相关的评估技术,必须使设计人员、用户或认证机构确信该系统可以安全部署,并且在系统规划所构思的真实世界环境中能够履行其预定功能[171-173]。

实时计算机系统的开发成本中很大一部分(高达50%)用于确保系统适合其用途[174-181]。在必须经过认证的安全关键性应用中[178-181],这一比例甚至更高。

评估技术的首选方法是测试,因此本章首先讨论测试的相关概念和面临的挑战[171]。然后讨论节点化系统的测试问题和正式方法在系统评估中的应用。

在容错系统中,只有当输入空间包括了系统应该容忍的故障时,才能评估故障屏蔽机制是否正常运行。因此本章最后一节探讨了物理和软件故障注入技术。

10.1 测 试

结果的无干扰可观测性(observability)和输入的可控性(controllability)是测试工作的核心。通过可测试性(testability)设计,可以提供一个支持这些特性的框架。测试涉及两个重要的概念:确认(validation)和验证(verification)。从表面上看,这两个概念似乎没有差异,然而在计算机系统的评估中,这两个概念是不同的。这里首先介绍这两个概念,然后分析测试所面临的各种问题。

1.确认与验证

当开发分布式计算机系统时,一般将系统分成三种不同的类型[182]。

(1)用户意图模型。用户意图模型即用户期望的模型。在给定的真实应用背景下,这种模型确立了分布式计算机系统的作用,用于处理计算机I/O与物理环境之间的关系。通常用户意图模型的文档是不完整的、非正式的。这是因为在大多数情况下,不可能考虑到计算机系统与真实应用情形相关的所有方面,并做出规范化描述。

(2)系统规范模型。这种模型以自然语言或一些规范化符号获取并记录用户的意图、系统开发人员的责任,以便规范的正式开发人员理解系统。

(3)被测系统(System Under Test, SUT)。被测系统即系统开发结果,该系统要根据用户意图模型履行系统的功能。

确认针对用户用意图模型(非正式的)与被测系统之间的一致性,而验证关注系统规范模型(正式的)与被测系统之间的一致性。确认与验证之间所缺失的环节是用户意图模型和系统规范模型之间的联系,发生在这一开发阶段的错误称为规范错误(specification error),而在给定规范被转变成被测系统期间所发生的错误称为实现错误(implementation error)。从理论上讲,当验证可以缩减为一个正式过程时,必须检查系统在真实世界中的行为。即使系统的属性已被正式验证,在用户的环境中,现有的正式规范是否捕捉到预期行为的各个方面仍然没有确立下来。有时利用规范测试(specification testing)来检查系统规范是否与用户意图模型一致[182]。

因此,确认、规范测试和验证这三个手段是互补的,可以提供质量保证。确认的主要方法是测试,而验证的主要方法是正式分析。

在测试过程中,实时计算机系统的行为是在精心挑选的输入点行使的,相应的值域和时域结果要么是正确的,要么是错误的。如果测试案例是经过适当选择的并被正确执行,那么假设系统将在较大输入空间的各点正确运行是合理的。

对于数字系统,这种归纳的有效性是脆弱的,因为数字输入不是连续的而是离散的,单个位的翻转(bit flip)可能使系统的行为产生严重后果。从纯概率角度看,当运行测试已经执行了给定的小时数时,只能估计被测系统的平均失效时间(MTTF)将大于这个特定的小时数[156]。这意味着在实践中,通过运行测试不可能建立超过$10^3 \sim 10^5$h的MTTF。这个数量级低于安全关键性系统所需的MTTF,即低于10^9h。

评估一个系统的正确性需要参考正式规范,正式方法的主要缺点在于用户意图模型与正式规范之间存在缺失的环节。此外,在那些与系统运行相关的属性中,正式分析只能获得分析期间所检查的属性,而这仅是相关属性的一个子集。

2.探测器效应

被测系统(SUT)输出的可观测性和测试输入的可控性是任何测试活动的核心。

在非实时系统中,可观测性和可控性是由测试和调试监视器提供的,监视器会在测试点暂停程序流程,以便测试人员监视和变更程序变量。然而在分布式实时系统中,不宜采用这样的过程,原因有两个。

(1)在测试点引入的时间延迟,改变了系统的时间行为,既可能隐藏现有的错误,也可能引进新的错误。

(2)分布式系统的控制轨迹(locus of control)很多,各个控制流程必须协调一致,暂停一个控制路径必然引入时间失真,从而导致新的错误。

测试探测器的引入导致被测对象的行为被修改,这种现象称为探测器效应(probe effect)。测试分布式实时系统的困难在于设计没有探测器效应的测试环境[183]。

拥有广播(broadcast)通信通道(总线)的分布式系统都有这样一个优点,即实时总线上的所有报文都能通过一个非侵入式测试监视器进行观测。如果传感器和执行器之间通过现场总线连接,那么不仅可以监视节点的I/O信息,而且没有探测效应,从而使节点的I/O报文具有可观测性。

在分布式系统中,可控性是通过测试驱动器获得的,这种驱动器可在实时总线和现场总线上为被测节点生成节点环境报文,如图10-1所示。如果系统是时间触发的,那么在环境中观测到的任何情形,测试驱动器一定能够在稀疏时基上将其再现出来。

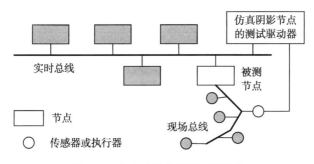

图10-1 分布式系统的测试驱动器

3.可测试性设计

这里所讲的可测试性设计是指为方便系统测试而进行的框架设计和机制规定[184]。下列技术有助于提高可测试性。

(1)把系统分割成可组合的子系统,使得各个子系统具有可观测的指定接口。这样一来可对每个子系统进行隔离测试,并将集成效应限制在新出现行为的测试上。

(2)建立静态时间控制结构,使得时间控制结构独立于输入数据。在这种情况下可以隔离测试时间控制结构。

(3)通过引入粒度适当的稀疏时基减小输入空间。时基粒度减小到足以适应当前的应用即可,不应该使其更小。稀疏时基的粒度越小,潜在的时域输入空间越大。测试所覆盖的范围只是整个输入空间的一部分,通过减小输入空间或增大非冗余测试案例的数量,可以增大测试覆盖率。

在大多数情况下,只有很小一部分输入空间可用测试案例进行检查。测试案例的选择应该符合下述假设:如果所有测试案例的结果是正确的,那么系统将在整个输入域正常运行。

(4)在周期性的恢复点,以基态报文形式发布节点的基态。这样独立的节点不仅可以观测基态,而且不会产生探测器效应。

(5)通过提供软件确定性,确保作用于节点的相同输入报文产生相同的输出报文。

时间触发系统的确定性属性和静态控制结构使得它们比事件触发系统更容易测试。

4.测试数据的选择

测试阶段只使用了计算机系统潜在输入空间的很小一部分,测试人员面临的挑战是找出有效且有代表性的测试数据集,这样的数据集能使设计人员相信:对于所有的输入,系统都将正常工作。下面给出了一些测试数据选择方法。

(1)随机选择测试数据。测试数据是随机选择的,不考虑程序结构或应用运行文档。

(2)需求覆盖范围。该方法把需求规范作为选择测试数据的起点,为每个指定的需求设计一组测试案例,以检查相应的需求是否得到满足。这一方法隐含了这样一个假设:需求集是完善的。

(3)白箱测试(white box testing)。通过检查系统的内部结构获得一个测试数据集,从而满足某种覆盖准则。例如执行所有语句或测试所有程序分支。这个测试数据选择方法最适合于单元测试(unit testing),但要求节点实现的内部单元是可用的。

(4)根据模型选择测试数据。测试数据取自被测系统模型和物理设备模型。由于测试结果的正确性与物理过程的性能指标有关,所以基于模型的测试数据选择可以自动进行。

例如,通过一台汽车发动机模型测试该发动机的控制器。发动机模型与真实发动机操作之间的相对关系已经得到广泛确认,并假设它是正确的。控制器内实现的控制算法决定了发动机的性能参数(如能源效率、转矩和污染等)。通过观察发动机的性能参数能够检测控制器软件的错误行为所造成的异常。

(5)运行配置文件(operational profile)。在给定的应用背景下,选择测试数据的基础是被测系统的运行配置文件。这个测试数据选择方法不包括稀有事件。

(6)峰值负载。在负载和故障假设所涵盖的所有条件下,强实时系统必须提供指定的及时服务。这里所指的所有条件,包括了稀有事件引起的峰值负载。峰值负载情形会对系统造成极大的压力,应该经过广泛的测试。另外,高于峰值负载情形下的系统行为也要进行测试。如果峰值负载活动得到正确处理,那么系统将会自行处理正常负载情况。在大多数情况下,真实运行环境中不可能产生稀有事件和峰值负载。因此峰值负载测试最好在基于模型的测试环境中完成。

(7) WCET。利用实验来确定一个任务的WCET,需要分析任务源代码,产生一个偏向于WCET的测试数据集。

(8)容错机制。故障不是正常输入域的一部分,测试容错机制的正确性是困难的,需要在测试期间提供激活故障的机制。例如,通过实施软件或硬件故障注入,测试容错机制的正确性(见10.4节)。

(9)循环系统。如果系统包含循环行为,那么穿越循环的特定阶段是时域中的重复性事件。在大多数循环系统中,测试一个循环内发生的所有事件就足够了。

上面列出的测试数据选择方法都是不完整的,关于测试数据选择方法的有效性,一项研究表明[185]:通过上述方法的组合来选择测试数据,似乎比孤立地依赖单一方法更有效。

为了能够判断测试数据集的质量,人们引入了覆盖措施这个概念。覆盖措施描述测试数据集利用被测系统的程度,常见的覆盖措施有以下几种。

(1)功能覆盖。每个功能得到使用。

(2)语句覆盖。源代码的每条语句被执行。

(3)分支覆盖。每个分支指令在各个方向上被执行。

(4)条件覆盖。每个布尔条件被悉数行使。

(5)故障覆盖。针对故障假设中所包含的每个故障测试容错机制。

5.测试准则

选定的测试案例是被测系统的测试输入,测试输入在被测系统上产生的结果正确与否,需要用某种方法来确定。在一些专业文献中,采用测试准则(test oracle)来表示这种方法。测试自动化有利于降低测试成本,算法测试准则设计是测试自动化的先决条件,已经成为测试领域面临的另一个挑战。

在实践中,一个测试案例的结果是否与自然语言表示的用户意图模型一致,通常是由人来做出判断。基于模型的设计和基于模型的测试可以帮助我们解决部分问题。

9.1节讨论的结构化的设计过程,把节点的平台独立模型(PIM)和平台专用模型(PSM)区分开来。完整的接口行为在PIM设计层面的可执行表示法可以作为判断PSM层面测试结果的参考,帮助我们检测实现方面的错误。因而准则方面的挑战从PSM层面转移到PIM层面。PIM是在设计的早期阶段开发的,可在寿命周期的早期捕获错误,从而降低与错误校正相关的成本。

节点的LIF规范应该包含输入要求和输出要求。输入要求限制节点的输入空间,排除不由节点处理的输入数据。输出要求有助于立刻检测发现节点内部所发生的错误。输入和输出要求可以视为测试准则的启发性信息[1] (test oracle light)。

PIM没有资源方面的约束,在PIM层面广泛应用输入和输出要求,有助于调试PIM规范。在将PIM转换到PSM阶段,可以去除其中一些要求,得到用于目标机器的高效代码。

在时间触发系统中,时间控制结构是静态的,在PSM层面,检测程序执行中的时间错误非常方便,可以实现自动化。

6.系统演化

大部分成功的系统是随时间演变的,新的系统版本会对旧版本存在的不足做出修正,并引入新的功能。这些新版本的确认必须关注两个问题。

(1)回归测试(regression testing)。新的版本必须支持前一版本的功能。回归测试用于确保前一版本的功能没有被修改,仍然是正确的。

(2)新功能测试。检查最新版本的新功能是否已被正确实现。

通过在新版本上执行前一版本的测试数据集,可以自动进行回归测试。在旧版本中检测到的异常可以作为新的测试案例源,通过这样的新测试案例对系统施加特殊压力。

当设计特定的测试活动时,必须解决下列六个问题[186]。

(1)测试目标。测试活动的目标可以是寻找残存的设计错误、在推出产品之前确定产品的可靠性或查明系统是否拥有可用的人机接口。

(2)选择测试案例。选择测试案例的方案有多种:随机的、以运行配置文件为指导的、着眼于特定的系统需求(如关闭一个核反应堆)的或者基于程序内部结构知识的。

(3)测试案例数量。从覆盖范围分析或从可靠性注意事项中,可以得出必须执行的测试案例数。

(4)被测系统类型。被测系统是不同的,其中包括模型、仿真环境中的系统或现实目标环境中的系统。

(5)观察位置。观察位置取决于系统的结构,以及在不干扰系统运行的情况下观察子系统行为的可能性。

(6)测试时段。在生命周期的早期阶段,只能在人工实验室环境中进行测试。当系统在其目标环境中应用时,才能进行实际测试。

10.2　节点化系统测试

嵌入式应用的节点化设计是本书研究的重点。为了能对节点化系统进行确认,节点化设计需要运用合适的策略。节点作为一个硬/软件单元,该单元封装和隐藏了其设计。节点提供者了解节点的内部情况,并能运用这方面的知识得出有效的测试案例,节点的用户将节点看成黑箱(black box),必须根据给定的接口规范使用和测试节点。

1.节点提供者

节点提供者必须关注节点在所有可能用户情形下的正确运行。在节点接口模型中,用户情形可通过TII进行参数化。节点提供者要在TII所支持的完整参数空间内,测试节点的正常运作情况。节点提供者可以访问源代码,跨越TDI监视节点的内部运行,而节点的用户不使用TDI。

2.节点用户

对于给定的应用,节点的具体参数设置定义了节点的使用环境,节点的用户必须关注节点在该具体环境中的性能。节点的用户可以假设节点提供者已经测试了由接口模型指定的节点功能,将测试重点放在节点的集成效果和节点集新出现的行为上。通常节点集新出现的行为不在节点提供者的测试范围内。

节点的用户首先必须确认,节点的集成不排斥节点供应商已隔离测试过的属性。在这个阶段节点集成框架起着重要的作用。

在事件触发系统中,节点的入口和出口处必须提供队列,以使节点的性能与待处理的用户请求、用户及时吸收结果的能力,以及通信系统的传输能力相匹配。由于队列可能产生溢出,节点的边界上需要有流量控制机制。测试阶段需要检查节点对队列溢出的反应。

节点的集成可能产生计划之中的或意料之外的突发行为(emergent behavior),这种行为是由节点的相互作用造成的,通过在各个层面的分析来预测它们比较困难,而将系统作为一个整体则相对简单一些。这清楚地表明,突发行为的检测和处理属于节点用户的职责范围,而不属于节点提供者。节点之间相互作用所造成的突发行为缺少易理解的外部特征,因而成为目前正在研究的课题之一[187]。

3.通信节点

在系统集成期间,商业化的现成(Commercial off the Shelf, COTS)节点或应用特定节点是通过相应的链接接口(LIF)连接的,这些链接接口上的报文交换需要进行仔细测试。2.6节已经引入了LIF规范的三个层面:传输层、操作层和语义层,可按这三个层次进行LIF测试。传输和操作层的测试需要精确地规定下来,可以自动地(mechanically)进行,而元级(语义)测试通常需要人为干预。基本报文传输服务(BMTS)的多播能力使通信节点之间交换的信息可以进行无探测效应观察。

在模型化设计(model based design)中(见9.2.1节),物理设备(physical plant)

和计算机系统控制算法的可执行行为模型是并行开发的。在PIM层面,这些模型具体体现在节点里,在仿真环境中将这些节点链接起来,可以观察和研究它们之间的相互作用。在控制系统中,闭环系统的性能(控制质量)是可监视的,可用于寻找最优控制参数设置。仿真通常是在与目标系统不同的时间标度(time scale)上运行的,为了使仿真更接近真实的目标系统,在设备和控制器的PIM节点之间交换的报文,其相位关系应该与最终实现PSM中的相位关系相同。这个恒定的相位关系有助于避免报文之间的失控和意外相位关系所引发的细微设计错误[150]。

10.3　正式方法

在模型化设计中,设备模型和计算机控制器模型相互连接在一起,便于进行闭环控制系统性能研究,因此模型化设计是走向测试准则自动化的有效途径。假定存在完整的正式设计模型,则可利用正式方法检查所选属性是否包含在该模型的可能状态中。在过去的几年中,模型检查技术逐渐趋于成熟,已经应用于工业系统。

把利用数学和逻辑方法来表达、探讨和分析计算机软硬件规范、设计、文档和行为的技术称为正式方法[1]。在非常宏大的项目中,通常采用正式方法证明一款软件是否正确地实现了规范。

正式方法可为所考虑事项的认证(certification)提供重要证据,但认证必须考虑多种来源的证据,并且最终取决于明智的工程判断和经验[80]。

1.真实世界中的正式方法

正式探讨真实世界中的某种现象,需要做到以下几步。

(1)建立概念性模型。这一步用自然语言精确地表示所探讨的真实现象。其虽然重要,但不是正式的。

(2)模型正式化。将问题的自然语言表示转变为规范语言表示。正式的规范语言具有精确语法和语义,其严谨程度高于自然语言。这一步所引入的假设、省略或误解将保留在模型中,并限制源自模型的结论的有效性。

(3)分析正式模型。这一步要对问题进行正式分析。在计算机系统中,分析方法的基础是离散数学和逻辑学,而在其他工程学科中,分析方法的基础是与此不同的数学分支,例如采用微分方程分析控制问题。

(4)解释结果。解释分析所得的结果,并将其应用到真实世界。

上述四个步骤中,第(3)步可以实现自动化(mechanized),而第(1)、(2)和(4)步需要人的参与和直觉,如同其他人类活动一样,这三步难免出现错误。

理想且完整的验证环境将规范、实现和执行环境参数作为输入,自动地建立规范和实现之间的一致性。第(2)步必须确保目标机的所有假设和架构机制(如硬件指令集的性质和时序)与实现语言定义的计算模型相一致。另外,验证环境本身必须是正确的。

2.正式方法的分类

在计算机科学中,运用正式方法的严谨程度有所不同,由低到高分成如下三类[80]。

1)使用离散数学的概念和符号

有时系统要求和规范的自然语言表述会产生歧义,需要用离散数学和逻辑学符号与约定取代这种描述,如使用集合论、关系式和函数等。如同其他数学分支一样,规范的完整性和一致性推理是以半正式的人工方式进行的。

通过引入简单的数学符号,设计者能够清晰地陈述需求和假设,避免自然语言的模糊性。集合论和逻辑学基本概念是工科教育的一部分,这类方法便于项目团队和工程组织进行内部交流,从而提高文档质量。

大多数严重故障发生在寿命周期的早期,因此在需求获取和架构设计这些早期阶段,这类方法的优点最明显。Rushby对此进行了如下总结[80]。

(1)自动控制系统和计算机系统之间的相互依赖关系是在早期阶段指定的,在这个阶段软件工程师最需要与其他学科的工程师进行有效和精确的沟通。

(2)离散数学中的常见概念(如集合、关系式)提供了精确而抽象的智能构建模块清单。在项目的早期阶段,运用精确的符号有助于避免歧义和误解。

(3)对规范进行某些简单的自动分析能够检测发现不一致性和遗漏,如未定义的符号或未初始化的变量。

(4)使用精确的符号而不是模糊的自然语言来表示需求,早期阶段的审查更加有效。

(5)虽然用半正式符号表示模糊的想法和不成熟的概念十分困难,但有助于揭示需要进一步探索的问题域。

2)运用具有部分自动支持工具的正式化规范语言

这类方法引入了具有固定语法的正式化规范语言,可以自动分析一些以规范语言表达的性能问题,但不能自动产生完整的证据。

这类方法引入的形式体系(formalism)非常严格,使用很不方便,而且没有自动生成证据的能力。一些规范语言比较注重实时时间特性的形式推理,可以用于这类方法。在向全自动验证环境发展的过程中,这类方法是重要的中间步骤。

3)运用具有综合性支持环境的完全正式化规范语言

这里所讲的综合性支持环境包括自动定理证明或证据检查。这种方法使用精确定义的规范语言和一整套支持工具,规范语言具有直接的逻辑解释,支持工具能够自动分析由正式化规范语言表达的规范。

这类方法实现了正式方法的全部优点,然而其要求被验证的系统是完整的,既包括高层规范又包括硬件架构。从这个意义上说,被验证的系统很可能难以达到要求。为此在被验证系统的硬件功能上引入了一个抽象中间层。将这样的系统用于分析分布式实时系统的关键功能(如时钟同步的正确性),可以揭示细微的设计缺陷,产生有价值的见解。

3.模型检查

模型检查(model checking)验证技术是上述第(3)类正式方法之一。在过去的几年里,这种方法已经逐渐趋于成熟,可以用于分析和支撑安全关键性设计的认证[188]。在已知规范化正式行为模型和必须满足的正式属性的情况下,模型检查器(model checker)自动检查正式属性是否在系统模型的所有状态下成立。模型检查面对的主要问题是状态暴增,现在人们已经开发出多种处理这一问题的正式分析技术,规模化工业的系统也可采用模型检查进行验证。

10.4　故障注入技术

故障注入是指通过硬件或者软件技术有意地引入故障,以便确认系统在故障情况下的行为。在故障注入实验期间,目标系统必须承受两种类型的输入:注入的故障和输入的数据。故障也可看成另一种类型的输入,这种输入能够激活故障管理机制。某些系统失效是由故障管理机制中的错误造成的,仔细测试和调试故障管理机制十分必要。

在可依赖性系统的评估期间,故障注入有两个用途[189]。

(1)测试和调试。故障注入用于测试和调试容错机制的运行信息和有效性。系统正常运行期间,故障是稀有事件,只是偶尔发生,要想激活系统的容错机制,需要有故障发生。没有人为的故障注入,测试和调试容错机制的运行情况并非易事。

(2)可依赖性预测。故障注入用于获得容错系统在可依赖性方面的实验数据。在设想的运行环境中,要想达到这个目的,必须知道预期的故障类型和故障分布。

可供选择的故障注入方法有两种:在硬件层面注入故障,即物理故障注入;在计算状态下注入故障,即软件故障注入。

10.4.1　物理故障注入

在物理故障注入期间,目标硬件被置于不利物理现象的影响下,这些现象干扰计算机硬件的正确运行。这里将通过可维护实时系统(MARS)架构的一组硬件故障注入实验,描述物理故障注入方法[190]。

MARS故障注入实验的目的是用实验方法确定MARS节点的错误检测范围。两个复制确定性节点在收到同样的输入后,应该产生同样的结果。假设其中一个节点经受了故障注入(FI-节点),另一个节点作为参考节点。如果故障造成的后果在FI-节点的内部被检测发现了,并且FI-节点自动关闭或产生一个可检测的不正确结果报文,那么相关的错误被认为是可检测的。如果FI-节点产生的结果报文与参考节点不同,却没有任何错误指示,那就违背了故障静默要求。

MARS故障注入实验选择了三种物理故障注入技术:重离子束、引脚电平和电磁干扰,如表10-1所示。这些技术的实验分别由欧洲的三个科研机构完成。瑞典哥德堡的查尔摩斯大学用α粒子攻击CPU芯片,直到系统不能工作;法国图卢兹(Toulouse)的系统分析和系统架构实验室(Laboratory for Analysis and Architecture of Systems, LAAS)对系统实施引脚电平(pin level)故障注入,在精确的时刻迫使线路板上一条等势线进入规定状态;奥地利的维也纳工业大学,根据IEC标准IEC 801-4在整个线路板上施加电磁干扰射线。

表10-1　不同物理故障注入技术的特性

故障注入技术	重离子束(α粒子)	引脚电平	电磁干扰
可控性, 空间	低	高	低
可控性, 时间	无	高/中等	低
灵活性	低	中等	高
可再现性	中等	高	低
物理可达性	高	中等	中等
定时测量	中等	高	低

1)被测硬件

被测硬件的组成如图10-2所示,其中包括两个主要子系统,一个是实现时间触发通信协议的通信单元,另一个是实现应用的应用单元(主机)。总线监控器(BG)保护总线免受混串音节点的影响。关于硬件的详细描述请参考文献[8]。

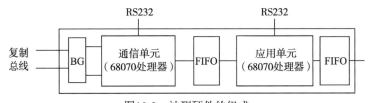

图10-2　被测硬件的组成

应用单元和通信单元使用复制确定性MARS操作系统。应用软件由控制程序组成,用来实现典型的循环实时控制应用。被测节点实现如下错误检测机制。

（1）硬件：68070处理器的内置标准机制（如非法指令、非法地址检测机制等）；特殊机制（如BG、FIFO溢出和电源监视器等）。

（2）系统软件：编译器生成运行时间要求，检查实时任务的WCET。

（3）应用软件：二次执行、三次执行（两次动态执行和两者之间的一次静态测试）和端到端CRC。

通过对使用和不使用某个机制时的运行情况进行比较，可以了解该机制的有效性。在实验过程中，可将大部分错误检测机制置于非激活状态。

2）实验装置

物理故障注入实验装置如图10-3所示。其中数据发生器节点产生输入报文序列，被测节点和参考节点接收这些输入报文，比较器节点对后两个节点的结果报文进行比较。所有这些节点都被连接到一个网关，这个网关能够从工作站下载核心映像（core image）。实验结果发送到工作站，以便以后进行分析。

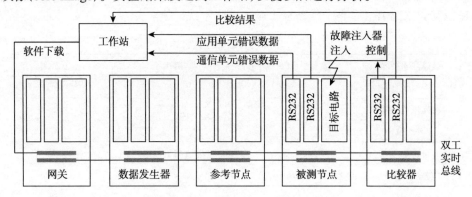

图10-3　物理故障注入实验装置

3）实验结果

被启用的错误检测机制存在不同的组合方式，每个组合方式需要进行多种不同的测试运行，每种测试运行包括2000~10000次实验，实验结果如下[190]。

（1）所有被启用的错误检测机制，在任何一次实验中都不违背故障静默要求。

（2）如果要求错误检测覆盖率大于99%，那么在对三种故障注入方法之一进行实验时，需要有端到端错误检测机制和任务的两次执行。

（3）在重离子束注入实验中，为了消除覆盖率违规（coverage violation），需要使用三次执行。三次执行包括应用任务的重复执行，以及对这两次执行的输出进行的一次测试运行。在电磁干扰和引脚电平故障注入实验中，不需要这次测试运行。

（4）如果要求错误检测覆盖率必须大于99%，那么三种故障注入技术实验都需要总线监控器（BG）。BG消除了节点的最关键失效，即消除了混串音。

对于运行中的分布式计算机系统，电磁射线产生的干扰是一个严重问题。这种干扰很少发生,且对发射体(emitter)和所研究设备之间的具体几何参数十分敏感,很难再现出来。航空工业的统计数据表明,电磁干扰是一个不可忽视的危险因素。为了减少电磁干扰对飞机电子设备的影响,在进行关键飞行操作时,应尽量限制电子设备的运行。同样的道理,机场安检总是建议使用心脏起搏器的病人不要通过金属探测器。

10.4.2 软件故障注入

软件故障注入是通过故障注入工具软件将错误植于计算机存储器,由这些错误模仿硬件故障或软件设计缺陷的效果。为了激活特定的故障处理任务,可以随机地植入错误,也可以根据某个预先设定的策略植入错误。

与物理故障注入相比,软件故障注入具有如下潜在的优势。

(1)可预测性:注入故障的空间(存储单元)和时刻是由故障注入工具确定的,在值域和时域中,每个注入的故障可以再现出来。

(2)可达性:故障可以到达大型VLSI芯片的内部寄存器,而在物理故障注入中,引脚电平故障注入被限制在芯片的外部引脚上。

(3)省力:采用工具软件进行实验,不需要对硬件进行任何改动。

在公开发表的文献[191]中,人们讨论了许多软件故障注入环境,它们所面对的共同问题是:软件故障注入能否产生与物理故障注入有可比性的结果。

为了回答这个问题,Fuchs进行了一系列实验[192],对软件故障注入和物理故障注入的特性进行了比较。他首先按照10.1节第3部分描述的可测试性设计技术构成实验装置,然后实施软件故障注入,从中得到如下结论。

(1)对于位翻转故障模式(故障改变一个二进制位),软件故障注入实验表明,软件故障注入的错误检测覆盖率类似于硬件故障注入。

(2)在应用软件的错误检测方面,软件故障注入优于三种物理故障注入技术。由引脚电平故障注入和电磁干扰故障注入所产生的大部分故障是被硬件和系统软件检测发现的,不会传播到应用层面。

(3)如果应用层面的错误检测机制被关闭,那么在单一运行配置中,软件故障注入比引脚电平或电磁干扰故障注入产生更多的覆盖违规。

总之,位翻转模式的软件故障注入能够产生与引脚电平和电磁干扰故障注入技术类似的错误集。然而必须强调指出,重离子射线是比单一位翻转模式更恶性的模式。

此外,Arlat等详细描述了在MARS上进行的物理故障注入实验和软件故障注入实验,并对两者进行了比较,有兴趣的读者请参考文献[74]。

10.4.3　传感器和执行器失效

传感器和执行器都是物理设备,它们被放置在物理世界和网络空间之间的接口上,如同其他物理设备一样最终都会失效[193-195]。传感器和执行器的失效一般不是自发性崩溃失效,而是表现为瞬间故障或逐渐偏离正确运行状态,这种失效往往与极端性物理条件(如温度、振动)有关。未检测到的传感器失效会对计算任务产生错误输入,可能导致与安全相关的错误输出。因此,任何工业强度的嵌入式系统必须有能力检测或屏蔽任何传感器和执行器失效,需要通过物理或软件故障注入实验对这种能力进行测试。

执行器的目的是将网络空间中产生的数字信号变换为环境中的一些物理作用。只有当一个或多个传感器在物理环境中检测到预期的效果时,才能观察到执行器的不正确操作。这种对执行器失效的错误检测能力也必须通过故障注入实验进行测试。

在安全关键性应用中,这些故障注入测试构成了安全案例的一部分,必须仔细记录下来。

习　　题

1.确认和验证之间的区别是什么?

2.什么是"探测器效应"?

3.如何改善设计的"可测试性"?

4.试描述测试数据的选择方法。

5.什么是测试准则?

6.节点供应商和用户如何测试一个节点化系统?

7.通过正式方法探索真实世界现象必须采取哪些步骤? 哪个步骤可以正式化?

8.比较物理故障注入方法和软件故障注入方法的特点。

附录A 缩 写 词

API	Application Program Interface	应用程序接口
ASIC	Application Specific Integrated Circuit	专用集成电路
BG	Bus Guardian	总线监控器
BIH	Bureau International del'Heure	国际时间局
BMTS	Basic Message Transport Service	基本报文传输服务
B-task	Basic task	基本任务
CAN	Controller Area Network	控制器局域网
CHI	Controller Host Interface	控制器主机接口
CNI	Communication Network Interface	通信网络接口
CRC	Cyclic Redundancy Code	循环冗余编码
CSU	Clock Synchronization Unit	时钟同步单元
CSMA/CA	Carrier Sense Multiple Access with Collision Avoidance	载波监听多路访问/冲突避免
CSMA/CD	Carrier Sense Multiple Access with Collision Detection	载波监听多路访问/冲突检测
DPRAM	Dual Ported Random Access Memory	双口随机存储器
ERCOS	Embedded Real Time Control Operating System	嵌入式实时控制操作系统
ECU	Electronic Control Unit	电子控制单元
EDF	Earliest Deadline First	最早截止时间优先
EMI	Electro Magnetic Interference	电磁干扰
ET	Event Triggered	事件触发
ETA	Event Triggered Architecture	事件触发架构

E-task	Extended task	扩展任务
FCU	Fault Containment Unit	故障抑制单元
FI	Fault Injection	故障注入
FMEA	Failure Mode and Effect Analysis	失效模式及影响分析
FPGA	Field Programmable Gate Array	现场可编程门阵列
FRU	Field Replaceable Unit	现场可替换单元
FSM	Finite State Machine	有限状态机
FTA	Fault Tolerant Average	平均容错
FTM	Fault Tolerant Midpoint	容错中值
FTU	Fault Tolerant Unit	容错单元
GMT	Greenwich Mean Time	格林尼治时间
GPS	Global Positioning System	全球定位系统
G-cycle	Ground Cycle	基环
G-state	Ground State	基态
ISR	Interrupt Service Routine	中断服务程序
LIF	Linking Interface	链接接口
LL	Least Laxity	最小疏密度
MAC	Medium Access Control	媒体访问控制
MAFT	Multicomputer Architecture for Fault Tolerance	容错多机架构
MARS	Maintainable Real Time System	可维护实时系统
MFM	Modified Frequency Modulation	改进频率调制
MMI	Man Machine Interface	人机接口
MPSoC	Multi-Processor System on Chip	多处理器系统芯片
MSD	Message Structure Declaration	报文结构声明
NBW	Non-Blocking Write	无阻塞写入
NDDC	Non-Deterministic Design Construct	非确定性设计结构
NGU	Never Give Up	永不放弃策略

NoC	Network on Chip	片上网络
NRZ	Non-Return to Zero	不归零码
NTP	Network Time Protocol	网络时间协议
PAR	Positive Acknowledgment or Retransmission	肯定应答或重传
PIM	Platform Independent Model	平台独立模型
PSM	Platform Specific Model	平台专用模型
RM	Rate Monotonic	单调速率
RT	Real Time	实时
RTOS	Real Time Operating System	实时操作系统
SAE	Society of Automotive Engineers	汽车工程师协会
SoS	System of Systems	系统的系统
SRU	Smallest Replaceable Unit	最小可替换单元
SUT	System Under Test	被测系统
TADL	Task Descriptor List	任务描述表
TAI	International Atomic Time	国际原子时
TCB	Task Control Block	任务控制块
TCP	Transmission Control Protocol	传输控制协议
TDI	Technology Dependent Debug Interface	技术依赖调试接口
TDMA	Time Division Multiple Access	时分多路访问
TII	Technology Independent Control Interface	技术独立接口
TMR	Triple Modular Redundancy	三模冗余
TPU	Time Processing Unit	时间处理单元
TT	Time Triggered	时间触发
TTA	Time Triggered Architecture	时间触发架构
TTP	Time Triggered Protocol	时间触发协议
UART	Universal Asynchronous Receiver Transmitter	通用异步接收发器

UTC	Universal Time Coordinatcd	协调世界时
WCAO	Worst Case Administrative Overhead	最坏情况管理开销
WCCOM	Worst Case Communication Delay	最坏情况通信延迟
WCET	Worst Case Execution Time	最坏情况执行时间

附录B 故障树结构单元与符号

为了以故障树形式来确定因果关系并使之形象化,需要用结构单元将事件进行分类和连接。故障树结构单元分为事件符号和门符号两大类型。

故障树的事件共分为五类:中间事件、基本事件、未展开事件、外部事件和条件事件,如表B-1所示,其中后四种事件又称为初级事件。初级事件是由于种种原因不能进一步分解的事件,如果要计算顶事件的概率,这些事件的概率就必须给定。

表B-1 故障树事件及其符号

序号	事件符号	符号含义	事件类型
1	▭	中间事件:因逻辑门的一个或多个事件发生而发生的输出故障事件称为中间事件	结果事件
2	○	基本事件:不用进一步展开的基本初始故障事件。换句话说,它意味着已经达到了适当的分解极限	底事件
3	◇	未展开事件:未展开的特定故障事件。未展开的原因是对事件本身推论不够透彻,或是缺少与该事件有关的信息	底事件
4	⌂	外部事件:正常情况希望发生的事件,即其本身并无故障的事件。如动态系统中的状态变化	特殊事件
5	⬭	条件事件:记录加于逻辑门的条件或限制。它基本上是和"禁门"和"顺序与门"一起使用的	特殊事件

故障树的基本逻辑门有两个:与门和或门,其他门均是这两个门的特殊情况,如表B-2所示。

表B-2 故障树逻辑门及其符号

序号	符号	名称	因果关系	序号	符号	名称	因果关系
1	⏄	与门	仅当所有输入事件发生时输出事件才发生	5	⏄顺序条件	顺序与门	仅当输入事件按顺序发生时输出事件才发生

序号	符号	名称	因果关系	序号	符号	名称	因果关系
2		或门	至少一个输入事件发生时输出事件才发生	6		表决门	仅当 n 个输入事件中至少有 m（$m \leqslant n$）个事件发生时，输出事件才发生
3		非门	输出事件是输入事件的对立事件	7	禁门打开的条件	禁门	仅当条件事件发生时，输入事件的发生方能导致输出事件的发生
4		异或门	仅当单个事件发生时，输出事件才发生	8		转移符号	从三角形的顶点引入一线表示"转入"，而从边上引出一线表示"转出"

参 考 文 献

[1] Kopetz H. Real-Time Systems:Design Principles for Distributed Embedded Applications. New York:Springer，2011

[2] Spohr J. OSEK/VDX Operating System. MBtech,2005

[3] Liscouski B，Elliot W. Final report on the August 14,2003 blackout in the United States and Canada. US Department of Energy,2004,40:4

[4] Leveson N G. Safeware:System Safety and Computers. Massachusetts:Addison Wesley,1995

[5] Degani A，Shafto M，Kirlik A. Mode usage in automated cockpits:some initial observations. Proceedings of IFAC,1995:1-13

[6]陈大炜,孙志超. 用户界面设计指南. 北京:机械工业出版社,2008

[7] Saltzer J，Reed D P，Clark D D. End-to-end arguments in system design. ACM Trans on Computer Systems，1984,2(4):277-288

[8] Kopetz H. Real-Time Systems:Design Principles for Distributed Embedded Applications. Massachusetts:Kluwer Academic Publishers,1997

[9] SAE. Class C application requirements，survey of known protocols，J20056//SAE Handbook. SAE Press，1995:23

[10] Lin K J，Herkert A. Jitter control in time-triggered systems. Hawaii Conf on System Science,1996:451-459

[11] Avizienis A，Laprie JC，Randell B，et al. Basic concepts and taxonomy of dependable and secure computing. IEEE Trans on Dependable and Secure Computing,2004,1(1):11-33

[12] Johnson S C，Butler R W. Design for validation. IEEE Aerospace and Electronic Systems Magazine,1992,7(1): 38-43

[13] Lawson H W. Cylone:an approach to the engineering of resource adequate cyclic real-time systems. Real-Time Systems,1992,4(1):55-84

[14] Kopetz H. Should responsive systems be event-triggered or time-triggered? IEICE Trans on Information and Systems,1993,11:1325-1332

[15] Tisato F，Depaoli F. On the duality between event-driven and time driven models. Proc of 13th IFAC DCCS 1995，Toulouse,1995:31-36

[16] CAN. Controller Area Network(CAN)，an in-vehicle serial communication protocol//SAE Handbook.SAE Press,1992:20

[17]张凤登. 现场总线技术与应用. 北京:科学出版社,2008

[18] Marwedel P. Embedded System Design:Embedded Systems Foundations of Cyber-Physical Systems. Berlin:Springer,2010

[19] Neumann P G. Risks to the public in computers and related systems. Software Engineering Notes,1996, 21(5): 18

[20] Powell D. Failure mode assumptions and assumption coverage//Randell B,Laprie J C,Kopetz H. Predictably Dependable Computing Systems.Berlin:Springer,1995:123-140

[21] Halbwachs N. Synchronous Programming of Reactive Systems. Berlin:Springer,1992

[22] Boussinot F,Simone R. The SL synchronous language. IEEE Trans on Software Engineering,1996, 22(4):256-266

[23] Kopetz H,El-Salloum C,Huber B,et al. Periodic finite-state machines. Proc of ISORC,2007:10-20

[24] Puschner P,Koza C. Calculating the maximum execution time of real-time programs. Real-Time Systems, 1989,1(2):159-176

[25] Shaw A C. Reasoning about time in higher-level language software. IEEE Trans on Software Engineering, 1989:875-889

[26] Vrchoticky A. The Basis for Static Execution Time Prediction.Vienna:Technical University of Vienna,1994

[27] Wilhelm R,Engblom J,Ermedahl A,et al. The worst-case execution time problem:overview of methods and survey of tools. ACM Trans on Embedded Computer Systems,2008,7(3):1-53

[28] Healy C A,Whalley D B,Harmon M G. Efficient micro architecture modeling and path analysis for real-time software. Proc 16th RTSS, Pisa,1995:288-297

[29] Lv M,Guan N,Zhang Y,et al. A Survey of WCET Analysis of Real-Time Operating Systems.http://www. neu-rtes.org/publications/lv_ICESS09.pdf [2009]

[30] Mesarovic M D. Abstract system theory. Lecture Notes in Control and Information Science,1989,116:45

[31] Ahuja M,Kshemkalyani A D,Carlson T. A basic unit of computation in a distributed system. Proc of the 10th IEEE Distributed Computer Systems Conference,1990:12-19

[32] Jerri A J. The shannon sampling theorem:Its various extensions and applications:a tutorial review. Proc of the IEEE,1977,65(11):1565-1596

[33] Kopetz H. Elementary versus composite interfaces in distributed real-time systems. Proc of ISADS, 1999:26-34

[34] Kopetz H,Suri N. Compositional design of RT systems:a conceptual basis for the specification of linking interfaces. Proc of 6th ISORC,2003:51-59

[35] Rushby J. Systematic formal verification for fault-tolerant time-triggered algorithms. IEEE Trans Software Engineering,1999,25(5):651-660

[36] Siegel J. CORBA 3:Fundamentals and Programming. Wheat Ridge:OMG Press,2000

[37] Ray K. Introduction to Service-Oriented Architectures. http://anengineersperspective.com/wp-content/ uploads/2010/03/Introduction-to-SOA.pdf [2010]

[38] Obermaisser R, Kopetz H. GENSYS:an ARTEMIS Cross-Domain Reference Architecture for Embedded Systems.Berlin:Springer,2010

[39] Lehmann M M, Belady L. Program Evolution:Processes of Software Change. Waltham:Academic Press, 1985

[40] Maier M W. Architecting principles for system of systems. Systems Engineering,1998,1(4):267-284

[41] Selberg S A, Austin M A. Towards an Evolutionary System of Systems Architecture. http://ajcisr.eng.umd. edu/~austin/ reports.d/INCOSE2008-Paper378.pdf [2008]

[42] FlexRay Consortium. FlexRay Communications System Protocol Specification (Version 3.0.1). 2010

[43] Withrow G J. The Natural Philosophy of Time. Oxford:Clarendon Press,1990:208

[44] Lamport L. Time, clocks, and the ordering of events. Comm ACM,1978,21(7):558-565

[45] Reichenbach H. The Philosophy of Space and Time.New York:Dover Publication,1957:145

[46] Neumann P G. Computer Related Risks.New York:Addison Wesley,1995

[47] Kopetz H. Temporal uncertainties in cyber-physical systems. Advances in Real-Time Systems,2012:27-40

[48] Verissimo P. Ordering and timeliness requirements of dependable real-time programs. Real-Time Systems, 1994,7(3):105-128

[49] Davies C T. Data processing integrity//Computing Systems Reliability. Cambridge:Cambridge University Press,1979:288-354

[50] Winfree A T. The Geometry of Biological Time. Berlin:Springer,2001

[51] Kopetz H. Pulsed data streams//From Model-Driven Design to Resource Management for Distributed Embedded Systems. IFIP Series 225/2006, Berlin:Springer,2006:105-114

[52] Pease M, Shostak R, Lamport L. Reaching agreement in the presence of faults. Journal of the ACM,1980, 27(2):228-234

[53] Lamport L, Melliar Smith P M. Synchronizing clocks in the presence of faults. Journal of the ACM,1985, 32(1):52-58

[54] Kopetz H, Ochsenreiter W. Clock synchronization in distributed real-time systems. IEEE Trans Computers, 1987,36(8):933-940

[55] Cristian F. Probabilistic clock synchronization. Distributed Computing,1989,3(3):146-158

[56] Kopetz H, Damm A, Koza C, et al. Distributed fault tolerant real-time systems:the MARS approach. IEEE Micro,1989,9(1):25-40

[57] Eidson J. Measurement, Control and Communication Using IEEE 1588. Berlin:Springer,2006

[58] Lundelius L, Lynch N. An upper and lower bound for clock synchronization. Information and Control,1984, 62:199-204

[59] Welch J L, Lynch N A. A new fault-tolerant algorithm for clock synchronization. Information and Computation,1988,77(1):1-36

[60] Schwabl W. The Effect of Random and Systematic Errors on Clock Synchronization in Distributed Systems.

Vienna:Technical University of Vienna,1988

[61] Mills D L. Internet time synchronization:the network time protocol. IEEE Trans on Comm,1991,39(10):
1482-1493

[62] Kopetz H, Kim K. Temporal uncertainties in interactions among real-time objects. Proc 9th IEEE Symp on
Reliable Distributed Systems,1990:165-174

[63] Kim K H, Kopetz H. A real-time object model RTO.k and an experimental investigation of its potential. Proc
COMPSAC,1994:392-402

[64] Bunge M. Causality and Modern Science. New Jersey:Transaction Publishers,2008

[65] Gray J. Why do computers stop and what can be done about it? Technical Report,1985

[66] Tindell K. Analysis of hard real-time communications. Real-Time Systems,1995,9(2):147-171

[67] Marzullo K. Tolerating failures of continuous valued sensors. ACM Trans on Computer Systems,1990,8(4):
284-304

[68] Poleda S, Mocken T, Schiemann J, et al. ERCOS:an operating system for automotive applications. SAE
International Congress,1996:1-11

[69] Poledna S. Tolerating sensor timing faults in highly responsive hard real-time systems. IEEE Trans on
Computers,1995,44(2):181-191

[70] Laprie J C. Dependability:Basic Concepts and Terminology in English, French, German and Japanese.
Berlin:Springer,1992

[71] Constantinescu C. Impact of deep submicron technology on dependability of VLSI circuits. Proc of DSN,
2002:205-209

[72] Driscoll K, Hall B, Zumsteg P, et al. Byzantine fault-tolerance:from theory to reality. Proc of SAFECOMP,
Berlin:Springer,2003:235-248

[73] Avizienis A. Systematic design of fault-tolerant computers. Safecomp 96, Vienna,1996

[74] Arlat J, Crouzet Y, Karlsson J, et al. Comparison of physical and software-implemented fault injection
techniques. IEEE Trans on Computers,2003,52(9):1115-1133

[75] Cummings D M. Haven't found that software glitch, Toyota? keep trying. Los Angeles Times,2010

[76] Randell B. System structure for software fault tolerance. IEEE Trans on Software Engineering,1975,
2:220-232

[77] Chandola V, Banerjee A, Kumar V. Anomaly detection:a survey. ACM Computing Surveys,2009,41(3):15

[78] Pauli B, Meyna A, Heitmann P. Reliability of electronic components and control units in motor vehicle
applications. Verein Deutscher Ingenieure,1998:1009-1024

[79] Lala J H, Harper R E. Architectural principles for safety-critical real-time applications. Proc of the IEEE,
1994,82(1):25-40

[80] Rushby J. Formal Methods and the Certification of Critical Systems. Computer Science Lab, SRI, 1993

[81] Harper R E, Lala J H, Deyst J J. Fault-tolerant parallel processor architecture overview. Proc FTCS 18,

1988:252-257

[82] Kopetz H, Grünsteidl G, Reisinger J. Fault-tolerant membership service in a synchronous distributed real-time system//Dependable Computing for Critical Applications.Berlin:Springer,1991:411-429

[83] Taiani F, Fabre J C, Killijian M O. Towards implementing multi-layer reflection for fault-tolerance. Proc of the DSN,2003:435-444

[84] Brown S. Overview of IEC 61508:design of electrical/electronic/programmable electronic safety-related systems. Computing and Control Engineering Journal,2000,11(1):6-12

[85] Boehm B, Basili V. Software defect reduction top 10 list. IEEE Computer,2001:135-137

[86] ARINC. Software considerations in airborne systems and equipment certification ARINC DO-178B, 1992

[87] Avizienis A. The n-version approach to fault-tolerant systems. IEEE Trans on Software Engineering, 1985, 11(12):1491-1501

[88] Knight J C, Leveson N G. An experimental evaluation of the assumption of independence in multiversion programming. IEEE Trans Software Engineering,1986:(1):96-109

[89] Kanz H, Koza C. The electra railway signaling-system:field experience with an actively replicated system with diversity. Proc FTCS 25,1995:453-458

[90] Lee P A, Anderson T. Fault tolerance:principles and Practice. Vienna:Springer,1990:297

[91] Voges U. Software diversity in computerized control systems.Vienna:Springer,1988

[92] Traverse P. AIRBUS and ATR system architecture and specification//Software Diversity in Computerized Control Systems.Berlin:Springer,1988

[93] Sevcik F. Current and future concepts in FMEA. Proc of the Annual Reliability and Maintainability Symposium,1981:414-421

[94] Feltovich P J, Hoffman R R, Woods D, et al. Keeping it too simple:how the reductive tendency effects cognitive engineering. IEEE Intelligent Systems,2004,19(3):90-94

[95] Metclafe R M. Ethernet:distributed packet switching for local computer networks. Communications of the ACM,1976,19(7):395-404

[96] Bertsekas D, Gallager R. Data Networks. New Jersey:Prentice Hall,1992

[97] Paxson V, Paxson V, Floyd S, et al. Wide-area traffic:the failure of poisson modeling. Proceeding of SIGCOMM,1994

[98] Miller D. AFDX determinism. Visual Presentation at ARINC General Session,2004

[99] 李显济. 计算机网络. 北京:机械工业出版社,1996

[100] 何城. 计算机局部网络结构与性能分析. 北京:中国科学技术出版社,1989

[101] ARINC. Multi-transmitter data bus ARINC 629——Part 1:Technical description. Aeronautical Radio Inc, 1991

[102] Lamport L. A new solution of dijkstra's concurrent programming problem. Communications of the ACM, 1974, 17(8):453-455

[103] Bartz B. Development and Evaluation of Ethernet Audio Video Bridging Software Stacks on a Gateway Reference Platform. Regensburg, 2012

[104] Terzija V, Valverde G, Cai D, et al. Wide-area monitoring, protection, and control of future electric power networks. Proc of the IEEE, 2011, 99(1):80-93

[105] Paret D. FlexRay and its applications:real time multiplexed network. New York:John Wiley, 2012

[106] Kopetz H, Gruensteidl G. TTP:a time-triggered protocol for fault-tolerant real-time systems. Proc FTCS-23, 1993:524-532

[107] Kopetz H. The rationale for time-triggered ethernet. RTSS, 2008:3-11

[108] McCabe M, Baggerman C, Verma D, et al. Avionics architecture interface considerations between constellation vehicles. Proc DASC, 2009:1.E.2.1-1.E.2.10

[109] 张凤登. 从MAC角度分析现场总线标准的多样化. 自动化仪表, 2009, 30(7):1-6

[110] 张凤登, 谢力, 应启戛. 噪声环境中采用探询机制的局域网性能分析. 通信学报, 2002, 23(6):6-13

[111] 张凤登, 应启戛. 一种可用于现场总线的连接管理方法及其证明. 上海理工大学学报, 2000, 22(4):299-303

[112] 张凤登, 应启戛, 白国振. FF中强制数据令牌的发送时间间隔限制. 基础自动化, 2001, 8(3):25-53

[113] 张凤登, 应启戛. 地址方式对FF网络通信协议的影响. 通信技术, 2001, 3:11-13

[114] 张凤登, 程建石, 应启戛. 发布式数据传输机制中隐含地址形式的分析. 测控技术, 2001, 20(11):34-37

[115] 王凌, 杜娟娟, 张凤登. CAN总线协议的限定状态分析. 仪表技术与传感器, 2004, 8:40-42

[116] 王凌, 胡海江, 张凤登. 分布式环境下CAN网桥的实现和性能分析. 微计算机信息, 2005, 21(2):44-45

[117] 周文杰, 张凤登, 艾春丽. 时间触发机制在工业以太网中的应用. 微计算机信息, 2010, 26(1):193-194

[118] 胡海江, 尚杨, 张凤登, 等. 基于现场总线的流标记策略. 上海理工大学学报, 2008, 30(6):62-66

[119] 顾嫣, 张凤登. FlexRay动态段优化调度算法研究. 自动化仪表, 2009, 30(12):25-29

[120] 华俊, 张凤登, 王闯, 等. FlexRay在汽车传感器总线上的研究与应用. 自动化与仪器仪表, 2011, 1:80-83

[121] Stallings W. Operating Systems:Internals and Design Principles. New Jersey:Prentice Hall, 2008

[122] 朱珍民, 隋雪青, 段斌. 嵌入式实时操作系统及其应用开发. 北京:北京邮电大学出版社, 2006

[123] Kopetz H, Reisinger J. The non-blocking write protocol NBW:a solution to a real-time synchronization problem. Proc of RTSS, 1993:131-137

[124] Anderson J, Ramamurthy S, Jeffay K. Real-time computing with lock-free shared objects. Proc RTSS, 1995:28-37

[125] 罗蕾. 嵌入式实时操作系统及应用开发. 北京:北京航空航天大学出版社, 2011

[126] 潘峰, 张凤登, 应启戛. FF总线实时通信机制研究. 上海理工大学学报, 2001, 23(4):372-375

[127] 张浩, 谭克勤. 现场总线与工业以太网络应用技术手册. 上海:上海科学技术出版社, 2004

[128] AUTOSAR GbR. Specification of Operating System (3.0.2). AutoSAR Administration, 2008

[129] Sha L, Abdelzaher T, Arzen. K, et al. Real-time scheduling theory:a historical perspective. Real-Time Systems, 2004, 28(3/4):101-155

[130] Cheng S C. Scheduling algorithms for hard real-time systems:a brief survey//Stankovic J A.Hard Real-Time Systems.IEEE Press, 1987

[131] 窦强. 分布式强实时系统中可调度性分析算法的研究. 长沙:国防科学技术大学,2001

[132] Garey M R, Johnson D S. Complexity results for multiprocessor scheduling under resource constraints. SIAM Journal of Computing, 1975, 4(4):397-411

[133] Mok A. Fundamental Design Problems of Distributed Systems for the Hard Real-Time Environment. Massachusetts Institute of Technology, 1993

[134] Joseph M, Pandya P. Finding respond times in a real-time system.The Computer Journal, 1986, 29(5):309-395

[135] 阳西述. 优先图化简算法研究. 湖南师范大学自然科学学报,2008,31(2):26-29

[136] Fohler G. Flexibility in Statically Scheduled Hard Real-Time Systems.Vienna:Technical University of Vienna, 1994

[137] Sprunt B, Sha L, Lehoczky J. Aperiodic task scheduling for hard real-time systems. Real-Time Systems, 1989, 1(1):27-60

[138] Xu J, Parnas D. Scheduling processes with release times, deadlines, precedence, and exclusion relations. IEEE Trans on Software Engineering, 1990, 16(3):360-369

[139] 李祖欣,王万良,雷必成,等. 网络控制系统中的调度问题. 计算机工程与应用,2007,43(16):241-246

[140] Buttazzo G. Hard Real-Time Computing Systems:Predictable Scheduling Algorithms and Applications. Berlin:Springer, 2004

[141] Liu C L, Layland J W. Scheduling algorithms for multiprogramming in a hard-real-time environment. Journal of the ACM, 1973, 20(1):46-61

[142] Sha L, Rajkumar R, Lehoczky J P. Priority inheritance protocols:an approach to real-time synchronization. IEEE Transactions on Computers, 1990, 39(9):1175-1185

[143] 王臻,张凤登. 分布式实时系统任务调度算法及其应用研究. 上海:上海理工大学,2013

[144] Brooks F P. The Design of Design:Essays from a Computer Scientist.Boston:Addison Wesley, 2010

[145] Peters L. Software design:current methods and techniques//Infotech State of the Art Report on Structured Software Development. Infotech International, 1979

[146] Szyperski C. Component Software:Beyond Object-Oriented Programming. New Jersey:Addision Wesley, 1999

[147] Borkar S. Thousand core chips:a technology perspective. Proc of DAC, 2007:746-749

[148] Marte OMG. Modeling and analysis of real-time and embedded systems. Object Management Group, 2008

[149] Simon H A. Science of the Artificial.Cambridge:MIT Press, 1981

[150] Perez J M. Executable Time-Triggered Model (E-TTM) for the Development of Safety-Critical Embedded Systems. TU Wien:Institut für Technische Informatik, 2010

[151] Attaway S. Matlab, a Practical Introduction to Programming and Problem Solving.Amsterdam:Elsevier,

2009

[152] Keating M, Bricaud P. Low Power Methodology Manual for Chip Design.Berlin:Springer,2007

[153] Feiler P, Gluch D, Hudak J. The architecture analysis and design language（AADL）:an introduction. Report CMU-SEI 2006-TN-011, Software Engineering Institute,2006

[154] Henzinger T, Horowitz B, Kirsch C M. Giotto:a time-triggered language for embedded programming. Proc of the IEEE,2003,91（1）:84-99

[155] Black D C, Donovan J, Bunton B. System C:From the Ground Up. Berlin:Springer,2009

[156] Littlewood B, Strigini L. Validation of ultra-high dependability for software-based systems. Comm ACM, 1993,36（11）:69-80

[157] Fagan M E. Advances in software inspections. IEEE Trans on Software Engineering,1986,7:744-751

[158] Lienert D, Kriso S. Assessing criticality in automotive systems. IEEE Computer,2010,43(5):30

[159] ARINC. Design assurance guidance for airborne electronic hardware RTCA/DO-254,2005

[160] Xing L, Amari S V. Handbook of Performability Engineering. Berlin:Springer,2008

[161] 国防科学技术专业委员会. 故障树分析指南. 中华人民共和国国家军用标准, GJB/Z 768A-98,1998

[162] 陈晓彤,赵廷弟,王云飞,等. 可靠性实用指南. 北京:北京航空航天大学出版社,2005

[163] Pullum L L, Dugan J. Fault-tree models for the analysis of complex computer-based systems. Annual Reliability and Maintainability Symposium,1996:200-207

[164] Stamatis D H. Failure Mode and Effect Analysis:FMEA from Theory to Execution. Milwaukee:ASQ Quality Press,2003

[165] Deavours D, Clark G, Courtney T, et al. The mobius framework and its implementation. IEEE Trans on Software Engineering，2002,28(10):1-15

[166] Stankovic J A, Ramamritham K. The spring kernel:a new paradigm for real-time systems. IEEE Software, 1991,8(3):62-72

[167] Kiekhafer R M, Walter C J, Finn A M, et al. The MAFT architecture for distributed fault tolerance. IEEE Trans On Computers,1988,37(4):398-405

[168] ARTEMIS. Strategic Research Agenda. Reference designs and architectures.http://www.artemisia-association.org/downloads/RAPPORT_RDA.pdf[2006]

[169] Clark D. The design philosophy of the DARPA internet Protocols. Computer Communication Review, 1988,18(4):106-114

[170] Paukovits C, Kopetz H. Concepts of switching in the time-triggered network-on-chip. The 14th IEEE Conference on Embedded and Real-Time Computing Systems and Applications,2008:120-129

[171] 胡海江,顾睿菲,侯文玫,等. P2P计算模式的入侵检测. 应用科学学报,2009,27(4):397-402

[172] 张凤登,应启戞. 现场总线与智能现场仪表设计技术. 自动化与仪器仪表, 2001(5):14-16

[173] 张凤登,唐国安. 在局域网上进行较大型应用软件设计的实用技术研究. 上海理工大学学报, 1996, 18(2):92-96

[174] 石秋婵,张凤登. 基于Web的车载ECU远程通信. 微计算机信息,2010,12(2):153-155

[175] 尚雯雯,张凤登,张勇,等. 基于CAN总线磁悬浮球系统分布式控制设计与实现. 自动化与仪器仪表,
       2011(3):54-57

[176] 王凌,胡海江,张凤登. CAN总线控制器模型的快速测试. 组合机床与自动化加工技术,2004,(10):28-29

[177] 孟庆栋,张凤登,刘荣鹏. MCP2515在TTCAN协议Level 1节点中的应用. 微计算机信息,2007,23
       (5):273-274

[178] 范科发,张凤登,华俊. FlexRay总线架构下线控转向系统可靠性分析. 计算机与数字工程,2011,
       39 (10):189-193

[179] 胡海江,张凤登. 一种新的无线传感器网络分簇模型. 传感技术学报,2006,19(2):477-480

[180] 胡羽,张凤登. 测控设备Web网络服务器化研究. 自动化与仪器仪表,2012,6:28-30

[181] 张玮,张凤登. 基于霍尔传感器的车载电动机实时处理系统. 传感器与微系统,2013,32(3):97-99

[182] Gaudel M C. Formal methods and testing:hypotheses, and correctness approximations. Proc of Formal
       Methods 2005, Berlin:Springer,2005

[183] Schütz W. The Testability of Distributed Real-time Systems. Boston:Kluwer Academic Publishers,1993

[184] Williams T W. Design for testability:a survey. Proc of the IEEE,1983,71(1):98-112

[185] Juristo N, Moreno A M, Vegas S. Reviewing 25 years of testing technique experiments//Empirical Software
       Engineering, Berlin:Springer,2004,9:7-44

[186] Bertolino A. Software testing research:achievements, challenges, dreams. Proc of FOSE,2007:85-103

[187] Mogul C. Emergent (mis) behavior vs complex software systems. Proc of EuroSys,2006

[188] Clark E, Grumberg O, Jha S, et al. Counterexample-guided abstraction refinement for symbolic model
       checking. Journal of the ACM,2003,50(5):752-794

[189] Aversky D, Arlat J, Crouzet Y, et al. Fault injection for the formal testing of fault tolerance. Proc of FTCS
       22, 1992:345-354

[190] Karlson J. Integration and comparison of three physical fault-injection experiments//Predictably Dependable
       Computing Systems, Berlin:Springer,1995

[191] Kanawati G A, Kanawaiti N N, Abraham J A. FERRARI:a flexible software-based fault and error injection
       system. IEEE Trans Computers,1995,44(2):248-260

[192] Fuchs E. Software Implemented Fault Injection.Vienna:Technical University of Vienna

[193] Tanenbaum A S, Steen M V. Distributed Systems:Principles and Paradigms. New Jersey:Prenticeo Hall,
       2008

[194] Liu R P, Zhang F D, He D G. Single-ended loop testing (SELT):new architecture. The 8th Int Conf on
       Electronic Measurement and Instruments,2007,3:917-922

[195] Wang C, Zhang F D, Hua J. Measurement and transmission of steering wheel angle based on FlexRay.The
       3rd International Conference on Computer and Automation Engineering,2011:250-254